# NB-IoT
## 原理和优化

### NB-IoT PRINCIPLE AND OPTIMIZATION

主　编　陈　铭
副主编　朱洪俊　马怀庆　王亚东

人民邮电出版社
北　京

**图书在版编目（CIP）数据**

NB-IoT原理和优化 / 陈铭主编. -- 北京 ：人民邮
电出版社, 2020.1（2021.1重印）
ISBN 978-7-115-52180-4

Ⅰ. ①N… Ⅱ. ①陈… Ⅲ. ①互联网络－应用②智能
技术－应用 Ⅳ. ①TP393.4②TP18

中国版本图书馆CIP数据核字（2019）第214533号

内 容 提 要

本书以 NB-IoT 网络的原理和目前的应用为出发点，通过大量的实例详细介绍了 NB-IoT 网络的基本原理、网络结构以及基站安装、网络维护、网络优化各项工作的要点与细节，最后重点阐述了 NB-IoT 在 5G 时代的发展，展望了后续 5G 时代 NB-IoT 的发展和应用。

本书适合 NB-IoT 网络规划设计、工程施工、维护人员以及对 NB-IoT 技术感兴趣的人员参考阅读，也可以作为大专院校相关专业的辅导教材。

◆ 主　编　陈 铭
　　副 主 编　朱洪俊　马怀庆　王亚东
　　责任编辑　王建军
　　责任印制　彭志环

◆ 人民邮电出版社出版发行　　北京市丰台区成寿寺路 11 号
　　邮编　100164　　电子邮件　315@ptpress.com.cn
　　网址　http://www.ptpress.com.cn
　　北京捷迅佳彩印刷有限公司印刷

◆ 开本：787×1092　1/16
　　印张：21.75　　　　　　　　　2020 年 1 月第 1 版
　　字数：515 千字　　　　　　　2021 年 1 月北京第 3 次印刷

定价：128.00 元

读者服务热线：（010）81055493　印装质量热线：（010）81055316
反盗版热线：（010）81055315
广告经营许可证：京东市监广登字 20170147 号

# 编委会

前言 PREFACE

随着 5G 时代的到来，移动通信从人与人的连接，到物与物的连接，将为人类社会的发展与进步带来新一轮的产业革命。在 2G/3G/4G 多网并存的时代，语音和数据业务已达到高峰，下一个业务的蓝海是什么？万物互联将成为第三个需求高峰。

在此背景下，运营商纷纷启动了大连接战略。NB-IoT 技术因先天具备广覆盖、低功耗、低成本、大连接等特点，被工业和信息化部及众多运营商选中，已经进入现网部署阶段，是目前物联网中最火热的技术之一。

面对 NB-IoT 这种全新的技术，一线技术人员深入了解 NB-IoT 技术原理，加快完善网络规划建设、日常维护、网络优化工作，是一件非常有必要的工作。一线技术人员希望了解 NB-IoT 网络，对原理、组网到实际操作全过程的多方面需求日益迫切。

中邮建技术有限公司（以下简称中邮建）作为国内第一批 NB-IoT 的建设优化服务商，拥有丰富的建设、维护、优化经验，储备了大量物联网相关人才。中邮建创建于 1958 年，具备 60 多年的通信网络建设和维护经验；同时，作为行业内首批网络优化服务商，经过近 20 年的发展，中邮建已具备网络规划、网络优化、大数据分析、软件平台开发、物联网集成等服务能力。为争创标杆，培育企业在行业内的领军能力，发掘长板优势，中邮建组建了博士工作室、ICT 研发中心，为客户提供更加专业化和个性化的贴心定制服务。

2019 年，中邮建组织 NB-IoT 建设、优化现场方面的技术专家编制了本书，对 NB-IoT 网络从原理、施工、维护、网络优化方面进行了详细阐述。

本书以 NB-IoT 网络的原理和目前的应用为出发点，介绍了目前 NB-IoT 网络的基本原理、网络结构以及基站安装、网络维护、网络优化各项工作的要点与细节。全书共 7 章，第 1 章介绍了 NB-IoT 网络的概念、发展历史、主要特点以及主流的应用；第 2 章介绍了 NB-IoT 技术的原理，从网络架构、空口协议、关键技术、物理信道、主要流程、节能技术等多个方面进行了详细的介绍；第 3 章介绍了 NB-IoT 网络的组网，阐述了 NB-IoT 网络的规划方式，以及三种主流的组网方式，并结合实际举例说明了国内主流运营商的组网模式；第 4 章介绍了 NB-IoT 网络中基站的施工技术，详细介绍了基站施工的内容、方法、流程、控制要点等；第 5 章介绍了 NB-IoT 网络的维护技术，包括维护的要点、方法、注意事项等；第 6 章详细介绍了目前 NB-IoT 网络优化的技术，从 NB-IoT 网络的优化方法、覆盖优化、容量优化、参数优化等方面进行了阐述，并列举了实际工作中网络优化的案例；第 7 章简要介绍了最新的 5G 技术概念、原理和应用，重点阐述了 NB-IoT 在 5G 时代的发展，展望了后续 5G 时代 NB-IoT 的发展和应用。

本书第 1 章由张峰、张明撰稿；第 2 章由朱斌、马传项撰稿；第 3 章由丁博撰稿；第 4 章由张明、邓宁、蒋建勇撰稿；第 5 章由李勇、邱易波撰稿；第 6 章由张明撰稿；第 7 章由张峰、马传项、张明、王海飞撰稿；朱洪俊、王海飞、邱易波、丁博、张明负责了最后的核对和修正工作；朱洪俊、王亚东担任本书副主编，并负责审稿；陈铭担任本书主编，负责协调、校稿、最终定稿并撰写了前言。在编写本书的过程中，我们还得到了中邮建技术委员会各位专家的大力支持与帮助，在此表示衷心的感谢。同时也感谢华为、中兴等设备厂商的鼎力协助。

本书初衷在于普及 NB-IoT 网络基础知识和基本操作技能，帮助广大业内新人更快地了解行业、融入行业，适应工作需要，为 NB-IoT 网络的建设、维护、优化略尽绵薄之力。由于编者水平有限，对于某些技术的理解可能有所偏差，加之时间仓促，书中难免有错误与不足之处，恳请读者批评指正。

目录 CONTENTS

## 第3章　NB-IoT网络组网

移动的方案 / 149

3.2.5 实际部署举例：中国
    电信的方案 / 156

## 第4章　NB-IoT基站施工

4.1 施工概述 / 163

    4.1.1 施工的内容 / 163

    4.1.2 施工流程 / 163

    4.1.3 施工阶段划分及各阶段
        的具体内容 / 163

    4.1.4 实施过程中的技术
        要点 / 165

    4.1.5 施工风险分析及预警
        措施 / 166

    4.1.6 施工质量信息化监控
        手段 / 170

    4.1.7 安全生产管理 / 171

4.2 施工方案 / 174

    4.2.1 施工准备 / 174

    4.2.2 施工要求 / 177

    4.2.3 施工步骤 / 183

4.3 特色施工工艺 / 214

    4.3.1 RRU吊装盘施工工法 / 214

    4.3.2 BBU-RRU光缆施工
        方法 / 216

## 第5章　NB-IoT网络维护

5.1 NB-IoT系统维护
    规则 / 219

    5.1.1 日常维护 / 219

    5.1.2 应急维护 / 222

5.2 NB-IoT接入网设备常见的
    故障分析与处理 / 224

    5.2.1 故障处理流程 / 224

    5.2.2 故障分析与定位的常用
        方法 / 226

    5.2.3 NB-IoT网络常见故障
        处理 / 227

    5.2.4 终端常见故障处理 / 244

# 第6章　NB-IoT网络优化

# 第7章　5G时代NB-IoT的发展

# 附录

# NB-IoT 简介

## 第1章

**导读**

　　近两年来，无线通信技术快速发展，NB-IoT 是最热门的物联网技术。作为本书的开篇，本章主要介绍了 NB-IoT 网络的背景、发展历史、主要特点以及物联网方面的应用。本章让读者对物联网的发展历史有一个系统的了解；重点对 NB-IoT 的，强覆盖、小功耗、低成本、大连接四大特性进行了阐述；对目前市面上主流的 NB-IoT 应用进行了逐一的介绍，包括应用的原理、应用场景、解决方案等。

## ●●1.1　NB-IoT 背景简介

自从 20 世纪 80 年代第一代模拟通信开始，无线通信技术已经经历了四代的传承与发展。从开始的人与人的连接，发展到人与物的连接，是否可以将所有的物都连在一起呢？从实际商业的角度来看，语音通信（人与人连接）的业务收入已经见顶，由于 4G 的大力建设，数据业务（人与人 & 人与物的连接）支撑运营商业务收入进入了新的巅峰，那么下一个业务收入的蓝海将是什么？从目前的发展情况来看，物与物的连接将成为第三个波峰，而物联网将是重要的载体。物联网的发展前景如图 1-1 所示。

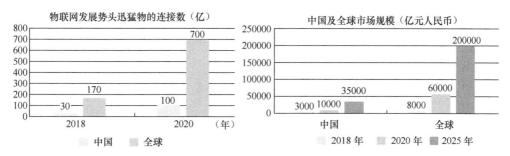

图1-1　物联网前景

物联网是新一代信息技术的重要组成部分，也是"信息化"时代的重要发展阶段。其英文名称是："Internet of Things（IoT）"。顾名思义，物联网就是物物相连的互联网。这有两层意思：其一，物联网的核心和基础仍然是互联网，是在互联网基础上的延伸和扩展的网络；其二，其用户端延伸和扩展到了任何物品与物品之间进行信息交换和通信，也就是物物相息。物联网通过智能感知、识别技术与普适计算等通信感知技术，被广泛应用于网络的融合中，也因此被称为继计算机、互联网之后世界信息产业发展的第三次浪潮。物联网是互联网的应用拓展，与其说物联网是网络，不如说物联网是业务和应用。因此，应用创新是物联网发展的核心，以用户体验为核心的创新 2.0 是物联网发展的灵魂。

因为车身锁内集成了嵌入式芯片（卫星定位系统模块和 SIM 卡），用户通过手机 App 可以查看附近的单车，通过地图引导找到单车，并扫二维码开锁，完成付费并记录行驶线路；慢性病患者无需住院，只要在身体上放置几个小小的仪器，医生就能 24 小时监控其血压、脉搏等生理参数；当你驾车驶入停车场，无需为寻找停车位劳神，车载终端会自动显示导航信息，将你引导到最近的停车位；智能化住宅中的传感器检测到主人离开后，能自动通知控制器关闭水、电、气和门窗，并监控住宅内的安全情况，实时向主人的手机发送异常情况报告……这些不是科幻电影中的场景，随着"物联网"的逐步实现和普及，每个人的生活都将步入物联时代。

NB-IoT（Narrow Band Internet of Things，窄带 IoT）是一种基于蜂窝的窄带物联网技术，支持低功耗设备在广域网的蜂窝数据连接。它是低功耗广域网（Low Power Wide Area Network，简称 LPWAN）技术的一种标准，并由 3GPP（3rd Generation Partnership Project，第三代合作伙伴计划，负责制定 GSM/EDGE 无线接入网技术规范）负责其标准化工作。

NB-IoT 主要应用于低吞吐量、能容忍较大时延且低移动性的场景，如智能电表、遥感器和智能建筑等。NB-IoT 可直接部署于已有的 GSM 或 LTE 网络中，即可复用现有基站以降低部署成本，实现平滑升级。

各网络制式特点对比见表 1-1。

表1-1　各网络制式特点对比

| 网络类型 | 特点 | 业务应用 |
| --- | --- | --- |
| 4G/5G、LTE-V | 带宽 >10Mbit/s；功耗较高 | 车联网、视频监控、智能机器 |
| eMTC、GPRS | 带宽 <1 Mbit/s；成本较低；功耗较低 | 穿戴、车辆调度、电子广告、无线 ATM |
| NB-IoT | 带宽 <200kbit/s；成本低；功耗低 | 远程抄表、定位采集、农林渔牧 |

## ●● 1.2　物联网的层次划分

物联网的层次划分如图 1-2 所示。

**（1）感知识别层**

感知识别层负责信息采集和信号处理。通过感知识别技术，让物品"开口说话、发布信息"，这是物联网区别于其他网络的最独特部分。感知识别层的信息生成设备，既包括采用自动生成方式的 RFID 电子标签、传感器、定位系统等部分，还包括采用人工生成方式的各种智能设备，例如智能手机、PDA、多媒体播放器、笔记本电脑等。感知识别层位于物联网四层模型的最底端，是所有上层结构的基础。

**（2）网络构建层**

直接通过现有的互联网、移动通信网、卫星通信网等基础网络设施，接入和传输来自感知识别层的信息。在物联网四层模型中，网络构建层接驳感知识别层和平台管理层，具有强大的纽带作用。

**（3）平台管理层**

在高性能网络计算机的环境下，平台管理层能够将网络内海量的信息资源通过计算机整合成一个可互联互通的大型智能网络。平台管理层可解决数据如何存储（数据库与海量存储技术）、如何检索（搜索引擎）、如何使用（数据挖掘与机器学习）、如何不被滥用（数据安全与隐私保护）等问题。平台管理层位于感知识别层和网络构建层之上，处于综合应用层之下，是物联网的智慧源泉。人们通常把物联网应用冠以"智能"的名称，如智能电网、智能交通、智能物流等，而其中的智慧就来自于这一层。

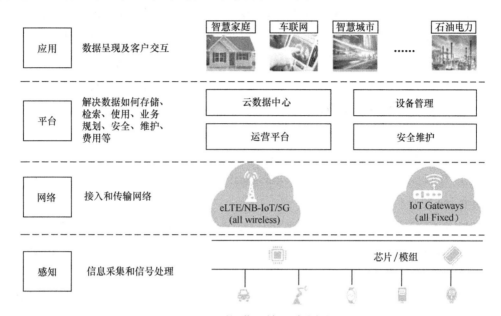

**图1-2　物联网的层次划分**

**（4）综合应用层**

综合应用层是物联网系统的用户接口，通过分析处理后的感知数据，为用户提供丰富的特定服务。具体来看，综合应用层接收网络构建层传来的信息，并对信息进行处理和决策，再通过网络构建层发送信息，以控制感知识别层的设备和终端。物联网的应用以"物"或物理世界为中心，涵盖物品追踪、环境感知、智能物流、智能交通、智能海关等各个领域。

## ●●1.3　为什么 NB-IoT 会出现

物联网实现的基础之一在于数据的传输，不同的物联网业务对数据传输能力和实时性都有着不同要求。

根据传输速率的不同，可将物联网业务区分为高速、中速和低速业务。

高速率业务：主要使用 3G、4G 技术，例如车载物联网设备和监控摄像头，对应的业务特点要求实时的数据传输。

中等速率业务：主要使用 GPRS 技术，例如居民小区或超市的储物柜，使用频率高但并非实时使用，对网络传输速率的要求远不及高速率业务。

低速率业务：业界将低速率业务市场归纳为 LPWAN 市场，即低功耗广域网。目前还没有对应的蜂窝技术，多数情况下通过 GPRS 技术实现，从而带来了成本高的问题，影响低速率业务普及度。

也就是说，目前急需开拓低速率业务市场，而低速率业务市场其实是最大的市场，如建筑中的灭火器、科学研究中使用的各种监测器，此类设备在生活中出现的频率很低，但汇集起来的总数却很可观，收集这些数据用于各类用途，比如改善城市设备的配置等。

NB-IoT 是一种新的窄带蜂窝通信技术，可以帮助我们解决这个问题。

2013 年，沃达丰与华为携手开始了新型通信标准的研究，起初他们将该通信技术称为"NB-M2M（LTE for Machine to Machine）"。

2014 年 5 月，3GPP 的 GERAN 组成立了新的研究项目——"FS_IoT_LC"，该项目主要研究新型的无线电接入网系统，"NB-M2M"成为该项目的研究方向之一。稍后，高通公司提交了"NB-OFDM"（Narrow Band Orthogonal Frequency Division Multiplexing，窄带正交频分复用）的技术方案。

2015 年 5 月，"NB-M2M"方案和"NB-OFDM"方案融合成为"NB-CIoT"（Narrow Band Cellular IoT）。该方案的融合之处主要在于：通信上行采用 FDMA 多址方式，而下行采用 OFDM 多址方式。

2015 年 7 月，爱立信联合中兴、诺基亚等公司，提出了"NB-LTE"（Narrow Band LTE）的技术方案。

在 2015 年 9 月的 RAN#69 次全会上，经过激烈的讨论和协商，各方案的主导者将两个技术方案（"NB-CIoT"和"NB-LTE"）进行了融合，3GPP 对统一后的标准工作进行了立项。该标准作为统一的国际标准，称为"NB-IoT 基于蜂窝的窄带物联网"。自此，"NB-M2M""NB-OFDM""NB-CIoT""NB-LTE"都成为历史。

2016 年 6 月，NB-IoT 的核心标准作为物联网专有协议，在 3GPP Rel-13 被冻结。同年 9 月，完成 NB-IoT 性能部分的标准制定。2017 年 1 月，完成 NB-IoT 一致性测试部分的标准制定。

促成这几种低功耗蜂窝技术"结盟"的关键，并不仅仅是日益增长的商业诉求，还有其他新生的（非授权频段）低功耗接入技术的威胁。LoRa、SIGFOX、RPMA 等新兴接入技术的出现，促成了 3PGG 中相关成员企业和组织的抱团发展。

和其竞争对手一样，NB-IoT 着眼于低功耗、广域覆盖的通信应用。终端的通信机制相对简单，无线通信的耗电量相对较低，适合小数据量、低频率（低吞吐率）的信息上传，信号覆盖的范围则与普通的移动网络技术基本一样，行业内将此类技术统称为"LPWAN 技术"。

NB-IoT 针对 M2M 通信场景对原有的 4G 网络进行了技术优化，适当地平衡网络特性和终端特性，以适应物联网应用的需求。

在"距离、品质、特性"和"能耗、成本"中，保证"距离"上的广域覆盖，一定程度地降低"品质"（例如采用半双工的通信模式，不支持高带宽的数据传送），减少"特性"（例如不支持切换，即连接态的移动性管理）。

网络特性"缩水"的好处就是：同时也降低了终端的通信"能耗"，并可以通过简化通信模块的复杂度来降低"成本"（例如简化通信链路层的处理算法）。

所以说，为了满足部分物联网终端的个性要求（低能耗、低成本），网络做出了"妥协"。NB-IoT 是"牺牲"了一些网络特性，满足物联网中不同以往的应用需要。

最初，NB-IoT 的规范是针对静态的应用场景（如智能抄表）设计的，所以在 Rel-13 版本（2016 年 6 月）中，它并不支持连接状态下的移动性管理，即不支持"无线切换"。在随后的 Rel-14 版本中，NB-IoT 会支持基站小区间的切换，保证业务在移动状态下的连续性。

从 NB-IoT 的特性中可以看出，NB-IoT 通过"信号增强""寻呼优化"加强了通信覆盖的深度。主要通过三个方面"照顾"终端对低耗电、低成本的要求：

① 引入了低功耗的"睡眠"模式（PSM、eDRX）；

② 降低了对通信品质的要求，简化了终端设计（半双工模式、协议栈简化等）；

③ 通过两种功能优化模式（CP 模式、UP 模式）简化流程，减少了终端和网络的交互量。

这些对广域移动通信技术的"优化"设计，使得 NB-IoT 更加适合于部分物联网的场景应用，也就是 LPWAN 类型的应用。并且由于引入了睡眠模式，降低了通信品质的要求（主要是实时性要求），NB-IoT 的基站比传统基站能够接入更多的（承载 LPWAN 业务的）终端。

采用 NB-IoT 的终端可以在满足低功耗的需求下，用于较高密度部署、低频次数据采集的应用（包括固定位置的抄表、仓储和物流管理、城市公共设置的信息采集等），或者是较低密度部署、长距离通信连接的应用（包括农情监控、地质水文监测等）。

当然，作为一种 LPWAN 技术，NB-IoT 有其固有的局限性，它显然并不适用于要求低时延、高可靠性的业务（车联网、远程医疗），而且中等需求的业务（智能穿戴设备、智能家居）对于它来说也稍显"吃力"。

在物联网技术生态中，没有一种通信接入技术能够适用所有的应用场景，各种接入技术之间存在一定的互补效应，NB-IoT 能够依靠其技术特性在物联网领域中占据着一席之地。

## ●● 1.4　NB-IoT 的主要特性

物联网技术主要包括应用于局域网的物联网技术，包括 Wi-Fi、ZigBee 或 Bluetooth（蓝牙）等，以及应用于广域网的物联网技术，包括 Sigfox、LoRa 和蜂窝 IoT 等。NB-IoT

是可运营的电信网络，这是 NB-IoT 区别于 LoRa、Sigfox、Wi-Fi、ZigBee 等技术的关键。NB-IoT 是一种与 LTE 不同的 RAT（Radio Access Technology，无线接入技术），它并不支持后向兼容。但 NB-IoT 可与 LTE 共存于同一网络中，彼此之间在时频位置上区分开。

物联网的快速发展，对无线通信技术提出了更高的要求，主要是为低速率、低功耗、低成本、广覆盖和海量物联网设备连接而设计的 LPWAN 技术应运而生。

NB-IoT 技术是基于 200kHz 窄带频谱的系统，可以划分为一定数量的可独立调制的窄带物理子信道，上 / 下行信道均采用频分复用的方式（FDM）。

只需 200kHz 的频谱资源，使得 NB-IoT 系统可以非常灵活的部署，如 GSM 载波 Refarming 部署、零散频谱的独立部署、其他制式的保护带部署。

NB-IoT 允许 UE 通过 E-UTRA 接入网络服务，但其信道带宽被限制为 180kHz。NB-IoT 的设计目标包括以下几点。

① 覆盖增强：与 GSM 相比，提升 20dB 的覆盖能力。

② 超低功耗：5Wh 电池可供 UE 使用 10 年（真实的电池寿命取决于应用场景和覆盖需求）。

③ 大量的低吞吐量 UE 接入：单扇区可支持 50000 个连接。

④ 时延不敏感：上行时延可达到 10s。

⑤ 低速：支持单用户上下行的速率最低为 160 bit/s。

⑥ 低成本：单模组成本小于 5 美元。

NB-IoT 的主要特性见表 1-2。

### 表1-2 NB-IoT的主要特性

| | |
|---|---|
| 部署方式（deployment） | 带内部署、保护频带部署或独立部署 |
| 双工模式（duplex mode） | FDD 半双工 type-B |
| MCL（覆盖） | 164 dB |
| 下行 | OFDMA（15kHz 子载波间距），单接收天线，1 或 2 发射天线 |
| 上行 | SC-FDMA（15kHz 或 3.75kHz 子载波间距），支持 multi-tone/single-tone 传输 |
| 带宽（bandwidth） | 180kHz（1 个 PRB） |
| 峰值速率（peak data rate） | 下行为 226.7kbit/s。上行 multi-tone 传输为 250kbit/s，上行 single-tone 为 20kbit/s |
| 省电技术（power saving） | PSM，eDRX |
| 功率类别（power class） | 23 dBm |

NB-IoT 与 FDD LTE 主要技术特性对比见表 1-3。

### 表1-3 NB-IoT与FDD LTE主要技术特性对比

| 技术特性 | 差异描述 |
|---|---|
| 物理信道管理 | NB-IoT 和 LTE FDD 支持的信道不一样，具体如下：<br>NB-IoT：上行物理信道包括 NPRACH、NPUSCH；下行物理信道包括 NPBCH、NPDCCH、NPDSCHl<br>LTE FDD：上行物理信道包括 PRACH、PUCCH、PUSCH；下行物理信道包括 PBCH、PCFICH、PHICH、PDCCH、MPDCCH、PDSCH、PMCH |
| 下行 HARQ | NB-IoT：采用异步 HARQ 进程，最大可支持两个下行 HARQ 进程<br>LTE FDD：最大支持八个 HARQ 进程 |
| 上行 HARQ | NB-IoT：上行采用异步 HARQ 进程，最大可支持两个上行 HARQ 进程<br>LTE FDD：上行采用同步 HARQ，最大支持八个 HARQ 进程 |
| 调制方式 | NB-IoT：下行仅支持 QPSK；上行支持 QPSK 和 BPSK<br>LTE FDD：下行支持 QPSK、16QAM 和 64QAM；上行支持 QPSK 和 16QAM |
| AMC | NB-IoT：上下行初始 MCS 选择由配置决定，区分覆盖等级<br>LTE FDD：上行基于 SINR 测量选择初始 MCS；下行基于 UE 上报的 CQI 选择初始 MCS |
| RRC 连接管理 | NB-IoT：CP 优化传输没有 PDCP 层，NAS 消息会携带数据；UP 优化传输有 PDCP 层，与 LTE FDD 无差异<br>LTE FDD：有 PDCP 层，NAS 消息携带消息内容，而不是数据 |
| 系统消息广播 | NB-IoT：支持 MIB、SIB1、SIB2、SIB3、SIB4、SIB5、SIB14、SIB16<br>LTE FDD：支持 MIB、SIB1 ～ SIB20 |
| 随机接入 | NB-IoT：支持区分三种不同覆盖等级的接入<br>LTE FDD：只支持一种覆盖等级的接入 |
| 寻呼 | NB-IoT：支持普通寻呼，支持基于覆盖等级和推荐小区列表的扩展寻呼<br>LTE FDD：仅支持普通寻呼 |
| 35km 覆盖范围 | 仅 NB-IoT 支持 |
| 准入控制 | NB-IoT：主要根据 RRC 建立原因值进行准入控制<br>LTE FDD：主要根据 ARP 进行准入控制 |
| 拥塞控制 | NB-IoT：支持基于 SIB14 的拥塞控制<br>LTE FDD：支持基于 SIB2 的拥塞控制 |
| 基本调度 | NB-IoT：初始调度区分覆盖等级，不支持下行测量上报，下行基于 ACK/NACK 反馈结果调整 MCS 和重复次数<br>LTE FDD：仅支持一种覆盖等级调度，支持下行测量上报，可以基于下行测量上报结果调整下行 MCS |
| 上行功率控制 | NB-IoT：包含 NPUSCH 功控和 NPRACH 功控，仅支持开环功控<br>LTE FDD：包含 PUSCH 功控、PUCCH 功控、SRS 功控和 PRACH 功控，支持开环功控和闭环功控 |
| DRX | NB-IoT：支持长周期 DRX<br>LTE FDD：不支持长周期 DRX |

（续表）

| 技术特性 | 差异描述 |
|---|---|
| 小区选择与重选 | NB-IoT：不支持按优先级的小区重选，节省 UE 耗电<br>LTE FDD：支持按优先级的小区重选 |
| 上行 2 天线接收分集 | NB-IoT：仅支持 MRC 接收机技术<br>LTE FDD：支持 MRC 和 IRC 接收机技术 |
| MIMO | NB-IoT：终端为 1T1R，不支持 MIMO，NRS 天线端口最大支持 2Port，支持 SFBC<br>LTE FDD：支持 MIMO，CRS 天线端口最大支持 4Port，支持 SFBC 和 FSTD |
| NB-IoT 覆盖扩展 | 仅 NB-IoT 支持 |
| Multi-tone | 仅 NB-IoT 支持 |
| 上行 4 天线接收分集 | NB-IoT：仅支持 MRC 接收机技术<br>LTE FDD：支持 MRC 和 IRC 接收机技术 |
| HARQ 进程 | NB-IoT：上下行最大可支持两个 HARQ 进程<br>LTE FDD：上下行最大支持八个 HARQ 进程 |
| 小区选择 | NB-IoT：仅支持 DMRS 测量进行协作小区选择<br>LTE FDD：可通过 A3 事件、SRS 测量进行协作小区选择 |
| 多载波 | 仅 NB-IoT 支持 |

NB-IoT 与 LTE（FDD）的功能比较见 1-4。

**表1-4　NB-IoT与LTE（FDD）的功能比较**

| 关键功能 | NB-IoT | LTE（FDD） |
|---|---|---|
| 物理信道 | • 下行物理信道：NPBCH、NPDCCH、NPDSCH<br>• 上行物理信道：NPRACH、NPUSCH | • 下行物理信道：PBCH、PCFICH、PHICH、PDCCH、MPDCCH、PDSCH、PMCH<br>• 上行物理信道：PRACH、PUCCH、PUSCH |
| 接口能力 | 支持 S1-C、S1-U、X2-C 接口 | 支持 S1-C、S1-U、X2-C、X2-U、eX2 接口 |
| 覆盖 | • 支持 20dB 覆盖增强<br>• 支持 4T4R | • 无覆盖增强<br>• 支持 4T4R |
| 随机接入 | 支持区分三种不同覆盖等级的接入 | 仅支持一种覆盖等级的接入 |
| 调度 | • 下行：调度粒度为 RB，支持用户间时分调度<br>• 上行：调度粒度为子载波，支持 Single-tone 调度或 Multi-tone 调度 | • 下行：调度粒度为 RB/RBG，支持用户间时分调度或频分调度<br>• 上行：调度粒度为 RB |
| 节能 | • 支持空闲态 eDRX（eDRX 周期最大支持 2.92h）<br>• 连接态 DRX | • 支持空闲态 eDRX（eDRX 周期最大支持 43.69min）<br>• 连接态 DRX |

（续表）

| 关键功能 | NB-IoT | LTE（FDD） |
|---|---|---|
| 移动性 | • 推荐低速移动场景（30km/h）<br>• 支持小区重选<br>• 不支持切换 | • 推荐高速移动场景（最高支持 450km/h）<br>• 支持小区重选<br>• 支持切换，确保语音业务连续性 |
| 定位 | 不支持 | 支持基于 E-CID、OTDOA 或者 AGPS 定位 |
| 语音 | 不支持 | 支持 |
| 拥塞控制 | • EAB<br>• 基于负载的拥塞控制 | • EAB<br>• 基于负载的拥塞控制 |
| 互操作 | 不涉及 | 支持 GL、UL、CL 互操作 |
| 无线组网 | • MOCH/MORAN<br>• 框内 SFN<br>• 不支持 ASFN | • MOCN/MORAN<br>• 框内 / 框间 SFN<br>• 支持 ASFN |
| 传输安全 | 支持 IPsec、PKI、802.1x 接入认证 | 支持 IPsec、PKI、802.1x 接入认证 |
| 软件管理 | 共用一个软件包 | |

## ●●1.5 NB-IoT 的优势

作为一项应用于低速率业务中的技术，NB-IoT 具有以下优势。

**大链接：**在同一基站的情况下，NB-IoT 可以比现有无线技术提供 50 ～ 100 倍的接入数。一个扇区能够支持 10 万个连接，支持低延时敏感度、超低的设备成本、低设备功耗和优化的网络架构。举例来说，受限于带宽，运营商给家庭中每个路由器仅开放 8 ～ 16 个接入口，而一个家庭中往往有多部手机、笔记本电脑、平板电脑，未来要想实现全屋智能、上百种传感设备需要联网就成了一个棘手的难题。而 NB-IoT 足以轻松满足未来智慧家庭中大量设备的联网需求。

**广覆盖：**NB-IoT 室内覆盖能力强，比 LTE 提升 20dB 增益，相当于提升了 100 倍覆盖区域能力。不仅可以满足农村这样的广覆盖需求，同样适用厂区、地下车库、井盖这类对深度覆盖有要求的应用。以井盖监测为例，过去 GPRS 的方式需要伸出一根天线，车辆来往时天线极易损坏，而 NB-IoT 只要部署得当，就可以很好地解决这一难题。

**低功耗：**低功耗特性是物联网应用一项重要指标，特别对于一些不能经常更换电池的设备和场合，如安置于高山荒野偏远地区中的各类传感监测设备，它们不可能像智能手机一样一天一充电，长达几年的电池使用寿命是最本质的需求。NB-IoT 聚焦小数量、小速率应用，因此 NB-IoT 设备功耗可以做到非常小，设备续航时间可以从过去的几个月大幅提升到几年。

**低成本：**与 LoRa 相比，NB-IoT 无需重新建网，射频和天线基本上都是复用的。以中国移动为例，900MHz 里面有一个比较宽的频带，只需要清出来一部分 2G 的频段，就可以直接同时部署 LTE 和 NB-IoT。低速率、低功耗、低带宽同样给 NB-IoT 芯片以及模块带来低成本的优势。模块预期价格不超过 5 美元。

不过，NB-IoT 仍有着自身的局限性。在成本方面，NB-IoT 的模组成本未来有望降至 5 美元之内，但目前支持蓝牙、Thread、ZigBee 三种标准的芯片价格仅在 2 美元左右，仅支持其中一种标准的芯片价格不到 1 美元。巨大的价格差距无疑将让企业在部署 NB-IoT 时产生顾虑。

此外，大部分物联网场景如智能门锁、数据监测等并不需要实时无线联网，仅需近场通信或者通过有线方式就可完成。若要更换为 NB-IoT，是否物有所值？

## ●●1.6 NB-IoT 物联网的应用

应用创新是物联网发展的核心，以用户体验为核心的创新 2.0 是物联网发展的灵魂。

通过车身锁内集成了嵌入式芯片、卫星定位系统模块和 SIM 卡，随时监控自行车在路上的具体位置，用户通过手机 App 可以查看附近的单车，通过地图引导找到单车，并通过扫二维码远程开锁，使用 App 可以完成付费和记录行驶线路。

慢性病患者无需住院，只要在身体上放置几个小小的仪器，医生就能 24h 监控其血压、脉搏等生理参数。

当你驾车驶入停车场，无需为寻找停车位劳神，车载终端会自动显示导航信息，将你引导到最近的停车位。

智能化住宅中的传感器检测到主人离开后，能自动通知控制器关闭水电气和门窗，并监控住宅内的安全情况，实时向主人的手机发送异常情况报告……这些不是科幻电影中的场景，随着"物联网"的逐步实现和普及，每个人的生活都将步入物联时代。

### 1.6.1 在公共事业上的应用

#### （1）智能燃气

随着生活水平的提高和环保意识的加强，人们日常做饭用的燃料已经转变为天然气和煤气，甚至是电等清洁能源了。

目前市场上燃气表有两种：一种为传统式的机械式膜式燃气表；另一种为预付费膜式燃气表。收费难，抄表人员人工成本高，无法真正实现监控偷盗气，这给燃气公司不断地增加了经营成本，也给运营管理带来许多麻烦。

现代化家庭对生活品质和智能化产品需求的提高，将促使燃气表朝着安全性、可靠性、智能方便性方向发展。NB-IoT 智能燃气表是由内置电机阀的基表和带 NB-IoT 通信模组的智能控制器构成的。通过 NB-IoT 网络，后台系统联动，能实现智能计量、远程监控、空中储值等功能。基于 NB-IoT 的智慧燃气解决方案，智能燃气表的用气数据、电量、信号、阀门状态、异常情况等可以通过燃气表内置的 NB-IoT 通信模组接入到 NB-IoT 网络，传输到 IoT 连接管理平台，然后上传到后台的采集和业务系统平台；后台将解析数据包，解析出的用户用气数据在用户账户内完成结算，并通过客服系统的相关新媒体渠道推送给用户，用户能实时地获取自己的用气账单，并能远程完成账户的充值，如图 1-3 所示。

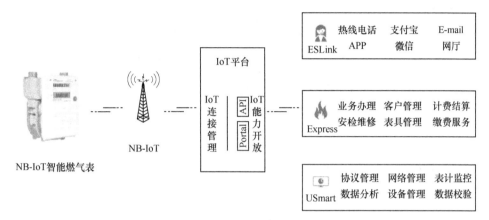

图1-3　NB-IoT智能燃气表示意

（2）智能水表

水表和我们的生活息息相关，人工抄表有以下各种弊端：①效率低；②人工成本高；③记录数据易出错；④业主对陌生人有戒备心理会无法进门；⑤维护管理困难等。

NB-IoT 技术的智能水表则解决了这一问题，智能水表原理框图如图 1-4 所示。

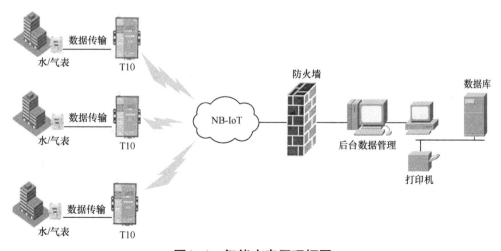

图1-4　智能水表原理框图

在 NB-IoT 智能水表的诸多功能中，与无线网络相关的功能主要包括周期上报、水表上报（点抄）、告警上报、远程配置、远程升级等，具体业务流程及要求如图 1-5 所示。

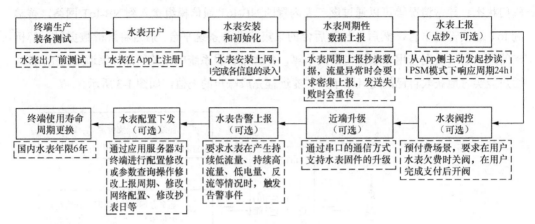

**图1-5 智能水表全业务流程**

水表周期性数据上报：水表周期上报抄表数据，流量异常时会要求密集上报，发送失败时会重传。

水表上报（点抄）：服务器侧主动发起抄读，PSM 模式下响应周期 24h。

水表告警上报：要求水表在产生持续低流量、持续高流量、低电量、反流等情况时，触发告警事件，要求 95% 智能水表需要在告警产生后 30s 内将告警信息上报到平台，99% 智能水表需要在产生告警后 1min 内将告警信息上报到平台。

水表配置下发：通过应用服务器对终端进行配置修改或参数查询操作修改上报周期、修改网络配置、修改抄表日等，并要求将配置状态（成功 / 失败）反馈给平台。远程配置在水表周期性上报时下发，要求 95% 的智能水表在 24h 内完成反馈，99% 的智能水表在 48h 内完成反馈，99.9% 的智能水表在 4 天内完成反馈。

水表远程升级：智能水表支持通过 NB-IoT 网络对水表软件以及通信模组进行升级，要求 7 天内可完成 90% 智能水表升级，14 天内可完成 99% 智能水表升级，28 天内可完成 99.9% 智能水表升级。

**（3）智能井盖**

据不完全统计，全国城市的井盖保有量约有数亿套以上，全国每年新增井盖数量和每年更换量至少在 1500 万套以上。井盖应用行业广泛，包括自来水、路灯、排水、电信、燃气、热力、消防、环卫、房地产、道路建设等。

在管理遍布城市角落的井盖时，为解决因井盖丢失、缺损、非法打开等情况导致的井盖吞人、伤人事故，目前先进的方式是在现有普通窖井盖上加装倾斜角及加速度传感器，当井盖被非法打开时，传感器会通过 NB-IoT 网络传输至智慧井盖系统中心及推送至工作人员手机 App。工作人员在接收到信息后，直接到现场查看，并将处理情况通过手机 App 反馈至中心机房，指挥中心管理员做出相应处理，如图 1-6 所示。

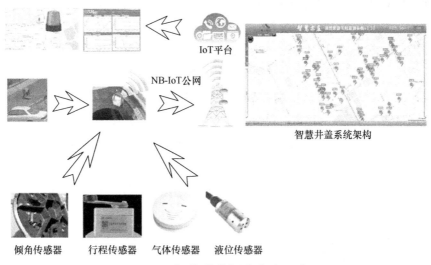

IoT平台

NB-IoT公网

智慧井盖系统架构

倾角传感器　　行程传感器　　气体传感器　　液位传感器

**图1-6　智能井盖解决方案示意**

### （4）智能路灯

智能路灯解决方案如图 1-7 所示。

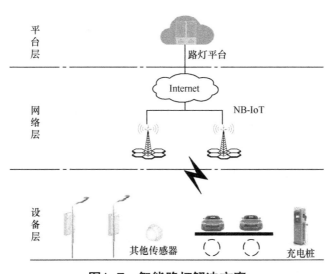

平台层　　路灯平台

Internet

网络层　　NB-IoT

设备层

其他传感器　　　　　　充电桩

**图1-7　智能路灯解决方案**

智能路灯管理系统软件平台是智能路灯的核心，是对路灯监控调度、运维数据管理的中心平台。系统可以通过地图的方式，迅速定位路灯并进行管理，包括设置单灯或一组灯的调度策略、查询路灯状态和历史记录、实时更改路灯运行状态、提供路灯的各类报表等功能。

系统可以控制每个集中器及每个节点控制器。在操作界面上能实时显示所有集中器及单灯的状态，并对它们实现单点控制、组控制、广播控制等控制策略。

系统提供 GIS 定位，对每盏路灯进行定位并在地图上显示，并在地图上对路灯进行开关灯等操作，大大方便对路灯的管理。

能自动检测路段是否有车经过，自动调节路灯的照明亮度，可实现光照调控、经纬度（日落时间）调控，还可以统计来车数量和节能率，以达到节能效果。

当路灯故障或线缆被盗时，系统能即时自动将照明设备故障系统上报主业务系统，业务系统根据报警信息类型通过短信预警、邮件预警等方式提醒管理人员。

用户无需到现场就能了解路灯用电情况以及功率，可实时查询耗电数据和历史耗电数据，并能在系统中新增、修改和删除电能表。

用户通过操作在计算机、手机和 Pad 等客户终端上的客户端软件，即可移动管理照明灯具。

（5）智能消防栓

目前，建设消防栓由自来水公司负责，维护消防栓由消防部门负责，自来水公司有漏损检测的诉求，消防部门有人力巡检与考核率要求，主要解决非法盗用消防栓水，擅自拆除、迁移消防栓，人为破坏、盗窃消防栓等问题。

智能消防栓的主要功能有开盖报警、破坏报警、出水报警、撞到报警和压力监测，解决方案如图 1-8 所示。

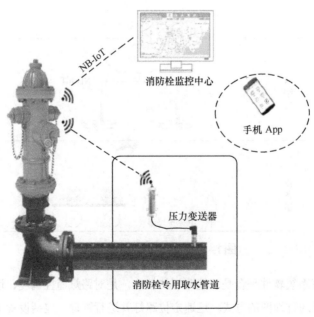

图1-8  智能消防栓解决方案

智能消防栓的监测原理有以下三点。

① 当有人拧动消防栓防盗水报警装置在 100mm 出水口用水时，装置中的倾斜开关发生位置偏离并导通，触发报警装置，将报警信息通过 GPRS 远传至监控中心，实现及时报警。

② 当有人在 65mm 出水口用水，出水后消防栓内的水压触发消防栓防盗水报警装置内的微动开关闭合，通过 NB-IoT 将报警信息远传至监控中心，实现报警。

③ 消防栓防盗水报警装置配备蓝牙通信功能，通过手机 App 对其进行无线维护，并且手机 App 能够随时查看报警信息，确定消防栓的位置。

### 1.6.2　在停车方面的应用

NB-IoT 可以为停车提供无处不在的、便于维护管理的智能连接，包括路边停车位、收费停车场等。它具有以下特点：20dB 深度覆盖，支持地下停车场等无处不在的连接；即插即用，10 年电池寿命极易维护；基于 License 频谱的高可靠性；使能新的商业模式，并且通过停车传感器 + 联网摄像头进行停车位管理（有效地帮助市政部门解决路边乱停车、乱收费问题，收费停车场的监控与计费），除了智能车检器，未来还可以配合智能锁 + 摄像头等其他手段打造全智能化停车全新体验。智能停车解决方案示意如图 1-9 所示。

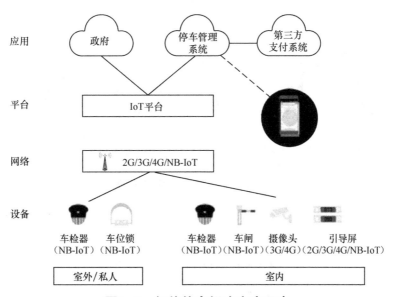

**图1-9　智能停车解决方案示意**

### 1.6.3 在农业方面的应用

我国总体上处于传统农业向现代农业的过渡阶段，产业化进程缓慢，农业机械化作业水平低，生产效率低下。另外，我国正处于工业化和城镇化的加速阶段，该阶段正是能源资源消耗、污染排放强度较大的时期。由于缺乏严格的保护和治理措施，一些农业生产者受利益驱使，滥用化肥农药，导致农产品安全问题，加工品出口和国内市场销售受影响，进而影响现代农业的发展进程。

基于 NB-IoT 的智能绿色农业解决方案，以一种简单、灵活的方式连接到移动网络运营商（Mobile Network Operator，MNO）服务，如图 1-10 所示。同时，物联网平台帮助用户全面连接和控制物联网设备，大幅降低商业部署成本，提高用户的服务体验。

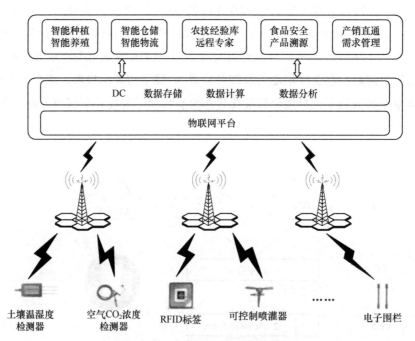

图1-10 智慧农业解决方案

这种解决方案具有以下优势：

① 提高品质。现代农业大棚优产优销解决方案为精准化培育种植户，提高农作物的品质，提高收益的同时增加品牌的影响力。

② 智能种植。专注以智能代替人工，采用 IoT+ 云技术，智能化测算控制作物生长环境和周期提高产量，减少人工成本。

③ 远程控制。无需亲临现场，在家轻击按钮，实现远程照看的可视化操作。

④ 适应性。现代农业大棚优产优销解决方案提供了多种农作物最佳的生长环境，根据不同的农业场景，灵活调整解决方案内容，定制化服务，切实解决种植户的问题。

# NB-IoT 基本原理

## 第 2 章

**导读**

本章介绍了 NB-IoT 技术的原理，从网络架构、空口协议、关键技术、物理信道、主要流程、节能技术等多个方面进行了详细的介绍。

对 NB-IoT 终端而言，现有 LTE/EPC 流程的终端能耗和网络信令开销太大，为了适应 NB-IoT 终端的接入需求，3GPP 对网络整体架构和流程进行了增强，提出了控制面优化传输方案和用户面优化传输方案。NB-IoT 的控制面协议主要负责对无线接口的管理和控制，包括 RRC 协议、PDCP、RLC 协议、MAC 协议以及物理层协议。

NB-IoT 主要支持时延不敏感、无最低速率要求、传输间隔大和传输频率低的业务，因此本章在 LTE 标准的基础上大幅度地简化各层的各项功能和关键技术过程。

针对 180KHz 带宽的特点，NB-IoT 系统重新设计了窄带物理广播信道、窄带物理共享信道、窄带物理下行 / 下行信道、窄带同步信号和窄带参考信号。

NB-IoT 的主要信令流程参考 LTE，附着 / 去附着、跟踪区域更新、业务请求等与 LTE 略有不同，但大体一致。最后，本章对 NB-IoT 的节能技术 EDRX 和 PSM 进行了详细介绍。

## ●●2.1 NB-IoT 网络架构

### 2.1.1 引言

NB-IoT 的引入给 LTE/EPC 网络带来了很大的改进要求。传统 LTE/EPC 网络主要目的是为了适应宽带移动互联网的需求，即为用户提供高带宽、高响应速度的上网体验。然而，与宽带移动互联网相比，NB-IoT 具有显著的差别：终端数量众多，终端节能要求高，以收发小数据包为主且数据包可能是非 IP 格式的。现有 LTE/EPC 流程，对 NB-IoT 终端而言，发送单位数量的数据、终端能耗和网络信令开销太高。一方面，为了发送或接收很少字节的数据，终端从空闲态进入连接态，所消耗的网络信令开销远远大于数据载荷本身的大小；另一方面，基于 LTE/EPC 的复杂的信令流程，终端的能耗也带来很大的开销。

为了适应 NB-IoT 终端的接入需求，3GPP 增强了网络整体架构和流程，提出了控制面优化传输方案和用户面优化传输方案。控制面优化传输方案的基本原理是通过控制面信令来实现 IP 数据或非 IP 数据在 NB-IoT 终端和网络间的传输。遵循该方案，UE 可以在请求 RRC 连接的过程中，在无线信令承载 SRB 中携带 NAS 数据包，在 NAS 数据包中携带 IP 数据或非 IP 数据，实现利用控制面来传输用户面数据的目标。用户面优化传输方案的基本原理是引入 RRC 连接挂起和恢复流程，在终端进入空闲态后，基站和网络仍然存储终端的重要上下文信息，以便通过恢复流程快速重建无线连接和核心网连接，降低了网络信令的交互。

特别地，在 EPC 网络侧，针对非 IP 数据的传输，基于控制面优化传输方案，3GPP 提出了两种模式的非 IP 数据传输方案：一种是利用服务能力开放单元（SCEF），在移动性管理实体（MME）和能力开放单元（SCEF）间建立 T6 连接来实现非 IP 数据的传输；另一种是升级 P-GW 使其支持非 IP 数据传输，基于现有 SGi 接口通过隧道来实现非 IP 数据的传输。

### 2.1.2 总体框架概述

NB-IoT 的网络架构和 4G 网络架构基本一致，但 NB-IoT 的优化流程有针对性的增强，如图 2-1 所示。

在 NB-IoT 的网络架构中，包括 NB-IoT 终端、E-UTRAN 基站（即 eNodeB）、归属用户签约服务器（Home Subscriber Server，HSS）、移动性管理实体（Mobility Management Entity，MME）、服务网关（S-GW）和 PDN 网关（P-GW）。策略和计费规则功能（Policy and Charging Rules Function，PCRF）在 NB-IoT 架构中并不是必须的。以及为了支持 MTC、NB-IoT 而引入的网元也不是必须的，包括服务能力开放单元（Service Capability Exposure Function，SCEF）、第三方业务能力服务器（Service Capability Server，SCS）和第三方应用服务器（Application Server，AS）。其中，SCEF 也经常被称为能力开放平台。

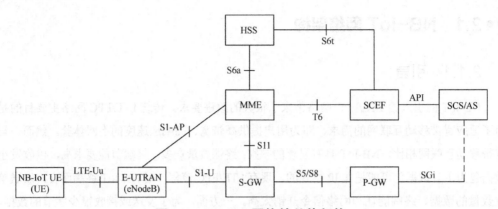

**图2-1 NB-IoT网络的总体架构**

和传统的 4G 网络相比，在架构上，NB-IoT 网络主要增加了 SCEF 以支持控制面优化方案和非 IP 数据传输，对应地，引入了新的接口：MME 和 SCEF 之间的 T6 接口、HSS 和 SCEF 之间的 S6t 接口。

在实际部署网络时，为了减少物理网元的数量，可以将部分核心网网元（如 MME、S-GW、P-GW）合一部署，称之为 CIoT 服务网关节点（C-SGN），如图 2-2 所示。

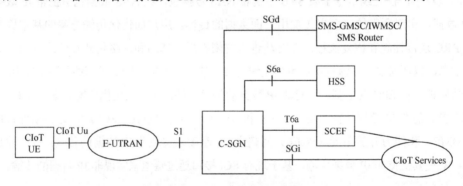

**图2-2 C-SGN集成架构**

从总体上看，C-SGN 的功能可以设计成 EPS 核心网功能的一个子集，必须支持的功能如下：

① 用于小数据传输的控制面 CIoT 优化功能；

② 用于小数据传输的用户面 CIoT 优化功能；

③ 用于小数据传输的必须安全控制流程；

④ 对仅支持 NB-IoT 的 UE 实现不需要联合附着（Combined Attach）的 SMS 支持；

⑤ 支持覆盖优化的寻呼增强；

⑥ 在 SGi 接口实现隧道，支持经由 PGW 的非 IP 数据传输；

⑦ 提供基于 T6 接口的 SCEF 连接，支持经由 SCEF 的非 IP 数据传输；

⑧ 支持附着时不创建 PDN 连接。

对于 NB-IoT，短消息业务（Short Messaging Service，SMS）是非常重要的业务，仅支

持 NB-IoT 的终端，由于不支持联合附着，所以不支持基于电路交换域回落（Circuit Switch Fall Back，CSFB）的短信机制。对仅支持 NB-IoT 的终端，NB-IoT 技术允许 NB-IoT 终端在 Attach、TAU 消息中和 MME 协商基于控制面优化传输方案的 SMS 支持，即按照控制面传输优化方案在 NAS 信令包中携带 SMS 数据包。对于同时支持 NB-IoT，又支持联合附着的终端，可继续使用 CSFB 的短信机制来获取 SMS。

对网络而言，如果网络不支持 CSFB 的 SGs 接口短信机制，或对仅支持 NB-IoT 的终端无法使用 CSFB 机制来实现 SMS，则可考虑在 NB-IoT 网络中引入基于 MME 的短信机制（SMS in MME），即 MME 实现 SGd 接口，通过该接口和短信网关、短信路由器实现 SMS 的传输，该架构如图 2-3 所示。

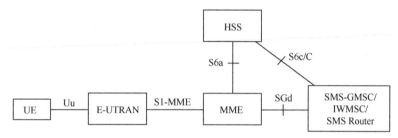

**图2-3　MME直接实现SGd接口的SMS架构**

### 2.1.3　协议栈架构

在 NB-IoT 技术中，用户面优化方案对 LTE/EPC 协议栈没有修改或增强。区别于传统 LTE/EPC 架构，支持控制面优化方案对协议栈有比较大的修改和增强。

控制面优化方案又包括两种：

- 基于 SGi 的控制面优化方案；
- 基于 T6 的控制面优化方案。

这两种不同的控制面优化方案，其协议栈架构，在 MME 到 PGW 或 MME 到 SCEF 间有所不同。

#### （1）基于 SGi 的控制面优化协议栈

基于 SGi 的控制面优化方案的协议栈架构如图 2-4 所示。

从上述协议栈可以看出：

- UE 的 IP 数据 / 非 IP 数据包，是封装在 NAS 数据包中的；
- MME 执行了 NAS 数据包到 GTP-U 数据包的转换。对于上行小数据传输，MME 将 UE 封装在 NAS 数据包中的 IP 数据 / 非 IP 数据包，提取并重新封装在 GTP-U 数据包中发送给 SGW；对于下行小数据传输，MME 从 GTP-U 数据包中提取 IP 数据 / 非 IP 数据，封装在 NAS 数据包中发送给 UE。

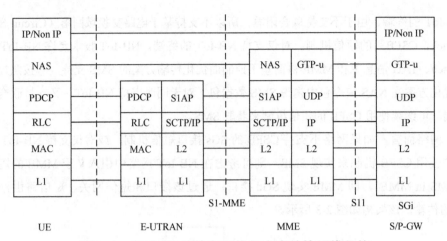

图2-4 基于SGi的控制面优化方案的协议栈架构

**（2）基于 T6 的控制面优化协议栈**

基于 T6 的控制面优化方案的协议栈架构如图 2-5 所示。

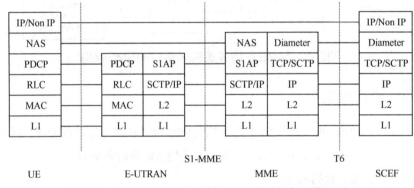

图2-5 基于T6的控制面优化方案的协议栈架构

从上述协议栈可以看出：

① UE 的 IP 数据 / 非 IP 数据包，是封装在 NAS 数据包中的；

② MME 执行了 NAS 数据包到 Diameter 数据包的转换。对于上行小数据传输，MME 将 UE 封装在 NAS 数据包中的 IP 数据 / 非 IP 数据包，提取并重新封装在 Diameter 消息的 AVP 中发送给 SCEF；对于下行小数据传输，MME 从 Diameter 消息的 AVP 中提取 IP 数据 / 非 IP 数据，封装在 NAS 数据包中发送给 UE。

## 2.1.4 网络接口

为了支持 NB-IoT，需要相应地增强下列接口。

**（1）Uu 接口**

Uu 接口用以在 UE 和 eNodeB 之间提供 RRC 连接管理。在 NB-IoT 技术中，Uu 接口引入了 NB-IoT 能力协商、控制面优化流程支持和用户面优化流程支持等内容。

在 Uu 接口中，一方面，NB-IoT 终端需要和 eNodeB 交互终端的能力信息，NB-IoT 终端需要将自身的 NB-IoT 详细能力报告给 eNodeB；另一方面，NB-IoT 终端从系统广播和 RRC 信令交互中，获取基站 eNodeB 对 NB-IoT 的支持能力。

对于控制面优化方案，在 Uu 接口中，eNodeB 允许 NB-IoT 终端在请求 RRC 连接建立的过程中，在无线信令承载 SRB 中携带 NAS 数据包，在 NAS 数据包中封装上行小数据包。该小数据包可以是一个 IP 数据包，也可以是一个非 IP 数据包。同样地，在 RRC 连接建立的过程中，下行小数据包也可以被封装在 NAS 数据包中发送给 UE。

对于用户面优化方案，在 Uu 接口中，NB-IoT 终端可以发起 RRC 连接挂起（RRC Resume）、RRC 连接恢复（RRC Resume）过程。不同于 UE 进入空闲态，在 RRC 连接被挂起后，在 UE、eNodeB 上，仍然会保存 UE 的接入层上下文的关键信息。在 NB-IoT 终端发起 RRC 连接恢复时，eNodeB 可以利用先前保存的信息快速重建 RRC 连接，恢复先前给 UE 分配的无线空口承载并恢复 S1 连接，从而快速恢复上行数据传输通道。

（2）X2 接口

X2 接口在 eNodeB 和 eNodeB 之间实现信令和数据的交互，比如支持 UE 在 eNodeB 之间的切换，以及基站间的信息传输。在 NB-IoT 技术中，X2 接口引入了跨基站用户上下文恢复。

跨基站用户上下文恢复即在用户面优化方案下，UE 在旧基站被挂起后，如果 UE 移动到新基站，UE 向新基站发起 RRC 连接恢复过程，携带先前从旧基站获得的恢复 ID（Resume ID）。新基站在 X2 接口向旧基站发起用户上下文获取流程（Retrieve UE Context），从旧基站获取 UE 在旧基站挂起时保存的用户上下文信息。利用这些信息，可以在新基站上快速恢复该 UE，实现了 NB-IoT 用户的移动管理。

（3）S1 接口

S1 接口的控制面实现 eNodeB 和 MME 之间的信令传递，S1 接口的用户面实现 eNodeB 和 SGW 之间的用户面数据传输。在 NB-IoT 技术中，S1 接口引入了如下内容：RAT 类型上报、UE 无线能力指示、控制面优化方案支持和用户面优化方案支持等。

• RAT 类型上报：请求 NB-IoT 流程的 UE，可能从 NB-IoT RAT 接入，也可能从 E-UTRAN 接入，为了让核心网能区分当前 UE 从哪个 RAT 接入，在 S1 接口中，eNodeB 向 MME 上报当前 UE 所接入的 RAT 类型时，通过 TAC 来指示 RAT 类型，不同的 RAT 所分配的 TAC 是不一样的。

• UE 无线能力指示：在某些优化场景下，基站需要第一时间知道 UE 的无线能力信息。在 S1 接口的控制面优化方案中，MME 可以使用连接建立指示（Connection Establishment Indication）消息或下行 NAS 传输（Downlink NAS Transport）消息向 eNodeB 发送 UE 的无线能力。在 S1 接口的用户面优化方案中，MME 通过用户初始文本建立请求（Initial

Context Setup Request）消息向 eNodeB 发送 UE 的无线能力，或者通过下行 NAS 传输（Downlink NAS Transport）消息向 eNodeB 发送 UE 的无线能力。

● 控制面优化方案支持：如果 UE 初始附着时，MME 没有为 UE 建立 PDN 连接，则在 S1 接口不会携带无线承载信息，eNodeB 也不会为 UE 建立无线数据承载 DRB。当 eNodeB 建立无线承载时，需要知道该承载是否是非 IP 类型（Non-IP），从而判断是否需要执行头压缩。因此在用户初始文本建立请求（Initial Context Setup Request）、E-RAN 建立请求（E-RAB Setup Request）和 S1/X2 切换过程中的切换请求（Handover Request）消息中增加了承载类型（Bearer Type IE），指示该承载为 IP 或者非 IP 类型。在 S1 接口，使用初始 UE 消息（Initial UE Message）或上行 NAS 传输（Uplink NAS Transport）消息来投递上行小数据包，使用下行 NAS 传输（Downlink NAS Transport）消息来投递下行小数据包。S1 接口还引入了连接建立指示（Connection Establishment Indication）消息，在 UE 有多个上行数据包发送的场景下，通过该消息实现将 MME 为 UE 分配的 S1-AP 接口 ID（MME UE S1AP ID）发送给基站，基站可利用上行 NAS 传输（Uplink NAS Transport）消息实现后续上行数据的发送。

● 用户面优化方案支持：在 S1 接口，MME 通过用户初始文本建立请求（Initial Context Setup Request）消息、S1 切换过程中的切换请求（Handover Request）消息、X2 切换过程中的路径切换请求确认（Path Switch Request Acknowledge）消息，向 eNodeB 指示 UE 是否支持用户面优化方案（UE User Plane CIoT Support Indicator）。另外，在 S1 接口引入了新的 UE 上下文挂起流程（UE Context Suspend）和 UE 上下文恢复流程（UE Context Resume）。eNodeB 将 UE 状态设为 RRC 空闲态后，eNodeB 发起 UE 上下文挂起流程请求 MME 在 EPC 挂起 UE 上下文以及相应承载上下文。成功完成 UE 上下文挂起流程后，UE 相关的信令连接被设置为挂起。eNodeB 和 MME 保存恢复 UE 信令连接必需的所有数据相关上下文，无需再交换信息。后续 UE 请求 RRC 连接恢复时，eNodeB 向 MME 发起 UE 上下文恢复流程，指示 UE 已经恢复了 RRC 连接，请求 MME 在 EPC 恢复 UE 上下文和相关承载上下文。若 UE 上下文在核心网侧无法恢复，则 MME 向 eNodeB 发送用户文本恢复失败消息，eNodeB 释放 RRC 连接以及清除本地资源。

（4）S10 接口

S10 接口实现在 MME 之间的信令交换，以支持切换等操作，S10 基于 GTP-C 接口。在 NB-IoT 技术中，S10 接口引入了 NB-IoT 信息传递、NB-IoT 承载上下文传递等。

● NB-IoT 信息传递：在 MME 重定位过程中，由于目标 MME 和源 MME 所支持的 RAT 类型、NB-IoT 能力等均可能不一致，所以，在 S10 接口需要传递 RAT 类型、NB-IoT 能力、IP 头压缩配置信息等。

● NB-IoT 承载上下文传递：在 MME 重定位的过程中，需要在 MME 之间传递 NB-IoT 的 PDN 连接、EPS 承载上下文。在传递 PDN 连接、EPS 承载上下文时，源 MME 需要根据目标 MME 的能力有取舍地传递。或者，目标 MME 根据自身的能力，舍弃和自身 NB-IoT 能力不匹配的 PDN 连接和 EPS 承载上下文。

（5）S11 接口

S11 接口实现 MME 和 SGW 之间的信令交换，S11 接口的控制面基于 GTP-C。在 NB-IoT 技术中，S11 接口引入了如下内容：S11 用户面接口（即 S11-U）、非 IP 的 PDN 连接建立、RAT 类型汇报、速率控制信息传递和异常数据用量汇报等。

• S11 用户面接口：根据控制面优化方案，当 MME 收到 UE 在 NAS 包中携带的小数据包时，需要将小数据包封装在 GTP-U 数据包中发送给 SGW。为此，MME 需要引入 S11 用户面接口，即增加 S11-U 接口，该接口基于 GTP-U。在 S11 接口中，MME 在指示信元（Indication）中增加 S11-U 模式指示，向 SGW 指明当前应使用 S11-U 而不是 S1-U 来传输数据。根据 S11-U 模式，MME 需要分配 S11-U 用户面地址和 S11-U TEID，SGW 也需要分配 S11-U 用户面地址和 S11-U TEID。

• 非 IP 的 PDN 连接建立：根据控制面优化方案，MME 可向 SGW/PGW 发起非 IP 的 PDN 连接建立。在 PDN 连接类型中，增加非 IP（Non-IP）的 PDN 连接类型，用于向 SGW 指明当前 PDN 连接用于非 IP 小数据传输。若 MME 将一个 PDN 标记为仅用于控制面（Control Plane Only），则用于向 SGW/PGW 指明当前 PDN 连接仅用于控制面 CIoT 优化。

• RAT 类型汇报：在 RAT 接入类型中增加 NB-IoT RAT，当 UE 当前接入类型为 NB-IoT 时，MME 需向 SGW 指明当前 RAT 接入类型为 NB-IoT。当 SGW/PGW 产生计费数据时，需要根据 RAT 类型正确产生计费数据。

• 速率控制信息传递：在控制面优化方案中，UE 和 MME 之间使用的是无线信令，NAS 信令来承载用户面数据，出于保护信令资源的目的，为了避免该方式被滥用，MME 会根据服务网络的策略决定是否启用速率控制。当启用速率控制（Rate Control）后，MME 将速率控制信息传递给 SGW/PGW，由 PGW 来执行具体的上下行速率控制。

• 异常数据用量汇报：NB-IoT 终端除了发送正常的小数据包外，还可能在检测到紧急情况时发送异常报告（Exception Report），该异常报告被网络视作异常数据（Exception Data），在优先级调度上要优先于正常的小数据包，且可能采取远低于正常小数据包的计费策略。

（6）S5/S8 接口

S5/S8 接口实现 SGW 和 PGW 之间的信令和数据交换。S5/S8 接口的控制面基于 GTP-C，用户面基于 GTP-U。在 NB-IoT 技术下，对 S5/S8 接口的改进和 S11 接口基本相同，支持 NB-IoT RAT 类型、非 IP 的 PDN 连接、异常数据用量报告、建立控制信息传递和 S11-U 和 S1-U 模式切换汇报等。

• 非 IP 的 PDN 连接建立：SGW 接收在 S11 接口 MME 发送给 SGW 的非 IP 的 PDN

连接建立请求，并将该 PDN 连接请求发送给 PGW，具体细节同 S11 接口。

● RAT 类型汇报：SGW 收到 MME 报告的 RAT 类型，在 S5/S8 接口上向 PGW 报告该 RAT 类型，具体细节同 S11 接口。

● 速率控制信息传递：SGW 收到 MME 发送的速率控制信息，在 S5/S8 接口上向 PGW 发送速率控制信息，具体细节同 S11 接口。

● 异常数据用量汇报：SGW 收到 MME 所报告的异常数据用量，在 S5/S8 接口向 PGW 发送异常数据用量，具体细节同 S11 接口。

● S11-U 和 S1-U 模式切换汇报：在计费系统中，使用控制面传输模式（即 S11-U 模式）还是使用用户面传输模式（即基于 S1-U 模式）的计费策略可能是有差别的。对 PGW 而言，需要明确当前 PDN 连接基于 S11-U 模式还是基于 S1-U 模式，因此，在 S5/S8 接口，SGW 需要将该模式信息传递给 PGW。

（7）S6a 接口

S6a 接口实现 MME 和 HSS 之间的信令交互，如获取用户签约数据等。S6a 接口基于 Diameter 协议。在 NB-IoT 技术中，S6a 接口引入了如下内容：NB-IoT 接入限制、非 IP 的 APN 配置和指定用于 SCEF 连接（T6 连接）的 APN 配置等。

● NB-IoT 接入限制：在用户签约数据中，对于接入限制，增加 NB-IoT 是否准入的限制。对 NB-IoT 终端，允许通过 NB-IoT 的 RAT 接入；对普通用户终端，可设置不允许通过 NB-IoT 的 RAT 接入。

● 非 IP 的 APN 配置：针对非 IP 的 PDN 连接，在用户签约数据中，增加用于非 IP 的 PDN 连接的默认 APN 配置，即增加一个专用于非 IP 连接的 APN 配置，该 APN 配置被标记了 Non-IP 指示。

● 指定用于 SCEF 连接的 APN 配置：如果一个非 IP 的 PDN 连接是由 SCEF 来实现的，而不是由 PGW 来实现的，则在用户签约数据中，对相应的 APN 配置，需要设置 SCEF 连接指示，并配置 SCEF 标识或地址。

（8）S6t 接口

S6t 接口实现 SCEF 和 HSS 之间的信令交互，如配置 MTC 相关业务配置信息、验证非 IP 数据传输（Non-IP Data Delivery，NIDD）授权等。S6t 接口基于 Diameter 协议。在 NB-IoT 技术中，S6t 接口引入了 NIDD 授权验证。

● NIDD 授权验证：当 SCEF 收到 MME 投递的上行小数据包后，SCEF 需要检查是否有对应的 SCS/AS 向 SCEF 请求过 NIDD 配置，即检查是否有已授权的 SCS/AS 作为接收端。当 SCS/AS 向 SCEF 请求 NIDD 配置时，SCEF 需要向 HSS 执行 NIDD 授权验证。只有 NIDD 授权验证成功，SCS/AS 才可以向 UE 发送下行小数据包，或从 UE 接收上行小数据包。

### （9）T6 接口

T6 接口实现 MME/SGSN 和 SCEF 之间的信令交互，其中，MME 和 SCEF 接口为 T6a，SGSN 和 SCEF 之间接口为 T6b。T6 接口基于 Diameter 协议。在 NB-IoT 技术中，T6 接口是新引入的接口，实现 T6 连接管理、上下行非 IP 数据投递等功能。

• T6 连接管理：为了在 T6 接口上投递上下行 NIDD 数据，需要首先建立 T6 连接。T6 连接的建立是由 MME 向 SCEF 发起的，T6 连接的更新和释放可由 MME 或 SCEF 发起。

• 上下行非 IP 数据投递：通过 T6 接口，允许 MME 向 SCEF 投递上行非 IP 数据，允许 SCEF 向 MME 投递下行非 IP 数据。

## 2.1.5　网元实体

在 NB-IoT 架构和流程中，如下网元实体均有相应的功能增强：UE、eNodeB、MME、HSS、SGW、PGW 和 SCEF。

### （1）UE

在 NB-IoT 技术中，UE 引入了如下内容：和网络协商 NB-IoT 能力、支持控制面优化流程、支持用户面优化流程、支持控制面优化流程向用户面优化流程的切换和执行上行速率控制等。

• 和网络协商 NB-IoT 能力：UE 可以在附着（Attach）、跟踪区域更新（TAU）流程中，向网络上报自身所支持的 NB-IoT 能力。例如，是否支持附着时不建立 PDN 连接；是否支持控制面优化传输方案；是否支持用户面优化传输方案和是否支持基于控制面优化方案的短信等。在响应消息中，MME 将网络所支持的 NB-IoT 能力反馈给 UE。后续，UE 发起上行数据传输时，可根据能力协商情况，自行选择是采用控制面优化传输方案还是用户面优化传输方案。

• 支持控制面优化流程：在 NB-IoT 技术中，控制面优化流程是 UE 和网络必须支持的。使用该流程，UE 可以在 RRC 连接建立流程中，通过信令携带上行小数据包，即在无线信令承载 SRB 中携带 NAS 数据包，在 NAS 数据包中封装 UE 要发送的 IP、非 IP 数据。同理，也可以在建立 RRC 连接的流程中，从信令中获取网络下发的下行小数据包。

• 支持用户面优化流程：在 NB-IoT 技术中，用户面优化流程是可选支持的。若 UE 支持用户面优化流程，则 UE 需要支持 RRC 连接挂起、RRC 连接恢复流程。

• 支持控制面优化流程向用户面优化流程的切换：即使 UE 和网络同时支持控制面优化和用户面优化两种模式，在任一时刻，UE 只允许使用控制面优化或用户面优化一种模式。但是，当 UE 使用控制面优化模式时，允许 UE 从控制面优化模式向用户面优化模式切换。

• 支持上行速率控制：MME 可根据服务网络的情况，产生服务网络级别的速率控制信息。PGW 可根据 APN 设置或本地策略，产生 PDN 连接级别的速率控制信息。速率控制信息分上行和下行两部分，MME、PGW 将上行速率控制信息发送给 UE 后，UE 必须按照该上行速率信息控制上行小数据的传输。

（2）eNodeB

在 NB-IoT 技术中，eNodeB 引入了如下内容：NB-IoT 能力协商、支持控制面优化方案和支持用户面优化方案。

• NB-IoT 能力协商：为了支持 NB-IoT 流程，UE 需要知道 eNodeB 的 NB-IoT 能力，而 eNodeB 也需要知道 UE 的 NB-IoT 能力。UE 可从 eNodeB 的系统广播获取基本的 NB-IoT 能力。在 RRC 连接的过程中，UE 可以和 eNodeB 交互更详细的 NB-IoT 能力信息。eNodeB 还可以在 S1 接口从 MME 获得 UE 的 NB-IoT 能力信息。

• 可通过 RRC 连接过程和 eNodeB 交换 NB-IoT 能力支持 UE 和 eNodeB 协商 CIoT 能力信息，以及向 MME 汇报 UE 当前接入的 NB-IoT RAT 信息。

• 支持控制面优化方案：eNodeB 需要控制面优化的流程，如不为 UE 建立无线数据承载 DRB、允许在 RRC 连接建立流程中通过 NAS 信元传输小数据包等。

• 支持用户面优化方案：eNodeB 需要支持 RRC 连接挂起（RRC Suspend）和 RRC 连接恢复（RRC Resume）过程。在 RRC 连接挂起后，eNodeB 需要在本地缓存 AS 安全上下文、无线承载信息、S1 连接信息等 UE 上下文，以便在 RRC 连接恢复流程时快速恢复 RRC 连接和 S1 连接。

（3）MME

在 NB-IoT 技术中，MME 引入了如下内容：NB-IoT 能力协商、附着时不建立 PDN 连接、创建非 IP 的 PDN 连接、支持控制面优化方案、支持用户面优化方案和支持有限制性的移动性管理等。

• NB-IoT 能力协商：UE 可通过附着（Attach）、跟踪区域更新（TAU）流程和 MME 协商 NB-IoT 能力。另外，若需要 IP 头压缩时，UE 和 MME 之间需要协商头压缩算法和参数。

• 附着时不建立 PDN 连接：UE 附着时可请求不创建 PDN 连接，则 MME 不为 UE 创建默认 PDN 连接。如果 UE 接入 NB-IoT 仅为发送 SMS 短信，则 UE 在初始附着时可请求不创建 PDN 连接。

• 创建非 IP 的 PDN 连接：根据 UE 请求或 APN 设置，MME 可为 UE 创建非 IP 的 PDN 连接。NB-IoT 实现了两种类型的非 IP 的 PDN 连接：一种是基于 SGi 的非 IP 的 PDN 连接（即基于 PGW）；另一种是基于 T6 的非 IP 的 PDN 连接（即基于 SCEF）。MME 根据 APN 的配置，选择创建何种类型的非 IP 的 PDN 连接。

• 支持控制面优化方案：在 NB-IoT 技术中，控制面优化方案是必选的，MME 必须支持控制面优化方案。在基于 SGi 的非 IP 的 PDN 连接中，MME 需要和 SGW 建立基于 GTP-U 的 S11-U 连接；在基于 T6 的非 IP 的 PDN 连接中，MME 需要和 SCEF 建立基于 Diameter 的 T6 连接。对上行非 IP 小数据传输，MME 从 NAS 数据包中提取上行非 IP 小数据包，封装在 GTP-U 数据包中发送给 SGW，或封装在 Diameter 消息中发送给 SCEF；对下行非 IP 小数据传输，MME 从 GTP-U 数据包中提取下行非 IP 小数据包，或从 Diameter 消息中提取下行非 IP 小数据包，然后封装在 NAS 数据包中发送给 UE。

• 支持用户面优化方案：在 NB-IoT 技术中，用户面优化方案是可选的。若 MME 支持用户面优化方案，MME 需要支持新引入的 S1 接口流程：UE 上下文挂起、UE 上下文恢复。在收到 UE 上下文挂起消息后，MME 将 UE 置入空闲态，保存 UE 上下文，并触发 SGW 释放 S1-U 连接；在收到 UE 上行文恢复消息后，MME 将 UE 置入连接态，并向 SGW 发送 eNodeB 的下行 S1-U 接口上下文，触发 SGW 恢复 S1-U 连接。

• 支持有限制性的移动性管理：在切换 MME 时，根据不同 MME 对 NB-IoT 的支持能力，源 MME 有选择地交换 PDN 连接和 EPS 承载上下文，或目标 MME 有选择地接收 PDN 连接和 EPS 承载上下文。

（4）HSS

在 NB-IoT 技术中，HSS 引入了如下内容：NB-IoT 接入限制、为 UE 配置非 IP 的默认 APN 和验证 NIDD 授权等。

• NB-IoT 接入限制：在 UE 的签约数据中，设置 NB-IoT 接入限制。NB-IoT 应允许从 NB-IoT 的 RAT 接入，非 NB-IoT 终端可禁止从 NB-IoT 的 RAT 接入。

• 为 UE 配置非 IP 的默认 APN：在 UE 的签约数据中，配置用于非 IP 连接的默认 APN，指定该 PDN 连接是基于 SGi（即基于 PGW），还是基于 T6（即基于 SCEF）。对基于 SCEF 的 PDN 连接，配置 SCEF 标识或地址。

• 验证 NIDD 授权：接收 SCEF 的 NIDD 授权，验证请求 NIDD 的 SCS/AS 是否允许发起或接收 NIDD。

（5）SGW

在 NB-IoT 技术中，SGW 引入了如下内容：支持 NB-IoT 的 RAT 类型、支持 S11-U 隧道和转发速率控制信息等。

• 支持 NB-IoT 的 RAT 类型：当 MME 向 SGW 发送 NB-IoT 的 RAT 类型时，SGW 需要将该 RAT 类型转发给 PGW。SGW/PGW 在产生计费数据时，需要记录 NB-IoT 的 RAT 类型。

• 支持 S11-U 隧道：在控制面优化方案中，MME 在创建 PDN 连接请求中会指示 SGW 建立 S11-U 隧道。当 SGW 收到下行数据时，若 S11-U 连接存在，SGW 将下行数据投递给 MME，否则触发 MME 执行寻呼。

● 转发速率控制信息：当 SGW 收到 MME 发送的速率控制信息后，需要转发给 PGW。当 SGW 收到 PGW 发送的扩展 PCO 时，需要转发给 MME。MME 可根据服务网络情况，产生服务网络级别的速率控制信息，发送给 SGW/PGW。PGW 可根据 APN 设置和本地策略，产生 PDN 连接级别的速率控制信息，并将该速率信息封装在扩展 PCO 中，经由 MME 发送给 UE。

● 支持由 MME 触发的在控制面优化、用户面优化间的切换，即在 S11-U、S1-U 传输方式间的切换。

（6）PGW

在 NB-IoT 技术中，PGW 引入了如下内容：支持 NB-IoT 的 RAT 类型、创建非 IP 的 PDN 连接、执行速率控制和有区别产生计费数据等。

● 支持 NB-IoT 的 RAT 类型：SGW 向 PGW 报告 NB-IoT 的 RAT 类型，PGW 在产生计费数据时，需要记录 NB-IoT 的 RAT 类型。

● 创建非 IP 的 PDN 连接：对非 IP 的 PDN 连接，PGW 不为 UE 分配 IP 地址，或者即使为 UE 分配 IP 地址但是该 IP 地址也不会发给 UE。PGW 和外部 SCS/AS 间使用隧道通信，如 PPP 隧道。在通常情况下，用于非 IP 的 APN 指 PGW 和一个特定的 SCS/AS 建立隧道。

● 执行速率控制：MME 可根据服务网络情况，产生服务网络级别的速率控制信息，发送给 SGW/PGW、UE。PGW 可根据 APN 设置和本地策略，产生 PDN 连接级别的速率控制信息，并将该速率信息封装在扩展 PCO 中，经由 MME 发送给 UE。PGW 在产生 PDN 级别的速率控制信息时，需要参考 MME 所设置的服务网络级别的速率控制信息。根据速率控制，PGW 需要对下行数据传输执行速率控制，PGW 还可能根据运营商的要求，对上行数据传输执行速率控制。

● 有区别产生计费数据：根据计费系统的要求，需要记录当前 PDN 连接是使用控制面传输模式（即 S11-U 模式），还是使用用户面传输模式（即 S1-U 模式），PGW 需要从 SGW 获取该模式信息，从而产生有区别的计费 CDR。

（7）SCEF

在 NB-IoT 技术中，SCEF 引入了如下内容：非 IP 数据传输授权检查、T6 连接管理和上下行非 IP 数据投递等。

● 非 IP 数据传输授权检查：SCEF 接收 SCS/AS 的非 IP 数据传输配置请求，对该 SCS/AS 的非 IP 数据传输配置请求，需要向 HSS 请求授权验证，确保该 SCS/AS 被允许执行非 IP 数据传输。

● T6 连接管理：SCEF 接收 MME 发起的 T6 连接建立请求，据此建立 T6 连接。根据 MME 的请求，SCEF 还对 T6 连接执行更新、释放等操作。

● 上下行非 IP 数据投递：SCEF 接收 MME 在 T6 连接上发起的上行数据投递，并将数据前转给 SCS/AS。或者，SCEF 接收 SCS/AS 发起的下行数据投递，并在 T6 连接上将数据前转给 MME。

## ●● 2.2　NB-IoT 空口控制面协议

对于基于 3GPP R13 版本的 NB-IoT 系统，不支持以下功能：异制式间的移动性、切换、测量报告、公共告警、GBR、CSG、HeNB、载波聚合、双连接、NAICS、MBMS、实时业务、IDC、接入网辅助的 WLAN 互操作、设备之间通信、MDT、紧急业务和 CSFB。本书中对 NB-IoT 空口控制面和用户面协议功能的描述将不会涉及这些功能。

### 2.2.1　概述

NB-IoT 采用的空口控制面协议栈如图 2-6 所示，主要负责管理和控制无线接口，包括 RRC 协议、PDCP、RLC 协议、MAC 协议以及物理层协议。其中，对于仅支持控制面优化传输方案的 NB-IoT 终端，将不使用 PDCP；对于同时支持控制面优化传输方案和用户面优化传输方案的 NB-IoT 终端，在接入层安全（AS security）激活之前不使用 PDCP。

NB-IoT 空口控制面各协议子层主要完成以下功能：

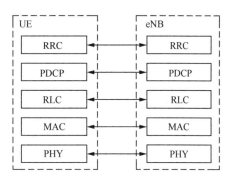

**图2-6　空口控制面协议栈**

● RRC 子层执行系统消息广播、寻呼、RRC 连接管理（连接建立／恢复／释放／挂起等功能），其中，NB-IoT 增加连接恢复和连接挂起、无线承载控制、无线链路失败恢复、空闲态移动性管理、与非接入层 NAS 间的交互、接入层安全以及对各底层协议提供参数配置等功能；

● PDCP 子层执行对信令无线承载的加密和完整性保护等功能；

● RLC 子层、MAC 子层和物理层执行数据传输的相关功能。

空口控制面的功能主要由 RRC 实现，本章将介绍 NB-IoT 的 RRC 功能。

### 2.2.2　RRC 架构

无线资源控制（Radio Resource Control，RRC）协议位于空口控制面协议的最高层，涉及的主要规范包括 TS36.300（整体描述）、TS36.331（连接模式）、TS36.304（空闲模式）以及 TS36.306（终端能力）。NB-IoT 系统支持空闲（RRC_Idle）状态和连接（RRC_Connected）状态两个 RRC 状态。当终端和基站间进行连接建立或连接恢复时，终端从空闲状态迁移到连接状态；当终端和基站间进行连接释放或连接挂起时，终端从连接状态迁移到空闲状态。RRC 状态模型如图 2-7 所示。

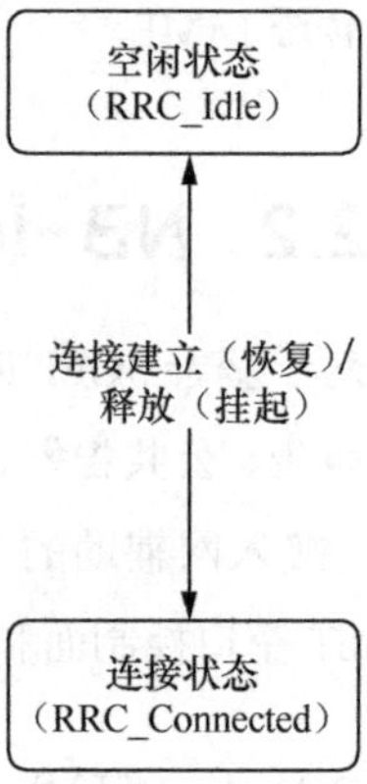

系统中的空闲状态除支持和 LTE 中相同的获取系统消息、监听寻呼、发起 RRC 连接建立以及终端控制的移动性机制，还具有以下特征：

- 可以发起 RRC 连接恢复过程；
- 在终端和基站上保存接入层的上下文（仅适用于用户面优化传输方案）；
- 不支持终端专门的空闲状态 DRX。

NB-IoT 系统中的连接状态对 LTE 的连接状态功能进行了简化，除支持和 LTE 相同的执行资源调度操作、接收或发送 RRC 信令以及在已建立的数据承载 / 信令承载上收发数据，还具有以下特征：

**图2-7 RRC状态模型**

- 不支持网络控制的移动性（切换、测量报告等）；
- 不监听寻呼和系统消息；
- 不支持信道质量反馈。

NB-IoT 中支持 3 个信令无线承载（Signalling Radio Bearer，SRB），分别是 SRB0、SRB1 和 SRB1bis（考虑到 NB-IoT 系统中简化了信令承载的功能，因此 NB-IoT 系统中不支持 SRB2，但为了减少 PDCP 安全功能的封装开销，引入了 SRB1bis 用于传输 RRC 消息和 NAS 消息，它们的功能如下。

- SRB0 承载 CCCH 上的 RRC 消息，这些消息用于 RRC 连接建立、RRC 连接恢复或者 RRC 连接重建立；
- SRB1 在接入层安全激活之后承载在 DCCH 上的 RRC 消息和 NAS 消息；
- SRB1bis 在接入层安全激活之前承载在 DCCH 上的 RRC 消息和 NAS 消息，SRB1bis 仅用于 NB-IoT 系统，LTE 系统中不支持 SRB1bis。

仅支持控制面优化传输方案的终端使用 SRB0 和 SRB1bis，同时支持控制面优化传输方案和用户面优化传输方案的终端，在接入层安全激活前使用 SRB0 和 SRB1bis，在接入层安全激活后使用 SRB0（例如重建立请求消息）和 SRB1。

对于 NB-IoT，支持的 RRC 处理过程主要包括连接控制、NAS 专用信息传输、系统消息和终端能力传输等。

### 2.2.3 连接控制

对于 NB-IoT，RRC 连接建立过程中会同时建立 SRB1bis 和 SRB1，RRC 连接建立消息中只包含 SRB1 的配置而不包含 SRB1bis 的配置，SRB1bis 被隐式建立，这是因为 SRB1bis 和 SRB1 的主要差别在于是否支持 PDCP（SRB1bis 上不支持 PDCP，SRB1 支持 PDCP），所以 SRB1bis 可以使用和 SRB1 相同的配置但需要使用不同的逻辑信道识别。在接入层安全激活之前使用 SRB1bis，在接入层安全激活之后使用 SRB1。

为了简化终端处理以及通过减少 RRC 信令过程实现更低功耗，仅支持控制面优化传输方案的终端的 RRC 连接具有以下特征：

- 上下行 NAS 信息消息或携带数据的 NAS 消息可以通过上下行的 RRC 消息传输；
- 不支持 RRC 连接重配置和 RRC 连接重建立；
- 不使用数据无线承载 DRB；
- 不使用接入层安全；
- 在接入层不区分数据类型（例如 IP、非 IP 或 SMS）。

为了在降低终端处理复杂度和减少 RRC 信令过程的基础上，更好地支持对较大数据的传输，用户面优化传输方案的 RRC 连接具有以下特征：

- RRC 连接挂起或 RRC 连接释放时，基站可以请求终端在空闲状态保存接入层承载上下文（包括终端能力）；
- RRC 连接恢复用于从空闲状态迁移到连接状态，在空闲状态保存的接入层上下文可用于恢复连接，在连接恢复请求中，终端提供恢复识别（Resume ID）用于基站获取存储的终端接入层上下文来恢复连接（可能会涉及基站间的接入层上下文信息获取）；
- 通过连接挂起到连接恢复，接入层安全可以被重新激活，ShortMAC-I 作为鉴权码被基站用于对终端的校验，在连接恢复的操作中，基站和终端会重置 COUNT；
- 支持 RRC 连接重配置和 RRC 连接重建立；
- 最多支持 2 个数据无线承载（少于 LTE 中的 8 个数据无线承载）；
- 不支持在空闲状态到连接状态的过程中复用逻辑信道 CCCH 和 DTCH；
- 非锚点载波（Non-Anchor Carrier）可以在 RRC 连接建立、重建、恢复或连接重配过程中配置。

RRC 连接管理主要包括 RRC 连接建立、恢复、释放、挂起、修改以及接入层安全激活等过程，还包括利用 RRC 连接进行的参数配置和控制过程。总体上由 RRC 连接建立过程、RRC 连接恢复过程、RRC 连接释放/挂起过程、RRC 连接重建立过程、RRC 连接重配置过程以及接入层安全激活过程等基本过程构成。

### （1）RRC 连接建立过程

NB-IoT 系统中的 RRC 连接建立过程和 LTE 类似，但具体的消息内容不同于 LTE。RRC 连接建立过程适用于控制面优化传输方案和用户面优化传输方案。通过空闲状态的终端触发 RRC 连接建立过程来发起一个呼叫或响应寻呼。

终端收到 RRC 连接建立过程的触发后，根据 NAS 层的触发原因（例如，NAS 进行 attach/TAU/detach 操作时的连接触发原因为终端始发的信令，NAS 需要传输数据时的连接触发原因为终端始发的数据等）和系统消息中的接入限制信息，通过一系列检查来判断自己当前是否被允许进行接入过程：如果可以，则执行 RRC 连接建立过程；如果接入控制执行的结果是禁止接入小区，则通知 NAS 层 RRC 连接建立失败。

RRC 连接建立成功的流程如图 2-8 所示。

图2-8　RRC连接建立成功的流程

① 终端通过上行逻辑信道 UL-CCCH 在 SRB0 上发送 RRC 连接建立请求（RRCConnection Request），其中携带终端的初始标识（来自 NAS 的 S-TMSI，如果没有 S-TMSI，则终端自行产生随机数）、连接建立原因（由于 NB-IoT 系统对功能进行了简化，因此支持更少的 RRC 连接建立原因，除和 LTE 相同的建立原因，如终端始发的信令、终端始发的数据以及被叫，NB-IoT 新增终端始发的异常数据触发的 RRC 连接建立）、终端的多 tone 支持能力（如果终端支持）以及终端的多载波支持能力（如果终端支持）等信息，触发 UE 的低层实体（MAC 和物理层）及进行基于竞争的随机接入，RRC 连接建立请求对应于低层随机接入过程的 Msg3。

② eNB 通过下行逻辑信道 DL-CCCH 在 SRB0 上回复 RRC 连接建立（RRCConnection Setup）消息，该消息对应于低层随机接入过程的 Msg4，其中携带 SRB1 的完整配置信息以及 PHY/MAC/RLC 等各个实体的配置参数。

③ 终端按照 RRC 连接建立消息配置完 SRB1bis 和 SRB1 后（终端同时建立 SRB1bis 和 SRB1），通过上行逻辑信道 UL-DCCH 信道在 SRB1bis（在接入层被安全激活之前，只使用 SRB1bis）上发送 RRC 连接建立完成（RRCConnectionSetupComplete）消息，此消息中还可以携带来自 NAS 层的指示信息。例如，终端是否支持不建立 PDN 连接的附着和终端是否支持用户面优化传输方案的指示信息，eNB 可以根据这些信息选择合适的 MME 建立 S1 连接；此消息中还可以携带上行的初始 NAS 消息，如 attach request、TAU request、detach request、service request、NAS 数据等，支持控制面优化传输方案的终端可以通过此

消息传递数据；eNB 收到此消息后，将其中的 NAS 信息转发给 MME 用于建立 S1 连接。

在第 2 步中，如果 eNB 拒绝为终端建立 RRC 连接，则通过下行逻辑信道 DL-CCCH 在 SRB0 上回复 RRC 连接拒绝（RRCConnectionReject 消息），流程如图 2-9 所示。

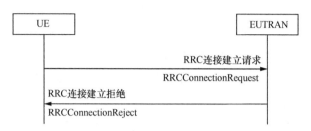

**图2-9　RRC连接建立失败的流程**

在 RRC 连接拒绝消息中，eNB 携带扩展的等待时间信息，终端将收到的扩展等待时间信息传递给 NAS（用于在 NAS 层进行接入控制）；在 NB-IoT 系统中，为了简化接入层对接入控制的处理，不支持接入层的接入等待时间机制。

（2）RRC 连接恢复过程

在 NB-IoT 中，RRC 连接恢复过程不适用于仅支持控制面优化传输方案的终端。

处于空闲态且存储了终端接入层上下文（UE AS Context）的终端通过触发 RRC 连接恢复过程发起一个呼叫或响应寻呼。

终端收到 RRC 连接恢复过程触发后，根据 NAS 层的触发原因和系统消息中的接入限制信息，通过一系列检查判断自己当前是否被允许进行接入过程：如果可以，则执行 RRC 连接恢复过程；如果接入控制执行的结果是禁止接入小区，则通知 NAS 层 RRC 连接恢复失败。

RRC 连接恢复成功的流程如图 2-10 所示。

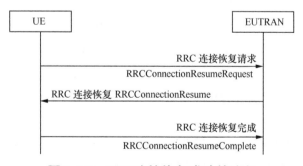

**图2-10　RRC连接恢复成功的流程**

① 终端通过上行逻辑信道 UL-CCCH 在 SRB0 上发送 RRC 连接恢复请求（RRCConnection ResumeRequest），其中携带恢复识别（Resume ID）、连接建立原因（终端始发的信令、终

端始发的数据、终端始发的异常数据或者终端终呼）和短消息完整性鉴权码 ShortMAC-I 等信息，触发 UE 的低层实体（MAC 和物理层）及进行基于竞争的随机接入，RRC 连接恢复请求对应于低层随机接入过程的 Msg3。

② eNB 通过下行逻辑信道 DL-DCCH 在 SRB1 上回复 RRC 连接恢复（RRCConnection Resume）消息并对该消息进行了完整性保护，该消息对应于低层随机接入过程的 msg4，其中携带用于让终端重新计算安全密钥的参数（下一条链路计数值 NextHopChainingCount），还可以可选地携带 PHY/MAC/RLC 等各个实体的配置参数以及是否需要重置数据无线承载 DRB 上的头压缩状态信息的指示。

③ 终端接收到 RRC 连接恢复消息后，主要进行以下操作。

● 根据存储的终端接入层上下文恢复 RRC 配置和安全上下文。

● 重建信令无线承载 SRB1 和数据无线承载 DRB 上的 RLC 实体。

● 恢复 PDCP 状态、重建信令无线承载 SRB1 和数据无线承载 DRB 上的 PDCP 实体。

● 如果 RRC 连接恢复消息中指示需要继续数据无线承载 DRB 上的头压缩状态信息的指示，则通知 PDCP 层 RRC 进行了连接恢复操作，以便 PDCP 重置相应的数据传输计数值，并在数据无线承载上继续使用原有的头压缩协议上下文。

● 恢复信令无线承载 SRB1 和数据无线承载 DRB。

● RRC 连接恢复消息中 NextHopChainingCount 参数更新安全密钥，并基于更新的安全密钥生成完整性保护密钥并进行完整性保护验证。如果完整性保护验证成功，则继续生成加密密钥，并指示 PDCP 立即激活完整性保护和加密功能，即完整性保护和加密功能将可以应用到后续终端收发的信息。对于 SRB 上的数据，需要进行完整性保护和加密；对于 DRB 上的数据，只进行加密。

● 通过上行逻辑信道 UL-DCCH 在 SRB1 上发送 RRC 连接恢复完成（RRCConnection Resume Complete）消息，此消息中可以携带上行的 NAS 消息，如 TAU request、detach request、service request 和 NAS 数据等，支持控制面优化传输方案的终端可以通过此消息传递数据，eNB 收到此消息后，执行 eNB 和 MME 之间的 S1 接口恢复流程。

在第 2 步中，如果 eNB 拒绝为终端恢复 RRC 连接（例如，由于网络拥塞等原因），则通过下行逻辑信道 DL-CCCH 在 SRB0 上回复 RRC 连接拒绝（RRCConnection Reject 消息），流程如图 2-11 所示。

在 RRC 连接拒绝消息中，eNB 携带扩展的等待时间信息，终端将收到的扩展等待时间信息传递给 NAS；eNB 可以选择性地携带是否需要继续保留终端存储的接入层上下文的指示信息，如果 eNB 指示释放接入层上下文，则终端丢弃已存储的接入层上下文和恢复识别，并通知 NAS 在 RRC 进行的连接恢复失败并且释放了接入层上下文，否则，终端继续保存已有的接入层上下文并通知 NAS 在 RRC 进行的连接恢复失败并且继续保存接入层上下文。

**图2-11　RRC连接恢复失败的流程**

在第 2 步中，如果 eNB 不能为终端恢复 RRC 连接（例如，无法找到终端的接入承载上下文），则 eNB 可以将连接恢复过程回退到连接建立的流程如图 2-12 所示。

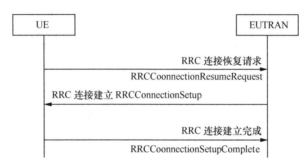

**图2-12　RRC连接恢复回退到连接建立的流程**

* eNB 通过下行逻辑信道 DL-CCCH 在 SRB0 上回复 RRC 连接建立（RRCConnection Setup）消息，功能如连接建立过程。

* 终端在收到 RRC 连接建立消息作为对 RRC 恢复请求消息的响应时，丢弃已存储的接入层上下文，并通知 NAS 在 RRC 进行的连接恢复已失败；终端按照 RRC 连接建立消息进行配置，通过上行逻辑信道 UL-DCCH 信道在 SRB1bis 上发送 RRC 连接建立完成（RRCConnectionSetupComplete）消息，此消息中除包含连接建立过程中的 RRC 连接建立完成消息所包含的信息之外，还可以选择地包含 S-TMSI 信息（RRC 连接建立过程中已经在 RRC 连接建立请求中包含了该信息，无需在 RRC 连接建立完成消息中包含该信息）。

（3）RRC 连接释放 / 挂起过程

在 NB-IoT 系统中，RRC 释放过程与 LTE 系统类似。当 eNB 决定要释放 RRC 连接时，eNB 通过下行逻辑信道 DL-DCCH 在 SRB1bis/SRB1 发送 RRC 连接释放（RRCConnection Release）消息，该消息中可以选择地携带重定向信息（用于小区选择）和扩展等待时间信息（终端将收到的扩展等待时间信息传递给 NAS）。由于 NB-IoT 系统中的终端有强烈的省电需求，因此如何让终端在业务结束时快速回到空闲状态以便达到更低功耗已在标准化过程中被多次讨论，提出过多种解决方案，如 RRC 信令明确指示、NAS 层指示、终端和基站隐式直接释放（不发送释放消息）、新增 PDCP 释放指示控制包等。

在讨论中争议最大的部分是如何判断业务结束（例如，后续没有数据包），接入层如何能够获取这个信息的争议更大，使得这个功能的实用性受到强烈质疑（由于业务模型的多样化，如果不合适的过早释放可能会导致更多的空口信令和终端耗电），最终没有形成空口的标准化解决方案。虽然在接入层没有引入相关的解决方案，对于控制面优化传输方案，在 NAS 层，可由 NAS 指示数据包传输是否完成（例如，NAS 信令携带释放辅助信息），最后由 MME 通知基站释放。

当 eNB 决定要挂起 RRC 连接时，eNB 通过下行逻辑信道 DL-DCCH 在 SRB1 发送 RRC 连接释放（RRCConnectionRelease）消息，该消息中携带的释放原因为 RRC 挂起并携带恢复识别 ResumeID，终端进行接入层上下文挂起的相关操作。此外，该消息也可以选择地携带重定向信息、扩展等待时间信息。

终端挂起接入层上下文的相关操作如下。

- 存储终端的接入层上下文包括当前的 RRC 配置、当前的接入层安全上下文、PDCP 状态参数（包括 ROHC 状态）、当前小区使用的 C-RNTI 和小区识别（包括物理小区识别 PCI 和全局小区识别 CI），其中 C-RNTI 和物理小区识别主要用于在后续的连接恢复过程中产生用于 RRC 连接恢复请求消息中需要携带的 ShortMAC-I。
- 存储恢复识别 Resume ID。
- 挂起信令无线承载 SRB1 和所有的数据无线承载 DRB。
- 指示 NAS 在 RRC 进行了 RRC 连接挂起。

RRC 连接释放 / 挂起的流程如图 2-13 所示。

图2-13 RRC连接释放/挂起的流程

在 NB-IoT 中，终端也支持由 NAS 触发的 RRC 连接的主动释放。此时，终端不需要通知基站而直接进入空闲状态。一种典型的场景是在 NAS 层的鉴权过程中，终端收到的消息没有通过鉴权检查，这样终端的 NAS 会认为当前的网络不是一个合法的网络，因此指示终端的 RRC 层立即释放 RRC 连接。

（4）RRC 连接重建立过程

在 NB-IoT 中，RRC 连接重建立过程不适用于仅支持控制面优化传输方案的终端。

当处于 RRC 连接状态但出现异常需要恢复 RRC 连接时，终端触发此过程。在 NB-IoT 系统中，仅支持控制面优化传输方案的终端不支持此过程，主要是因为 RRC 重建立过程需要在接入层安全被激活之后才能进行，而仅支持控制面优化传输方案的终端不支持接入层安全，因此无法进行 RRC 连接重建立操作。在 NB-IoT 空口标准化讨论的过程中，也曾考虑在没有接入层安全机制的情况下支持 RRC 连接重建立操作，以便仅支持控制面优化传输方案的终端也可以在接入层层面快速地触发 RRC 连接恢复，但由于这种设计不符合 LTE 系统现有的安全机制，最终没有形成标准化方案。仅支持控制面优化传输方案的终端只能由非接入层触发数据传输的恢复，对应于空口的连接建立过程。

对于支持用户面优化传输方案的终端，在 NB-IoT 系统中支持的触发 RRC 连接重建立的异常场景包括无线链路失败、完整性校验失败以及 RRC 重配失败等，不支持切换失败触发的 RRC 连接重建立，并且 RRC 连接重建立过程基本和 LTE 系统类似，RRC 连接重建立成功的流程如图 2-14 所示，RRC 连接重建立失败的流程如图 2-15 所示，本书中就不再对 RRC 重建立的具体过程进行详细描述。

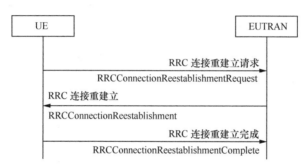

**图2-14  RRC连接重建立成功的流程**

**图2-15  RRC连接重建立失败的流程**

（5）RRC 连接重配过程

在 NB-IoT 中，RRC 连接重配过程不适用于仅支持控制面优化传输方案的终端。对于用户面优化传输方案，RRC 连接重配过程主要用于在接入层安全激活之后进行 DRB 的配置和低层参数的更新等；对于 RRC 连接恢复过程，RRC 连接恢复（RRCConnection Resume）消息在 SRB1 上传输且进行了完整性保护，可以携带对 DRB 及物理层等进行重配的参数，因此在 RRC 连接恢复过程之后进行 RRC 连接重配过程对 NB-IoT 是可选的，这种做法的目的主要是为了在连接恢复过程中尽量减少空口消息交互以便降低终端功耗。

RRC 连接重配过程由 eNB 发起，其正常流程如图 2-16 所示。

**图2-16　RRC连接重配的流程**

如果终端无法正确执行 RRC 连接重配（可能是信令内容有错误，如配置了终端不支持的功能，或者出现了协议不允许的参数组合），则终端执行异常流程：终端回退到收到 RRC 连接重配消息前的所有配置，然后发起 RRC 连接重建立过程。RRC 连接重配异常的流程如图 2-17 所示。RRC 连接重配置过程不允许出现部分执行，如果终端发现 RRC 连接重配消息中存在无法执行的操作时，无论该消息中的其他部分是否可以执行，终端都必须执行上述异常处理流程。

**图2-17　RRC连接重配异常的流程**

### （6）无线资源配置

终端在建立 RRC 连接之前，使用通过 SIB2 获取的公共无线资源配置参数进行通信（例如接收寻呼和发起随机接入等）；在 RRC 连接建立过程中，终端可以通过 RRC 连接建立（RRCConnectionSetup）消息获得专用的无线资源配置参数，并且可以通过 RRC 连接重配（RRCConnectionReconfiguration）消息获得更新的无线资源配置参数；在 RRC 连接恢复过程中，终端可以通过 RRC 连接恢复（RRCConnectionResume）消息恢复已保存的无线资源配置参数，也可以通过 RRC 连接恢复（RRCConnectionResume）消息更新无线资源配置参数；在 RRC 连接重建立过程中，可以通过 RRC 连接重配置（RRCConnectionReestablishment）消息获得无线资源配置。

公共无线资源配置包含小区的特定参数，适用于小区内的所有终端，包含终端在随机接入过程、监听寻呼和监听系统消息更新所需要的相关参数。

终端专用无线资源配置包含无线承载（包括信令无线承载和数据无线承载）的配置参数、MAC 层配置参数以及物理层配置参数等。无线承载的配置包括 RLC/PDCP 相应的参数，在 NB-IoT 中，简化了 RLC/PDCP 的功能，因此相应的参数配置比 LTE 简化了很多；MAC 和物理层的配置参数只有一套，对于各个无线承载是通用的。无线资源配置的具体参数可参考文献 [3]。

（7）**无线链路失败检测及操作**

在 NB-IoT 系统中，支持对无线链路失败的检测。终端通过 SIB2 或通过专用无线资源配置（例如，RRC 连接建立消息、RRC 连接恢复消息、RRC 连接重建立消息和 RRC 连接重配消息等）获取无线链路失败检测以及空口无线链路恢复需要的参数，包括 N310、N311、T301、T310 及 T311，参数说明见表 2-1。

表2-1　无线链路失败相关参数说明

| 参数 | 说明 |
| --- | --- |
| N310 | 从物理层收到的连续失步指示的最大数量 |
| N311 | 从物理层收到的连续同步指示的最大数量 |
| T301 | 启动条件：终端发送 RRC 连接重建立请求消息时启动该定时器<br>停止条件：终端收到 RRC 连接重建立消息或 RRC 连接重建立拒绝消息或选择的小区不可用时，停止该定时器<br>超时操作：该定时器超时时，终端进入空闲状态 |
| T310 | 启动条件：终端收到 N310 连续失步指示，启动该定时器<br>停止条件：终端收到 N311 连续同步指示或者发起 RRC 连接重建立过程时停止该定时器<br>超时操作：该定时器超时时，如果接入层安全还未被激活，则终端进入空闲状态 如果接入层安全已经被激活，则终端发起 RRC 连接重建立过程 |
| T311 | 启动条件：终端发起 RRC 连接重建立过程时，启动该定时器；<br>停止条件：终端在选择到一个合适的 LTE 小区时停止该定时器；<br>超时操作：该定时器超时时，终端进入空闲状态 |

当终端检测到定时器 T310 超时或者在连接态收到 MAC 层指示发生随机接入问题时，终端认为发生了无线链路失败，然后终端进行以下操作：

● 操作 1，如果此时接入层安全还未被激活，则终端会通知 NAS 层发生了 RRC 连接失败，然后进入空闲状态；

● 操作 2，如果接入层安全已经被激活，则终端发起 RRC 连接重建立过程。

对于仅支持控制面优化传输方案的终端，不会激活接入层安全，适用于操作 1。对于同时支持控制面优化传输方案和用户面优化传输方案的终端，在接入层安全被激活前，适用于操作 1；在接入层安全被激活后，适用于操作 2。

## ●●2.3 NB-IoT 空口用户面协议

### 2.3.1 媒体接入控制（MAC）

R13 NB-IoT 主要支持时延不敏感、无最低速率要求、传输间隔大和传输频率低的业务，因此在 LTE 标准的基础上大幅度地简化了 MAC 层的各项功能和关键过程。由于 NB-IoT 的 MAC 层机制均是在 LTE 的对应 MAC 层机制的基础上简化而来的，因此本节重点介绍 NB-IoT 做了哪些简化，和 LTE 现有机制相同的部分不在本节重复介绍，读者可参考目前最新的 LTE 相关协议和书籍。

（1）关键过程

NB-IoT 的关键过程包括调度请求（SR）、缓存状态报告（BSR）、功率余量上报（PHR）、非连续接收（DRX）、随机接入和 HARQ 部分。

（2）逻辑信道优先级

NB-IoT 的目前版本（R13）主要支持时延不敏感、无最低速率要求、传输间隔大和传输频率低的业务，因此没有保证速率的要求。不支持 LTE 系统中现有的 Prioritised Bit Rate、Bucket Size Duration、Logical Channel Prioritisation 以及逻辑信道分组等操作，仅支持对不同逻辑信道的优先级设置。

（3）调度请求

SRNB-IoT 的目前版本（R13）不支持 PUCCH（物理上行控制信道），因此不支持 LTE 系统原有的 SR 消息的发送（LTE 的 SR 在 PUCCH 上发送）。当终端有新数据到达待传输时，若当前终端没有收到接入网网元下发的资源指配信令，则 NB-IoT 仅支持终端使用随机接入实现 SR 的功能；当接入网网元收到随机接入前导序列时，认为终端有业务数据需要发送，接入网网元可对终端进行资源调度。

（4）缓存状态报告

BSRNB-IoT 目前版本仅支持小数据包传输，不支持 LTE BSR 机制中的 Long BSR 格式，但可以支持 LTE 中的其他 BSR 格式，如 Short BSR、Padding BSR 以及周期 BSR 等。

对于 Short BSR 格式，在 NB-IoT 系统中，所有逻辑信道都归属于同一个逻辑信道组，即使是普通数据和 Exceptional 数据，也都归属于同一个逻辑信道组。

当终端触发了 Padding BSR 时，终端内未传输的 Regular BSR 或者周期 BSR 应当被取消。

此外，NB-IoT 引入了快速数据传输机制，即在随机接入过程的第 5 条消息（简称消息 5）中将数据通过 RRC 信令发送给接入网，为此，NB-IoT 系统在随机接入过程的第 3 条消息（简称消息 3）中引入了待传数据量报告，详见后面的（6）DPR。

**（5）功率余量上报（PHR）**

考虑到 R13 NB-IoT 系统的业务需求主要是针对较小数据包的传输，因此简化了 PHR 机制，不支持 RB 及之前版本定义的 PHR。但随着 NB-IoT 系统业务的多样化，在 NB-IoT R14 版本中是否会引入 PHR 还有待 3GPP 的讨论。

**（6）待传数据量和功率余量联合报告（DPR）**

待传数据量和功率余量联合报告（DPR）是同时包含了 BSR 和 PHR 功能的一个报告信元，该信元仅为 1 个字节，在目前的 NB-IoT 版本中仅用于当 IDLE 态的终端产生待传数据而触发的随机接入过程中的消息 3 中（连接状态终端因失步或者 SR 触发的随机接入过程中的消息 3 不支持使用 DPR），因为 NB-IoT 引入的控制面优化方案会在消息 5 上传业务数据，因此在消息 3 中需要引入一个数据量和功率余量报告辅助接入网侧的资源调度和功率控制。

这个精简的 DPR 信元在目前的 R13 NB-IoT 版本中仅能用于消息 3，暂不支持用于除了消息 3 以外的其他上行消息 / 数据中。

DPR 信元以 MAC 单元的形式在消息 3 中上报，为了节省消息 3 的开销，在当前 NB-IoT 中没有为 DPR 设置专用的 MAC PDU subheader，而是和 CCCH MAC SDU 共用同一个 MAC 子头，携带 LCID 为 CCCH（"00000"），该 DPR MAC CE 默认放在 Msg3 中的 CCCH MAC SDU 之前。

**注**：目前 DPR 只能和 CCCH 共用属于 CCCH 的 LCID，因此无法脱离 CCCH SDU 单独使用 DPR。

DPR MAC CE 大小固定为 1 个字节，如图 2-18 所示。

包含内容如下。

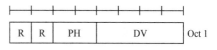

**图2-18　DPR MAC CE格式**

• DV：待传输数据量，用于标识终端缓存内的所有待传输数据的总量，包括 RLC 层、PDCP 层和 RRC 层的所有待传数据，不包含 MAC 子头和 RLC 子头的开销，单位为字节，长度为 4bit，待传输数据量映射见表 2-2。

• PH：功率余量。用于标识终端距离额定功率还剩余的功率余量，长度为 2bit，单位为 dB 功率余量映射见表 2-3。

• R：保留比特位，默认为 "0"。

**表2-2　待传输数据量映射**

| Index | Data Volume (DV) value [Bytes] | Index | Data Volume (DV) value [Bytes] |
|---|---|---|---|
| 0 | DV=0 | 8 | $67 < DV \leqslant 91$ |
| 1 | $0 < DV \leqslant 10$ | 9 | $91 < DV \leqslant 125$ |

（续表）

| Index | Data Volume (DV) value [Bytes] | Index | Data Volume (DV) value [Bytes] |
|---|---|---|---|
| 2 | $10 < DV \leqslant 14$ | 10 | $125 < DV \leqslant 171$ |
| 3 | $14 < DV \leqslant 19$ | 11 | $171 < DV \leqslant 234$ |
| 4 | $19 < DV \leqslant 26$ | 12 | $234 < DV \leqslant 321$ |
| 5 | $26 < DV \leqslant 36$ | 13 | $321 < DV \leqslant 768$ |
| 6 | $36 < DV \leqslant 49$ | 14 | $768 < DV \leqslant 1500$ |
| 7 | $49 < DV \leqslant 67$ | 15 | $DV > 1500$ |

表2-3　功率余量映射

| PH | Power Headroom Level |
|---|---|
| 0 | POWER_HEADROOM_0 |
| 1 | POWER_HEADROOM_1 |
| 2 | POWER_HEADROOM_2 |
| 3 | POWER_HEADROOM_3 |

R13 NB-IoT 目前遗留的争议主要针对 PH 的精度问题，有公司质疑 4 个 level 不能足够准确地提供功率余量，希望恢复 LTE 原先的精度。

（7）非连续接收（DRX）

LTE DRX 的原理是使终端进行不连续接收，即终端可以周期性地在一段时间里停止监听 PDCCH 信道，从而达到省电的目的。DRX 分 IDLE DRX 和 ACTIVE DRX 两种。

• IDLE DRX。UE 处于 IDLE 状态下的非连续性接收，主要是监听寻呼信道与广播信道，只要定义好固定的周期，就可以达到非连续接收的目的。若 UE 要监听用户数据信道，必须从 IDLE 状态先进入连接状态。IDLE 模式下的 DRX 可以减少功耗，寻呼 DRX 完全由 NAS 控制，控制 UE 监听 P-RNTI 加扰的 PDCCH。当启用 DRX 时，每个 DRX 周期中的 UE 只需要监测一个寻呼机会（PO）。

• ACTIVE DRX。UE 处在 RRC_CONNECTED 状态下的 DRX，可以优化系统的资源配置，节约手机功率。在 RRC_CONNECTED 状态下，如果配置了 DRX，UE 按照指定的 DRX 操作和要求非连续地监听 PDCCH；否则，UE 需要连续监听 PDCCH。

RRC 通过配置参数 On DurationTimer、Drx Inactivity Timer、Drx Retransmission Timer（除广播进程外的每个下行 HARQ 进程均配有该参数）、Long DRX-Cycle、drxStartOffset 以及选择性配置参数 drxShortCycleTimer、shortDRX-Cycle 控制 DRX 的操作过程，并为每个下

行 HARQ 进程（广播进程除外）定义了 HARQ RTT Timer。

在 RRC-Connected 状态下，UE 可以通过两种方式进入到 DRX 模式：UE 基于定时器的超时而进入到 DRX 状态；网络侧通过 MAC 单元所携带的 DRX Command 通知 UE 进入到 DRX 模式所有定时器和参数的设置都是通过 RRC 层来完成的。

与 DRX 相关的定时器主要有以下几种。

• On Duration Timer：每个 DRX 周期内，UE 需要监听的 PDCCH 的子帧数目。在其余的时间内，UE 就可以关闭其接收机。

• Drx Inactivity Timer：在 UE 成功地解码指示 UL 或 DL 初始传输的 PDCCH 后，连续监听的非活动的 PDCCH 的子帧数目。也就是说，必须在此时间之内没有监听到与 UE 相关的 PDCCH，UE 才能进入到 DRX 状态。

• Drx Retransmission Timer：在重传模式下，UE 预期接收 DL Retransmission 的时间，也就是需要这么长时间来接受下行重传。3 种定时器运行期间将会开启接收天线监视 PDCCH。

• HARQ RTT Timer：UE 预期 DL Retransmission 到达的最少间隔时间，也就是说重传最早会什么时间到，那么 UE 暂且不需要理会，也就是说这一段时间，该怎样就怎样，等到这个定时器超时了，那么它就要处于醒着的状态。

• DRX cycle length：DRX cycle length 一旦被配置/重配置就固定了，即不会因为 Active Time 大于 On Duration 而变化。

DRX 周期分为短 DRX 周期和长 DRX 周期，短 DRX 周期如果被配置给 UE，则终端当满足进入 DRX 状态的条件时，会首先进入短 DRX 周期；在执行了预配置的若干次的短 DRX 周期后，再进入长 DRX 周期。短 DRX 周期的配置目的是为了配合终端可能在短时间内有数据到来的情况，可减少因进入 DRX 周期而导致的调度时延。

如果在使用短 DRX 周期，检查当前子帧是否满足下面的公式：

$[(SFN \times 10) + subframe\ number]\ modulo(shortDRX\text{-}Cycle) = (drxStartOffset)\ modulo(shortDRX\text{-}Cycle)$

在使用长 DRX 周期，那么检查如下的公式：$[(SFN \times 10) + subframe\ number]\ modulo(longDRX\text{-}Cycle) = drxStartOffset$

在 DRX 模式下，UE 监听 PDCCH 的子帧，当上面的两个条件满足其中之一，那么就启动定时器 On Duration Timer，此时 UE 就要开始监听 PDCCH 信道了。

如果收到 DRX MAC 信息单元，也就意味着 eNB 要求 UE 进入睡眠状态，那么这时就会停止两个定时器（On Duration Timer 和 Drx Inactivity Timer），但是并不会停止跟重传相关的定时器。

NB-IoT 的 DRX 机制沿用了 LTE 的 DRX，为了优化 NB-IoT 终端的省电性能，同时支持 NB-IoT 的覆盖增强功能，NB-IoT 对 IDLE 态 DRX 和连接态 DRX 分别做了优化。

• NB-IoT IDLE DRX：对周期进行扩展，从而能支持覆盖增强场合下的寻呼信道接收，具体请参考本文寻呼相关的章节。

• NB-IoT 连接态 DRX：在 LTE DRX 基础上针对如何使 UE 在传输完一次数据后尽快进入 DRX 状态做了少量优化，在 LTE 现有 DRX 技术的基础上，对 Drx Inactivity Timer 定时器的启动/重启时间节点做了优化，具体见下面的描述。

NB-IoT 连接态 DRX 的处理过程进行了优化：如果正在进行的上下行数据传输超时（例如 HARQ RTT Timer 或 UL HARQ RTT Timer 超时），则终端启动/重启 Drx Inactivity Timer；如果终端收到一个数据传输的调度指令（包括上行或下行，并不限于只是针对数据初传的调度），则终端停止正在运行的 Drx Inactivity Timer、Drx UL Retransmission Timer 和 On Duration Timer 等定时器。

以上几处优化将 Drx Inactivity Timer 的启动时刻从 LTE DRX 的"收到 PDCCH"后移至"HARQ RTT Timer 超时"，作用是能够更容易地准确配置 Drx Inactivity Timer。例如，将其配置为一个较短的时间值，只要确保在当前数据之后没有后续数据很快到达，那么终端就能迅速进入 DRX 状态。

如果按照 LTE 的现有 DRX 机制，Drx Inactivity Timer 从收到 PDCCH 就开始启动，那么 Drx Inactivity Timer 的值就必须考虑留出数据传输的时间和 HARQ 重传的时间，在 LTE 中是比较好估计的，但在 NB-IoT 中，由于支持覆盖增强（在信道环境较差的地点，数据传输可以通过重复上百倍增强发送增益），数据传输可能需要重复很长时间，难以配置 Drx Inactivity Timer 的时间，因此在 NB-IoT R13 中做了上述优化。

NB-IoT 连接态 DRX 的参数变化有以下三点。

• 取消了 shortDRX-Cycle，因为 NB-IoT 针对的多是不频繁发送的业务。

• longDRX-Cycle 改名为 DRX-Cycle R13，最大值域从 R12 版本的 2560 子帧扩展到 9216 子帧。因为 NB-IoT 业务的数据传输间隔比较长，将 longDRX-Cycle 扩大后更有利于终端的省电。

• 单位改变。为了支持覆盖增强，On Duration Timer-R13、Drx Inactivity Timer-R13、Drx Retransmission Timer-R13 和 Drx ULRetransmission Timer-R13 这 4 个定时器的单位改为 PDCCH period。PDCCH period 是一个长度动态可变的单位，因为 NB-IoT 支持覆盖增强技术。当使用覆盖增强时，控制信道和数据信道均会进行重复发送，重复发送的次数由基站动态配置，此时 PDCCH 的持续时间就不再是 R12 LTE 的 1ms 了，而是随着基站配置的重复次数而变化。当控制信道和数据信道均进行重复发送时，DRX 的各个定时器的计时也必须随之增加。因此，上述定时器的单位统一改变为 PDCCH period。

详细 DRX 参数如图 2-19 所示（引用自 TS36.331[3]）。

```
DRX-Config-NB-r13 ::=              CHOICE {
    release                        NULL,
    setup                          SEQUENCE {
        onDurationTimer-r13            ENUMERATED {
                                           pp1, pp2, pp3, pp4, pp8, pp16, pp32,
                                                    spare},
        drx-InactivityTimer-r13        ENUMERATED {
                                           pp0, pp1, pp2, pp3, pp4, pp8, pp16, pp32},
        drx-RetransmissionTimer-r13    ENUMERATED {
                                           pp0, pp1, pp2, pp4, pp6, pp8, pp16, pp24,
                                           pp33, spare7, spare6, spare5,
                                           spare4, spare3, spare2, spare1},
        drx-Cycle-r13                  ENUMERATED {
                                           sf256, sf512, sf1024, sf1536, sf2048,
                                           sf3072, sf4096, sf4608, sf6144, sf7680,
                                           sf8192, sf9216,
                                           spare4, spare3, spare2, spare1},
        drx-StartOffset-r13            INTEGER (0······255),
        drx-ULRetransmissionTimer-r13  ENUMERATED {
                                           pp0, pp1, pp2, pp4, pp6, pp8, pp16, pp24,
                                           pp33, pp40, pp64, pp80, pp96,
                                           pp112, pp128, pp160, pp320}
    }
}
```

图2-19　DRX参数

其中，单位 pp 代表了 PDCCH period。

## 2.3.2　无线链路控制（RLC）层

无线链路控制（Radio Link Control，RLC）协议的主要目的是将数据交付给对端的 RLC 实体，所以 LTE RLC 提出了透明模式（Transparent Mode，TM）、非确认模式（Unacknowledged Mode，UM）和确认模式（Acknowledged Mode，AM）3 种模式。

TM 模式最简单，它不改变上层数据，这种模式典型地被用于 BCCH 或 PCCH 逻辑信道的传输，该方式不需对 RLC 层进行任何特殊的处理。RLC 的透明模式实体从上层接收到数据，然后不做任何修改地传递至下面的 MAC 层，这里没有 RLC 头增加、数据分割及串联。

UM 模式可以支持数据包丢失的检测，并提供分组数据包的排序和重组。UM 模式能够用于任何专用或多播逻辑信道，具体使用依赖于应用及期望 QoS 的类型。数据包重排序是指对不按顺序接收到的数据进行排序。

AM 模式是一种最复杂的模式。除了 UM 模式所支持的特征外，AM RLC 实体能够在检测到丢包时要求它的对等实体重传分组数据包，即 ARQ 机制。因此，AM 模式仅仅应用于 DCCH 或 DTCH 逻辑信道。

一般来讲，AM 模式典型地用于 TCP 的业务（如文件传输），这类业务主要关心数据的无错传输；UM 模式用于高层提供数据的顺序传送，但是不重传丢失的 PDU，典型地用于如 VoIP 业务，这类业务最主要关心传送时延；TM 模式则仅仅用于特殊的目的，如随机接入。

在 NB-IoT 中，由于当前 R13 版本不支持 VoIP 业务，因此为了简化 RLC 层的复杂度，NB-IoT 不支持 RLC UM 模式。

当 AM RLC 发送侧实体把 RLC SDU 组成 AMD（确认模式数据）PDU 时，它将分段或级联 RLC SDU，以使 AMD PDU 适合下层在特定时机指示的 RLC PDU 总大小。当 AM RLC 实体发送侧把来自上层 RLC SDU 形成的 AMD PDU 或把 RLC PDU 形成的 AMD PDU 分段重传时，它将在 RLC PDU 内包括相关的 RLC 头。当 AM RLC 接收侧实体接收 RLC PDU 时，它将检测 RLC PDU 是否已经以副本的方式收到，丢弃复制的 RLC PDU。如果接收为乱序，则重排序 RLC PDU。同时，检测下层 RLC PDU 的丢失情况，并请求其对等 AM RLC 实体重传。随后，将已排序的 RLC 数据 PDU 组装为 RLC SDU，并按顺序递交给上层。

RLC PDU 的格式与参数如图 2-20 所示。

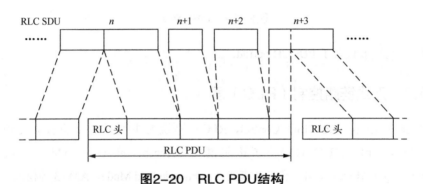

图2-20　RLC PDU结构

RLC 头携带了 RLC PDU 的序列号，该序列号与 SDU 序列号不同。

一个 RLC PDU 可以由下面的段组成：第 $i$ 个 SDU 的最后一个分段串接 $n$ 个完整的 SDU，再串接第 $i+n+1$ 个 SDU 的第一段，其中 $n$ 为大于或等于 0 的整数。

NB-IoT 系统中不支持 RLC UM，DRB 使用 RLC AM。NB-IoT 中支持大部分针对 RLC AM 的功能，除了仅支持控制面优化传输方案的终端不支持 RLC 重建立功能（由于仅支持控制面优化传输方案的终端不支持接入层安全，而现有的 RRC 重建立必须要发生在接入层安全激活之后），但支持 RLC 状态报告、polling 以及简化支持的 RLC SN 等机制。例如，对于 polling 机制，不支持 pollPDU 和 pollByte 触发的 polling 操作，默认仅使用较短的 RLC SN。

NB-IoT 对于 DRB 使用 RLC AM，可以简化 RLC 处理，同时也能保证数据传输的可靠性；对于 SRB，为了保证信令传输的可靠性，需要使用 RLC AM。如果 DRB 使用 RLC UM，就表示 NB-IoT 终端必须同时支持 RLC AM 和 UM，增加终端的复杂性。

NB-IoT 保留了 RLC 的重排序功能，但进行了简化。

在 NB-IoT 中，对于定时器 t-Reordering 和 t-StatusProhibit 仅支持取值为 0（不需要在 RRC 信令中配置相应的定时器），表示一旦满足相应的触发条件（例如，识别出 RLC PDU 乱序以及 RRC 的 RLC-Config-NB 中配置了 enableStatusReportSN-Gap-r13 参数），这两个定时器超时的操作立即发生。

### 2.3.3　分组数据汇聚协议（PDCP）层

分组数汇聚协议（Packer Data Convergence Protocol，PDCP）层发送或接收对等 PDCP 实体的分组数据，完成 IP 包头压缩与解压缩、数据与信令的加密以及信令的完整性保护等功能。图 2-21 给出了 PDCP 层用户平面与控制平面的主要功能模型。

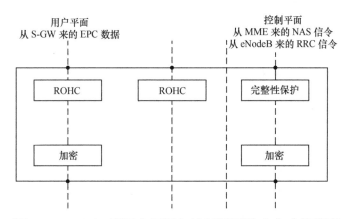

图2-21　PDCP层用户平面与控制平面的主变功能模型

在控制平面，加密和完整性保护是必选功能；而在用户平面，健壮性包头压缩（Robust Headerr Compression，ROHC）为必选功能，数据加密为可选功能，这里的数据既可以是用户数据，也可以是应用层信令，如 SIP、RTCP 等。

PDCP 层向位于 UE 侧的 RRC 和用户平面的上层，或者向 eNodeB 侧的中继提供业务，包括用户平面数据的传输、控制平面数据的传输、健壮性包头压缩、加密和完整性保护等。

PDCP 层可以向下层提供的业务包括透明数据传输业务、确认的数据传输业务（包括对 PDCP PDU 传输成功的指示）和非确认的数据传输业务（按序传输、包复制或丢弃处理）等。

具体来讲，PDCP 层的用户平面包括如下功能：

- 健壮性包头压缩与解压缩，只支持一种压缩算法，即 ROHC 算法；
- 用户平面的数据传输，即从 NAS 子层接收 PDCP SDU 数据转发给 RLC 层，反之亦然；

- RLC AM 的 PDCP 重建立流程时对上层 PDU 的顺序递交；
- RLC AM 的 PDCP 重建立流程时对下层 SDU 的重复检测；
- RLC AM 切换时对 PDCP SDU 的重传；
- 数据加密；
- 上行基于定时器的 SDU 丢弃。

PDCP 层的控制平面包括如下功能：

- 加密与完整性保护；
- 控制平面的数据传输，即从 RRC 层接收 PDCP SDU 数据，并转发给 RLC 层，反之亦然。

与 UMTS 系统中的 PDCP 层相比较，LTE 系统中的 PDCP 层呈现出以下特征：

- 压缩算法简单，仅支持一种压缩算法；
- 不支持无损重定位；
- 需支持加密。

针对 R13 NB-IoT 只支持不频繁小数据业务的特点，简化了上述部分功能的细节：

- 在 NB-IoT 系统中支持的 PDCP 功能可以针对 DRB 和 SRB，但不包括 SRB0 和 SRB1-bis；
- 不支持 PDCP 状态报告；
- 只支持 7bits 的 PDCP SN；
- 只支持 1600bit/s 的 PDCP SDU 以及 PDCP control PDU（1600bit/s 包含最大 1500bit/s 的数据包 + 最大 100bit/s 的 RRC 开销）。

在 NB-IoT 中，对于仅仅支持控制平面优化方案的终端，由于加密和完整性保护等安全功能由 NAS 完成，不支持 AS 层安全，所以不使用 PDCP 层，这样可以节省 PDCP header 和 MAC-I 的开销。对于同时支持控制平面优化方案和用户平面优化方案的终端，在 AS 被安全激活之前不使用 PDCP 层；在 AS 被安全激活之后，即使使用控制平面优化方案的 NB-IoT 终端（例如，用户平面优化传输方案挂起，后续 Resume 时通过 SRB 传数据）也要使用 PDCP 层的功能。

对于用户平面优化传输方案，在 suspend 时，需要存储 PDCP 状态参数（ROHC 状态参数），以便在 Resume 时可以继续之前的 ROHC 参数，快速恢复用户平面。但在 Resume 时是否继续使用之前的 ROHC 参数可由终端在 ResumeRequest 消息中携带的 drb-ContinueROHC 字段控制。另外，在 Resume 时，需要清空 PDCP 的发送计数值（例如 Next_PDCP_TX_SN 和 TX_HFN），这是因为相比于 RRC 重建立流程，Resume 虽然借用了 PDCP 重建立操作，但作为正常的 suspend 时，数据发送已经完成，无需考虑缓存区中的数据重发。

## ●● 2.4 NB-IoT 关键技术

NB-IoT 比 GSM 提升了 20dB 的增益，其 MCL（Maximum Coupling Loss，最大耦合路损）达到 164dB，期望能覆盖到地下车库、地下室以及地下管道等信号难以到达的地方。为了支持广 / 深覆盖，其关键技术点如下。

- 关键技术点 1：高功率谱密度，上行功率谱密度增强 17dB。
- 关键技术点 2：重复传输＋编码带来 6 ～ 16dB 的增益。NB-IoT 为增强覆盖采用了重复传输（可达 200 次）和低阶调制（只支持 BPSK 和 QPSK）等机制，但这样做会降低吞吐量，需要在二者之间做权衡。
- 关键技术点 3：通过引入单子载波（single-tone）NPUSCH 传输和 $\pi/2$ BPSK 调制以保持接近 0dB 的 PAPR，减少功率放大器（Power Amplifier，PA）的回退，增强了上行覆盖。

大家可以参考资料《NB-IoT 和 eMTC 覆盖能力浅析》来了解 NB-IoT 的覆盖能力以及达到特定覆盖能力所需的重复次数。

（1）**降低功耗的关键技术**

为了降低功耗，NB-IoT 在设计时考虑了多种关键技术。

- 关键技术 1：芯片复杂度降低，工作电流小。
- 关键技术 2：空口信令简化，减小单次数据传输功耗。设备消耗的能量与数据量或速率有关，单位时间内发出的数据包大小决定了功耗的大小。减少不必要的信令可以实现省电的目的。
- 关键技术 3：基于覆盖等级的控制和接入，减少单次数据传输的时间。
- 关键技术 4：节能模式（Power Sone Mode，PSM），终端功耗仅 15μW。在节能模式下，终端仍注册在网，但信令不可达，从而使终端更长时间驻留在深睡眠以实现省电的目的。在 PSM 状态，终端不接收寻呼信息。
- 关键技术 5：eDRX（扩展 DRX），减少终端监听网络的频率。eDRX 省电技术进一步延长终端在空闲态和连接态下的睡眠周期，减少接收单元不必要的启动。相对于与 PSM 相比，eDRX 大幅度提升了下行的可达性。
- 关键技术 6：使用长周期 TAU，减少终端发送位置更新的次数。
- 关键技术 7：在移动性管理方面，只支持 IDLE 状态下的小区选择和重选，而不支持连接状态下的 handover，包括相关测量、测量报告、切换等，从而减少了相关开销。

（2）**低成本芯片的关键技术**

低速率、低功耗、低带宽带来的是低成本优势。

低成本芯片关键技术如下。

- 关键技术 1：180kHz 窄带系统，基带复杂度低，不需要复杂的均衡算法。
- 关键技术 2：小带宽带来的低采样率，缓存 Flash/RAM 要求小，DSP 配置低。
- 关键技术 3：使用单天线、半双工 FDD 传输，RF 成本低。
- 关键技术 4：峰均比低，功放效率高，23dBm 发射功率可支持单片 SoC 内置功放 PA，进一步降低成本。
- 关键技术 5：协议栈简化（500kbit/s），减少片内 FLASH/RAM。

### （3）大容量连接用户的关键技术

NB-IoT 比 2G/3G/4G 能提升 50 ～ 100 倍的上行容量，在同一基站的情况下，NB-IoT 可以比现有无线技术提供 50 ～ 100 倍的接入数。在 200kHz 频率下，根据仿真测试数据，单小区可支持 5 万个 NB-IoT 终端接入，其关键技术点如下。

- 关键技术 1：窄带技术可提升上行等效功率，大大提高信道容量。
- 关键技术 2：减小空口信令开销，提升频谱效率。
- 关键技术 3：基站优化，包括独立的准入拥塞控制和终端上下文信息存储。
- 关键技术 4：核心网优化，包括终端上下文存储以及下行数据缓存。

NB-IoT 不支持绝大多数的 LTE-A 特性，如载波聚合（Carrier Aggregation）、双连接（Dual Connectivity）和 D2D（Device to Device）服务等。由于 NB-IoT 不用于时延敏感的数据包传输，因此没有 QoS 的概念。NB-IoT 不支持所有要求保证比特率（Guaramteed Bit Rate，GBR）的服务，如实时 IMS 等。

NB-IoT 不支持 VoLTE，因为 VoLTE 对时延要求高，并需要可靠的 QoS 保障。

由于不支持与其他无线技术的交互，因此 NB-IoT 也不支持与其相关的特性，如不支持 LTE-WLAN 互通、不支持用于设备内共存（In-device coexistence）的干扰避免以及不支持用于监视信道质量的测量。

除了上面介绍的特性外，NB-IoT 还不支持以下特性：

- 封闭用户组（Closed Subscriber Group，CSG）；
- 中继节点（Relay Node，RN）；
- 接入等级限制（Access Class Barring，ACB）、扩展型接入限制（Extended Access Barring，EAB）、特定业务接入控制（Service Specific Access Control，SSAC）和数据通信中应用程序专属拥塞控制（Application specific Congestion control for Data Communication，ACDC）；
- 多媒体广播组播业务（Multimedia Broadcast Multicast Service，MBMS）；
- 自配置和自优化（Self-configuration and self-optimisation）；
- 用于网络性能优化的测量记录和上报（Measurement logging and reporting for network performance optimisation）；

- 公共告警系统（Public warning systems），如 CMAS、ETWS 和 PWS；
- 实时服务（包括紧急呼叫）；
- CS 服务和 CS 回退；
- 网络辅助的干扰消除 / 抑制（Network-assisted interference cancellation/suppression）。

## 2.5　NB-IoT 物理信道

NB-IoT 目前只在 FDD 有定义，终端为半双工方式。NB-IoT 上下行有效带宽 180kHz，下行采用 OFDM，子载波带宽与 LTE 相同为 15kHz；上行有单载波传输（Single-tone）和多载波传输（Multi-tone）两种传输方式，其中 Single-tone 的子载波带宽包括 3.75kHz 和 15kHz 两种，Multi-tone 子载波间隔 15kHz，支持 3 个、6 个、12 个子载波的传输。

NB-IoT 支持：独立部署（Stand-alone）、保护带部署（Guard-band）、带内部署（In-band）三种不同的部署方式，如图 2-22 所示。

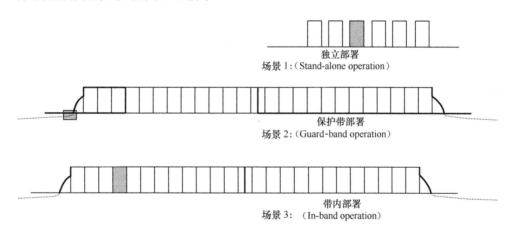

图2-22　NB-IoT部署方式

Stand-alone 部署在 LTE 带宽之外，Guard-band 部署在 LTE 的保护带内，In-band 占 LTE 的 1 个 PRB 资源，需保证与 LTE PRBs 的正交性。Stand-alone 可独立设置发射功率（例如 20W），Guard-band、In-band 的功率与 LTE 的功率有关系，通过设置 NB-IoT 窄带参考信号（Narrowband Reference Signal，NRS）与 LTE 公共参考信号（Common Reference Signal，CRS）的功率差设定 NB-IoT 的功率，目前协议定义可设置 NRS 比 CRS 最大高 9dB，实际 Power boosting 的大小需根据设备的发射能力而定。

NB-IoT 子帧结构与 LTE FDD 相同，引入了新的参考信号 NRS 和新的主辅同步信号（Narrowband Primary Synchronization Signal/ Narrowband Secondary Synchronization Signal，NPSS/NSSS），支持单端口和双端口两种发射模式。NB-IoT 定义的物理信道见表 2-4。

表2-4　NB-IoT定义的物理信道和作用

| 方向 | 物理信号 / 物理信道名称 | 作用 |
|---|---|---|
| 下行 | NPBCH（Narrowband Physical Broadcast Channel，窄带物理广播信道） | 广播系统消息 |
| | NPDCCH（Narrowband Physical Downlink Control Channel，窄带物理下行控制信道） | 上下行调度信息 |
| | NPDSCH（Narrowband Physical Downlink Shared Channel，窄带物理下行共享信道） | 下行数据发送、寻呼、随机接入响应等 |
| 上行 | NPRACH（Narrowband Physical Random Access Channel，窄带物理随机接入信道） | 随机接入 |
| | NPUSCH（Narrowband Physical Uplink Shared Channel，窄带物理上行共享信道） | 上行数据发送，上行控制信息发送 |

　　与LTE相比，NB-IoT取消了PCFICH、PHICH和PUCCH信道，不支持CSI的上报，NB-IoT下行未引入控制域的概念，NPDCCH占用资源的方式与NPDSCH类似，NPUSCH的ACK/NACK反馈信息在NPDCCH中指示，NPDSCH的ACK/NACK反馈信息在NPUSCH format 2中反馈。

　　NB-IoT以上行业务为主，需要重点关注NPUSCH信道的承载能力和覆盖能力。

　　根据3GPP 36.211协议的定义，NB-IoT信道映射如图2-23所示。NB-IoT上行链路的物理层信道分别为NPRACH和NPUSCH，下行链路的物理层信道分别为NPBCH、NPSCH、NPDCCH和NPDSCH。

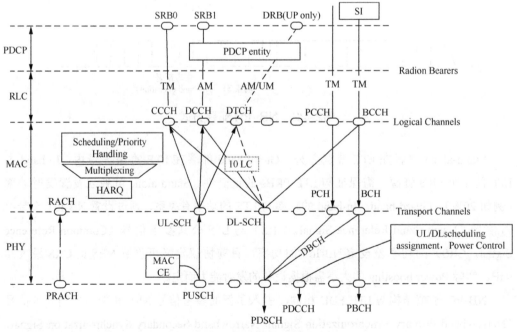

图2-23　上下行信道映射关系

## 2.5.1　下行物理信道

NB-IoT 下行信道基本调度单位为子帧，每个子帧 1ms（对应 2 个 Slot），每个系统帧包括 10 个子帧，每个超帧包括 1024 个系统帧。NB-IoT 下行信道时域结构如图 2-24 所示。

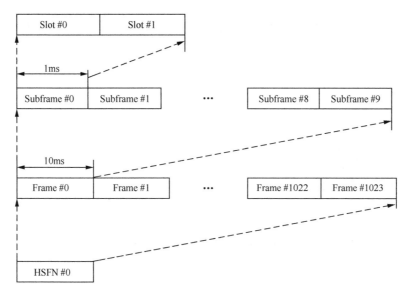

**图2-24　NB-IoT下行信道时域结构**

### 1. NPBCH 信道

NPBCH 信道与 LTE 的 PBCH 不同，广播周期为 640ms，重复 8 次发送，如图 2-25 所示，终端接收若干个子帧信号进行解调。

NPBCH 第一次传输在满足每个无线帧的 #0 子帧，周期为 640ms，承载主系统信息块（Master Information Blook，MIB）。在 In-band 部署模式下，NPBCH 被 LTE-CRS 和 NB-RS 打孔。

MIB-NB 34bit，TTI640ms，占用 64 个无线帧的 sf0，每 80ms 为 1 个 block。

每 80ms 内，第 1 个 sf0 mapping 后的数据，重复到剩下 7 个 sf0。

MIB-NB 中仅通知 SFN 的高 4 位，剩下 6 位通过扰码区分（64 个无线帧位置），即通过扰码盲检来得到 640ms 的边界。

同样，认为 CRS 4 Ports 和 NRS 2 Ports 所在 RE 不占用，此时 CRS vshift 偏移按 Ncell ID 计算，NRS AP 数通过 CRC mask 获取，如图 2-26 所示。

MIB-NB 在 NPBCH 上传输。UE 通过检测 NPBCH 能得到以下信息：

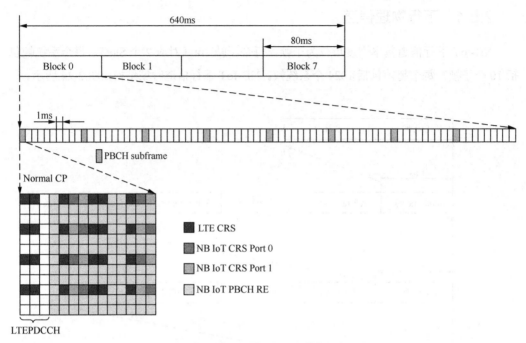

图2-25 NPBCH发送方式

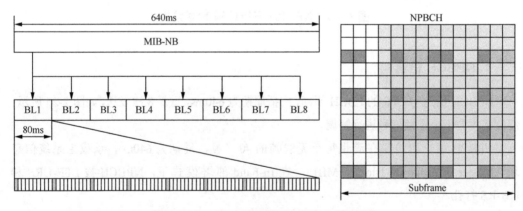

图2-26 MIB-NB在NPBCH中的位置

- 通过接收到的 MIB-NB 可以知道小区的部署方式、系统帧号（System FrameNumber, SFN）的高 4 位、超帧（H-SFN）的低 2 位以及 SIB1-NB 的调度信息和大小等。另外，SFN 的低 6 位可以隐式地通过盲检 NPBCH 得到。

- NRS 使用的天线端口数：1 或 2。

- 如果使用的是带内部署，还可知道 LTE 中的 CRS 使用的天线端口数及其在频域上的偏移。

MIB-NB 包含了 34 比特的信息，其中 1 比特是预留给后续扩展用的。

### 2. NPDCCH 信道

NPDCCH 有别于 LTE 系统中的 PDCCH，并非每个 Subframe 均有 NPDCCH，而是周期性的出现。NPDCCH 有三种搜索空间（Search Space），分别用于排程一般数据传输、无线资源控制模块程序相关信息传输，以及呼叫（Paging）信息传输。

各个 Search Space 有无线资源控制（RRC）配置相对应的最大重复次数 Rmax，其 Search Space 的出现周期大小即为相对应之 Rmax 与 RRC 层配置的一参数之乘积。

RRC 层亦可配置一偏移（Offset）以调整一 Search Space 的开始时间。在大部分的搜索空间配置中，所占用的资源大小为一个物理资源块（Physical Resourec Block，PRB），仅有少数配置为占用 6 个 Subcarrier。

一个 DCI 中会带有该 DCI 的重复传送次数，以及 DCI 传送结束后至其所排程之 NPDSCH 或 NPUSCH 所需的延迟时间，NB-IoT UE 即可使用此 DCI 所在之 Search Space 的开始时间来推算 DCI 之结束时间以及排程之数据的开始时间，以传送或接收数据。

LTE 的 PDCCH 固定使用子帧前几个符号，NPDCCH 与 PDCCH 差别较大，使用的 NCCE（Narrowband Control Channel Element，窄带控制信道资源）频域上占 6 个子载波。在 Stand-alone 和 Guard-band 模式下，可使用所有 OFDM 符号；在 In-Band 模式下，错开 LTE 的控制符号位置。

NPDCCH 有两种 format：

- NPDCCH format 0 的聚合等级为 1，占用 NCCE0 或 NCCE1；
- NPDCCH format 1 的聚合等级为 2，占用 NCCE0 和 NCCE1。

NPUCCH 资源格式如图 2-27 所示。

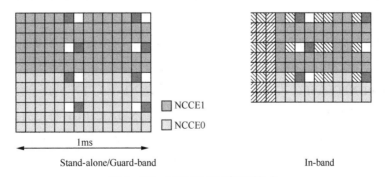

图2-27　NPUCCH资源格式

NPDCCH 最大重复次数可配，取值范围 {1,2,4,8,16,32,64,128,256,512,1024,2048}。

## （1）NPDCCH 相关过程

UE 应当监视控制信息的高层信令所配置的一组 NPDCCH 候选者，其中监控意味着试图根据所有监控的 DCI 尝试解码集合中的每个 NPDCCH 格式。

根据 NPDCCH 搜索空间来定义要监视的 NPDCCH 候选集合。

UE 应监视以下一个或多个搜索空间：Type1-NPDCCH 公共搜索空间，Type2-NPDCCH 公共搜索空间，以及 NPDCCH 特定 UE 的搜索空间。

UE 不需要同时监视 NPDCCH UE 专用搜索空间和 Type1-NPDCCH 公共搜索空间。

UE 不需要同时监视 NPDCCH UE 专用搜索空间和 Type2-NPDCCH 公共搜索空间。

UE 不需要同时监控 Type1-NPDCCH 公共搜索空间和 Type2-NPDCCH 公共搜索空间。

聚合级别 $L' \in \{1, 2\}$ 和重复级别 $R \in \{1, 2, 4, 8, 16, 32, 64, 128, 256, 512, 1024, 2048\}$ 的 NPDCCH 搜索空间 $NS_k^{(L',R)}$ 由一组 NPDCCH 候选来定义，其中每个候选被重复在用于以子帧开始的 SI 消息的传输的子帧之外的一组连续的 NB-IoT 下行链路子帧中。

对于 NPDCCH 特定于 UE 的搜索空间，定义搜索空间和相应的 NPDCCH 候选的聚合和重复级别通过将 $R_{max}$ 的值代入高层配置的参数 npdcch-NumRepetitions 中得出。

对于 Type1-NPDCCH 公共搜索空间，定义搜索空间的聚合和重复级别用高层配置参数 npdcch-NumRepetitionPaging 代替 $R_{max}$ 的值得出。

对于 Type2-NPDCCH 公共搜索空间，定义搜索空间和对应的受监控 NPDCCH 候选的聚合和重复级别通过将 $R_{max}$ 的值代入高层配置的参数 npdcch-NumRepetitions-RA 中得出。

起始子帧 $k$ 的位置由 $k = k_b$ 给出，其中 $k_b$ 是来自子帧 "k0" 的 $b^{th}$ 连续 NB-IoT DL 子帧，不包括用于 SI 消息传输的子帧，其中 $b = u \cdot R$, and $u = 0, 1, \cdots \frac{R_{max}}{R} - 1$。

- 子帧 $k_0$ 是满足条件的子帧 $\left(10n_f + \lfloor n_s/2 \rfloor\right) \bmod T = \lfloor \alpha_{offset} \cdot T \rfloor$，这里 $T = R_{max} \cdot G$, $T \geqslant 4$。

- 对于 NPDCCH 特定于 UE 的搜索空间，$G$ 由高层参数 npdcch-StartSF-USS 给出，$\alpha_{offset}$ 由较高层参数 npdcch-Offset-USS 给出。

- 对于 NPDCCH Type2-NPDCCH 公共搜索空间，$G$ 由更高层参数 npdcch-StartSF-CSS-RA 给出，$\alpha_{offset}$ 由高层参数 npdcch-Offset-RA 给出。

对于 Type1-NPDCCH 公共搜索空间，$k = k_b$ 并且从 NB-IoT 寻呼机会子帧的位置确定。

如果 UE 由具有 NB-IoT 载波的高层配置用于监视 NPDCCH UE 特定的搜索空间，UE 应该监视高层配置的 NB-IoT 载波上的 NPDCCH UE 专用搜索空间，不希望 UE 在更高层配置的 NB-IoT 载波上接收 NPSS、NSSS、NPBCH。

除此以外，UE 将监测在其上检测到 NPSS/NSSS/NPBCH 的相同 NB-IoT 载波上的 NPDCCH UE 特定搜索空间。

NPDCCH UE-specific search space candidates 见表 2-5。

表2-5　NPDCCH UE-specific search space candidates

| $R_{max}$ | $R$ | DCI subframe repetition number | NCCE indices of monitored NPDCCH candidates | |
|---|---|---|---|---|
| | | | $L'=1$ | $L'=2$ |
| 1 | 1 | 00 | {0}, {1} | {0,1} |
| 2 | 1 | 00 | {0}, {1} | {0,1} |
| | 2 | 01 | — | {0,1} |
| 4 | 1 | 00 | — | {0,1} |
| | 2 | 01 | — | {0,1} |
| | 4 | 10 | — | {0,1} |
| ≥ 8 | $R_{max}/8$ | 00 | — | {0,1} |
| | $R_{max}/4$ | 01 | — | {0,1} |
| | $R_{max}/2$ | 10 | — | {0,1} |
| | $R_{max}$ | 11 | — | {0,1} |

Note 1: {x}, {y} denotes NPDCCH Format 0 candidate with NCCE index 'x', and NPDCCH Format 0 candidate with NCCE index 'y' are monitored。

Note 2: {x,y} denotes NPDCCH Format1 candidate corresponding to NCCEs 'x' and 'y' is monitored

Type 1-NPDCCH common search space candidates 见表 2-6。

表2-6　Type 1-NPDCCH common search space candidates

| $R_{max}$ | $R$ | | | | | | | | NCCE indices of monitored NPDCCH candidates | |
|---|---|---|---|---|---|---|---|---|---|---|
| | | | | | | | | | $L'=1$ | $L'=2$ |
| 1 | 1 | — | — | — | — | — | — | — | — | {0,1} |
| 2 | 1 | 2 | — | — | — | — | — | — | — | {0,1} |
| 4 | 1 | 2 | 4 | — | — | — | — | — | — | {0,1} |
| 8 | 1 | 2 | 4 | 8 | — | — | — | — | — | {0,1} |
| 16 | 1 | 2 | 4 | 8 | 16 | — | — | — | — | {0,1} |
| 32 | 1 | 2 | 4 | 8 | 16 | 32 | — | — | — | {0,1} |
| 64 | 1 | 2 | 4 | 8 | 16 | 32 | 64 | — | — | {0,1} |
| 128 | 1 | 2 | 4 | 8 | 16 | 32 | 64 | 128 | — | {0,1} |
| 256 | 1 | 4 | 8 | 16 | 32 | 64 | 128 | 256 | — | {0,1} |
| 512 | 1 | 4 | 16 | 32 | 64 | 128 | 256 | 512 | — | {0,1} |

（续表）

| $R_{max}$ | $R$ | | | | | | | | NCCE indices of monitored NPDCCH candidates | |
|---|---|---|---|---|---|---|---|---|---|---|
| | | | | | | | | | $L'=1$ | $L'=2$ |
| 1024 | 1 | 8 | 32 | 64 | 128 | 256 | 512 | 1024 | — | {0,1} |
| 2048 | 1 | 8 | 64 | 128 | 256 | 512 | 1024 | 2048 | — | {0,1} |
| DCI subframe repetition number | 000 | 001 | 010 | 011 | 100 | 101 | 110 | 111 | | |
| Note 1: {x,y} denotes NPDCCH Format1 candidate corresponding to NCCEs 'x' and 'y' is monitored | | | | | | | | | | |

Type 2-NPDCCH common search space candidates 见表 2-7。

表2-7　Type 2-NPDCCH common search space candidates

| $R_{max}$ | $R$ | DCI subframe repetition number | NCCE indices of monitored NPDCCH candidates | |
|---|---|---|---|---|
| | | | $L'=1$ | $L'=2$ |
| 1 | 1 | 00 | — | {0,1} |
| 2 | 1 | 00 | — | {0,1} |
| | 2 | 01 | — | {0,1} |
| 4 | 1 | 00 | — | {0,1} |
| | 2 | 01 | — | {0,1} |
| | 4 | 10 | — | {0,1} |
| ≥ 8 | $R_{max}/8$ | 00 | — | {0,1} |
| | $R_{max}/4$ | 01 | — | {0,1} |
| | $R_{max}/2$ | 10 | — | {0,1} |
| | $R_{max}$ | 11 | — | {0,1} |
| Note 1: {x,y} denotes NPDCCH Format1 candidate corresponding to NCCEs 'x' and 'y' is monitored | | | | |

如果 NB-IoT UE 检测到以子帧 $n$ 结尾的 DCI 格式 N0 的 NPDCCH 或者接收到携带在子帧 $n$ 结束的随机接入响应授权的 NPDSCH，并且如果对应的 NPUSCH 格式 1 传输从 $n+k$ 开始，则 UE 不是必需的监测从子帧 $n+1$ 开始到子帧 $n+k-1$ 的任何子帧中的 NPDCCH。

如果 NB-IoT UE 检测到以子帧 $n$ 结尾的 DCI 格式 N1 或 N2 的 NPDCCH，并且如果对应的 NPDSCH 传输从 $n+k$ 开始，则 UE 不需要在从子帧 $n+1$ 开始到子帧的任何子帧中监测 NPDCCH 的 $n+k-1$ 个。

如果 NB-IoT UE 检测到以子帧 $n$ 结尾的 DCI 格式 N1 的 NPDCCH，并且如果对应的 NPUSCH 格式 2 传输从子帧 $n+k$ 开始，则 UE 不需要监测从子帧 $n+1$ 到子帧 $n$ 开始的任何子帧中的 NPDCCH 子帧 $n+k-1$。

如果 NB-IoT UE 检测到具有在子帧 $n$ 结束的 "PDCCH order" 的 DCI 格式 N1 的 NPDCCH，并且如果相应的 NPRACH 传输从子帧 $n+k$ 开始，则 UE 不需要监测从子帧 $n$ 开始的任何子帧中的 NPDCCH +1 到子帧 $n+k-1$。

如果 NB-IoT UE 具有在子帧 $n$ 结束的 NPUSCH 传输，则 UE 不需要在从子帧 $n+1$ 开始到子帧 $n+3$ 的任何子帧中监测 NPDCCH。

如果 NB-IoT UE 接收到在子帧 $n$ 结束的 NPDSCH 传输，并且如果 UE 不需要发送相应的 NPUSCH 格式 2，则 UE 不需要在从子帧 $n+1$ 开始到子帧 $n$ 的任何子帧中监测 NPDCCH +12。

如果 NPDCCH 搜索空间的 NPDCCH 候选在子帧 $n$ 中结束，并且如果 UE 配置为监测具有起始子帧 $k_0$ 的另一个 NPDCCH 搜索空间的 NPDCCH 候选，则 NB-IoT UE 不需要监视 NPDCCH 搜索空间的 NPDCCH 候选在子帧 $n+5$ 之前。

NB-IoT UE 不需要在 NPUSCH UL 间隙期间监测 NPDCCH 搜索空间的 NPDCCH 候选。

（2）NPDCCH 的起始位置

在子帧 $k$ 的第一个时隙中由索引 $l_{NPDCCHStart}$ 给出的用于 NPDCCH 的起始 OFDM 符号被确定如下：如果存在更高层参数 eutraControlRegionSize，$l_{NPDCCHStart}$ 由更高层参数 eutraControlRegionSize 给出；除此以外，$l_{NPDCCHStart} = 0$。

如果未检测到一致的控制信息，则 UE 将丢弃 NPDCCH，如图 2-28 所示。

### 3. NPDSCH 信道

NPDSCH 是用来传送下行数据以及系统信息，NPDSCH 所占用的带宽是一整个 PRB 大小。一个传输块（Transport Block，TB）依据所使用的调制与编码策略（Modulation and Coding Scheme，MCS），可能需要使用多于一个 Subframe 来传输，因此在 NPDCCH 中接收到的 Downlink Assignment 中会包含一个 TB 对应的 Subframe 数目以及重复传送次数的指示。

NPDSCH 频域资源占 12 个子载波，在 Stand-alone 和 Guard-band 模式下，使用全部 OFDM 符号。在 In-band 模式时，需错开 LTE 控制域的符号，由于 SIB1-NB 中指示控制域符号数，因此如果是 SIB1-NB 使用的 NPDSCH 子帧时，固定错开前 3 个符号，如图 2-29 所示。

NPDSCH 调制方式为 QPSK，MCS 只有 0 ～ 12，重复次数 {1, 2, 4, 8, 16,32, 64, 128,192, 256, 384, 512, 768, 1024, 1536, 2048}。

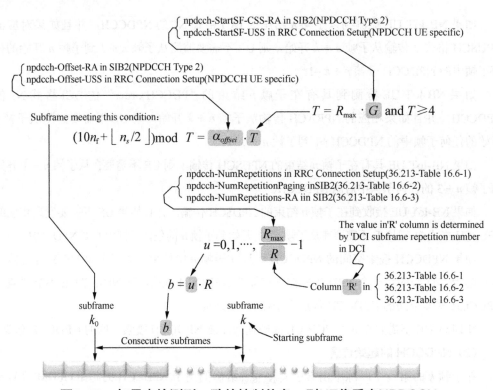

图2-28　如果未检测到一致的控制信息，则UE将丢弃NPDCCH

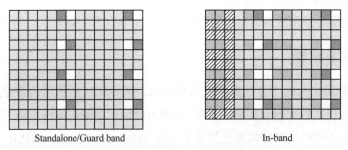

Standalone/Guard band　　　　　　　　In-band

图2-29　NPDSCH资源格式

NPDSCH 和 NPDCCH 共用调度资源，NPDCCH 的周期是 $G*R_{max}$CLi，$G$ 是固定重复因子，$R_{max}$ CLi 是覆盖等级 CLi 对应最大重传次数，NPDSCH 使用公共控制信道除外的剩余资源。

## 2.5.2　上行物理信道

与 LTE 的上行物理信道相比，NB-IoT 的上行物理信道简化了很多，因此一些流程机制也改变很多。由于不需要在上行信道中传输 CSI 或者 SR，因此在上行信道结构设计中也不需要专门保留上行控制共享信道。NB-IoT 上行信道包含两种物理信道，一个是窄带物理上行共享信道（NPUSCH），另外一个是窄带物理随机接入信道（NPRACH），控制信息可以通过 NPUSCH 复用传输，这意味着 NPUSCH 不仅承载上行数据业务，同时也肩负了类似 LTE 中 PUCCH 承载一些上行反馈信息的功能。另外，由于没有了上行资源调度的概念，同时为了简化帧结构，作为全频段信道估计用的信道探测参考信号（Sounding Reference Signal，SRS）也被省略掉了，上行物理信号只保留了窄带解调参考信号，这样不仅简化了物理层流程，同时也将有限的带宽资源尽可能预留给了数据传输。

NPUSCH 的基本时域资源单位为 Slot：

- 对于 3.75kHz 子载波间隔，1 Slot=2ms；
- 对于 15kHz 子载波间隔，1 Slot=0.5ms。

NB-IoT 上行 SC-FDMA 基带信号对于单子载波 RU 模式需要区分 BPSK、QPSK 模式，即基于不同的调制方式和不同的时隙位置进行相位偏置，这一点与 LTE 是不同的，LTE 上行的 SC-FDMA 主要是由于考虑到终端上行的 PAPR 问题采取在 IFFT 前加离散傅里叶变换（Discrete Fourier Transform，DFT），同时分配给用户频域资源中不同子载波功率是一致的，这样有效地缓解 PAPR 问题。而对于 NB-IoT 而言，single-tone 这种单子载波传输方式的功率谱密度更高，对带外旁瓣泄露更加敏感，另外与 multi-tone 传输方式相比，单 DFT 抽头抑制 PAPR 效果相对较弱，因此通过基于不同调制方式数据的相位偏置可以进行相应的削峰处理，同时又不会像简单 clipping 技术一样使得频域旁瓣产生泄露，带来外干扰。

### 1. NPRACH

有别于 LTE 中 Random Access Preamble 使用 ZC 序列，NB-IoT 中的 Random Access Preamble 是单频传输（3.75kHz Subcarrier Spacing），且使用的 Symbol 为一个定值。一次的 Random Access Preamble 传送包含 4 个 Symbol Group，一个 Symbol Group 是 5 个 Symbol 加上一个 CP。

每个 Symbol Group 之间会有跳频（Frequency Hopping）。选择传送的 Random Access Preamble 即是选择起始的 Subcarrier。

NPRACH 子载波间隔 3.75kHz，占用 1 个子载波，有 Preamble format0 和 fomrat1 两种格式，对应 66.7μs 和 266.7μs 两种 CP 长度，对应不同的小区半径。1 个 Symbol Group 包括 1 个 CP 和 5 个符号，4 个 Symbol Group 组成 1 个 NPRACH 信道。

NPRACH 是传输随机接入请求的。随机接入过程是 UE 从空闲态获取专用信道资源转变为连接状态的重要方法。在 NB-IoT 中没有同步状态下的 SR 流程对于调度资源的申请，NB-IoT 主要靠随机接入流程申请调度资源。随机接入使用的 3.75kHz 子载波间隔，同时采取在单子载波跳频符号组的方式发送不同循环前缀的 preamble。随机接入符号组如图 2-30 所示，它是由 5 个相同的 OFDM 符号与循环前缀拼接而成的。随机接入前导序列只在前面加循环前缀，而不是在每个 OFDM 符号前都加循环前缀（如 NB-IoT 的 NPUSCH 上行共享信道），主要原因是由于其并不是多载波调制，因此不用通过 CP 保持子载波之间的正交性，节省下的 CP 资源可以承载更多的前导码信息，基站侧通过检测最强径的方式确认随机接入前导码。随机接入前导码包含两种格式，两种格式的循环前缀是不一样的。

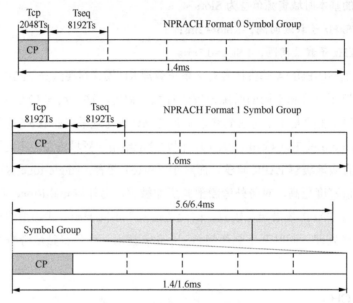

图2-30　NPRACH信道图示

前导码参数配置一个前导码（preamble）包含了 4 个符号组，同时被连续传输 $N_{\text{rep}}^{\text{NPRACH}}$。通过配置一系列的时频资源参数，随机接入前导码占据预先分配的时频资源进行传输。UE 通过解读SIB2-NB消息获取这些预配置的参数。如何通过这些配置的参数确定前导码的起始位置？为了避免枯燥的参数解读与描述，我们通过简单的计算来说明。

（1）起始

假设 nprach-Periodicity=1280ms，那么发起随机接入的无线帧号应该是 0, 128, 256……（128 的整数倍），当然随着这个取值越大，随机接入时延越大，但是这对于 NB-IoT 来说并不太敏感，基于抄水表的物联网终端更需要保证的是数据传递准确性，可以容忍一定的时延。Nprach–StartTIme 决定了具体的起始时刻，假设 nprach–StartTime=8，那么前导码可以在上述无线帧的第 4 号时隙上发送（8ms/2ms=4）。这两组参数搭配取值也有一定的规律，如果 nprach-Periodicity 取值过小，nprach–StartTime 取值过大，建议可以进行适当的调整。

（2）重复

一个前导码占用 4 个符号组，假设 numRepetitionsPerPreambleAttempt=128（最大值），意味前导码需要被重复传递 128 次，这样传输前导码实际占用时间为 4×128×（TCP+TSEQ）Ts（时间单位），而协议规定，每传输 4×64（TCP+TSEQ）Ts，需要加入 40×30720Ts 间隔（36.211 R13 10.1.6.1），假设采取前导码格式 0 进行传输，那么传输前导码实际占用时间为 796.8ms，与 LTE 的随机接入相比，这是一个相当大的时间长度，物联网终端随机接入需要保证用户的上行同步请求被正确解码，而对于接入时延来讲依然不那么敏感。

（3）频域位置

分配给 preamble 的频域资源不能超过频域最大子载波数，即 nprach-SubcarrierOffset+nprach-NumSubcarriers ≤ 48，超过 48 意味着配置的参数无效。这两个参数决定了每个符号（注：我们这里并没有用 OFDM 符号这个词，由于随机接入前导码并没有采取 OFDM 调制技术，只是占用了 ODFM 符号的位置而已）中 NPRACH 的起始位置，NPRACH 采取在不同的符号的不同单子载波跳频，但是有一个限制条件，就是在起始位置以上的 12 个子载波内进行跳频，具体的跳频位置计算比较复杂，可参见（36.311 R13 10.1.6.1）

nprach-NumCBRA-StartSubcarriers 和 nprach-SubcarrierMSG3-RangeStart 这两个参数决定了随机过程竞争阶段的起始子帧位置，如果 nprach-SubcarrierMSG3-RangeStart 取值为 1/3 或者 2/3，那么指示 UE 网络侧支持 NPRACH 信道通过重复获得覆盖增强，重复次数可以是 {1, 2, 4, 8, 16, 32, 64, 128}。

NPRACH 的前导持续时长与实际情况相关，NPRACH 前导持续时长 =1 次重复时的前导持续时长 * NPRACH 的重复次数。1 次重复时的前导持续时长见表 2-8。

表2-8　NPRACH前导在不同格式下1次重复时的前导持续时长

| NPRACH 格式 | 子载波间隔 | 子载波数 | CP 格式 | 1 次重复时的前导持续时长（ms） |
| --- | --- | --- | --- | --- |
| 1 | 3.75kHz | 1 | 普通 CP | 5.6 |
| 2 | 3.75kHz | 1 | 扩展 CP | 6.4 |

### 2. NPUSCH

NPUSCH 是用来传送上行数据以及上行控制信息。NPUSCH 传输可使用单频或是多频传输，一个 TB 依据所使用的 MCS，可能需要使用多于一个资源单位来传输，因此在 NPDCCH 中接收到的上行允许（Uplink Grant）中除了指示上行数据传输所使用的资源单位的 Subcarrier 的 Index，也会包含一个 TB 对应的资源单位数目以及重复传送次数的指示。

NB-IoT 原理和优化

NPUSCH 上行子载波间隔有 3.75kHz 和 15kHz 两种，上行有单载波传输（Single-tone）、多载波传输（Multi-tone）两种传输方式：Single-tone 的子载波带宽包括 3.75kHz 和 15kHz 两种；Multi-tone 子载波间隔 15kHz，支持 3 个、6 个、12 个子载波的传输。上行传输资源是以 RU（Resource Unit）为单位进行分配的，Single-tone 和 Mulit-tone 的 RU 单位定义如下，调度 RU 数可以为 {1,2,3,4,5,6,8,10}，在 NPDCCH N0 中指示。NPUSCH 采用低阶调制编码方式 MCS011，重复次数为 {1,2,4,8,16,32,64,128}。

对于 single-tone 传输模式，可以有两种子载波间隔 3.75kHz 和 15kHz，资源块在这里并没有定义，这意味着并不以资源块作为基本调度单位。如果子载波间隔是 15kHz，那么上行包含连续 12 个子载波；如果子载波间隔是 3.75kHz，那么上行包含连续 48 个子载波。我们知道，对于通过 OFDM 调制的数据信道，如果在同样的带宽下，子载波间隔越小，相干带宽越大，那么数据传输抗多径干扰的效果越好，数据传输的效率更高，当然，考虑到通过 IFFT 的计算效率，也不能设置子载波无限小。同时，也要考虑与周围 LTE 网的频带兼容性，选取更小的子载波也需要考虑与 15kHz 的兼容性。当上行采取 single-tone3.75kHz 模式传输数据时，物理层帧结构最小单位为基本时长 2ms 时隙，该时隙与 FDD LTE 子帧保持对齐。每个时隙包含 7 个 OFDM 符号，每个符号包含 8 448 个 Ts（时域采样），其中这 8 448 个 Ts 含有 256Ts 个循环校验前缀（这意味着 IFFT 的计算点数是 8 448-256=8 192 个，恰好是 2 048（15kHz）的 4 倍），剩下的时域长度（2 304Ts）作为保护带宽。single-tone 和 multi-tone 的 15kHz 模式与 FDD LTE 的帧结构是保持一致的，最小单位是时长为 0.5ms 的时隙。而区别在于 NB-IoT 没有调度资源块，single-tone 以 12 个连续子载波进行传输，multi-tone 可以分别按照 3 个、6 个、12 个连续子载波分组进行数据传输。

与 LTE 中以 PRB 对为基本资源调度单位相比，NB-IoT 的上行共享物理信道 NPUSCH 的资源单位是以灵活的时频资源组合进行调度的，调度的基本单位称作资源单位（Resource Unit，RU）。NPUSCH 有两种传输格式，两种传输格式对应的资源单位不同，传输的内容也是不一样的。NPUSCH 格式 1 用来承载上行共享传输信道 UL-SCH，传输用户数据或者信令，UL-SCH 传输块可以通过一个或者几个物理资源单位调度发送。所占资源单位包含 single-tone 和 multi-tone 两种格式：

- single-tone，3.75kHz 32ms，15kHz 8ms;
- multi-tone，15kHz 3 子载波 4ms，6 子载波 2ms，12 子载波 1ms。

NPUSCH 格式 2 用来承载上行控制信息（物理层），例如 ACK/NAK 应答。根据 3.75kHz 8ms 或者 15kHz 2ms 分别进行调度发送的。

NPUSCH 的基本调度资源单位为 RU（Resource Unit），各种场景下的 RU 持续时间不同，见表2-9。NPUSCH 的 OFDM 符号定义见表2-10。

表2-9 NPUSCH的RU（Resource Unit）定义

| NPUSCH format | 子载波间隔 | 子载波间隔 | 子载波数 | slot 数 | slot 长度（ms） | 持续时间（ms） |
|---|---|---|---|---|---|---|
| 1 | Single-tone | 3.75kHz | 1 | 16 | 2 | 32 |
| | | 15kHz | 1 | 16 | 0.5 | 8 |
| | Multi-tone | 15kHz | 3 | 8 | 0.5 | 4 |
| | | | 6 | 4 | 0.5 | 2 |
| | | | 12 | 2 | 0.5 | 1 |
| 2 | Single-tone | 3.75khz | 1 | 4 | 2 | 8 |
| | | 15kHz | 1 | 4 | 0.5 | 2 |

表2-10 NPUSCH的OFDM符号定义

| NPUSCH 格式 | 每时隙上的 OFDM 符号位 | |
|---|---|---|
| | $\Delta f$=3.75kHz | $\Delta f$=15kHz |
| 1 | 4 | 3 |
| 2 | 0, 1, 2 | 2, 3, 4 |

NPUSCH Format 1 的资源单位是用来传送上行数据的，NPUSCH Format 2 是 NB-IoT UE 用来传送指示 NPDSCH 有无成功接收的 HARQ-ACK/NACK，所使用的 Subcarrier 的索引（Index）是在对应的 NPDSCH 的下行配置（Downlink Assignment）中指示，重复传送次数则是由无线资源控制（Radio Resource Control，RRC）模块参数配置的。

NPUSCH 的基本调度 RU，NB-IoT 没有特定的上行控制信道，控制信息也被复用在 NPUSCH 中发送。所谓的控制信息指的是与 NPDSCH 对应的 ACK/NAK 的消息，并不像 LTE 网那样还需要传输表征信道条件的 CSI 以及申请调度资源的 SR（Scheduling Request）。NB-IoT 上行物理信道如图 2-31 所示。

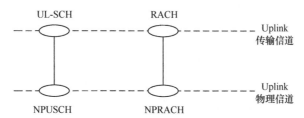

图2-31 简化的NB-IoT上行物理信道

NPUSCH 目前只支持天线单端口，NPUSCH 可以包含一个或者多个 RU。这个分配的 RU 数量由 NPDDCH 承载的针对 NPUSCH 的 DCI 格式 N0（format N0）来指明。这个 DCI 格式 N0 包含分配给 RU 的连续子载波数量 $N_{cs}$ 分配的 RU 数量 $N_{RU}$，重复发送的次数 $N_{rep}$。UE 通过解读 DCI 格式 N0 获取相关 NPUSCH 上行传输的时间起点以及所占用的视频资源，上行共享信道子载波间隔与解码随机接入 grant 指示 Msg3 发送采用的子载波间隔保持一致。

另外，NPUSCH 上行具体的对应取值在协议中有明确的定义（见 36.213 R13 16.5.1.1& 16.5.1.2）。在子载波上映射的 NPUSCH 符号应该与上行参考信号错开。在映射了 $N_{slots}$ 个时隙后，为了提升上行软覆盖，保证数据传输质量，这 $N_{slots}$ 个时隙需要被重复传输。

具体的计算公式如下（36.211 R13 10.1.3.6）如图 2-32 所示。

$$M_{identical}^{NPUSCH} = \begin{cases} \min\left(\left\lceil M_{rep}^{NPUSCH}/2 \right\rceil, 4\right) & N_{sc}^{RU} > 1 \\ 1 & N_{sc}^{RU} = 1 \end{cases}$$

$$N_{slots} = \begin{cases} 1 & \Delta f = 3.75 \text{ kHz} \\ 2 & \Delta f = 15 \text{ kHz} \end{cases}$$

小区配置的最大发射功率
UE 最大发射功率

$$P_{NPUSCH, c}(i) = \min\left\{ \begin{array}{l} P_{CMAX, c}(i) \\ 10\log_{10}(M_{NPUSCH, c}(i)) + P_{O\_NPUSCH, c}(j) + \alpha_c(j)PL_c \end{array} \right\}$$

功率谱密度补偿　　上行期望接收电平　　路损补偿

$$P_{O\_NPUSCH, c}(j) = P_{O\_UE\_NPUSCH, c}(j) + P_{O\_NORMINAL\_NPUSCH, c}(j)$$

上行期望接收电平　　UE 级偏置参数　　小区级参数

**图2-32　NPUSCH计算过程**

功率补偿 1 表示全路损补偿。

$PL_c$ 表示路径损耗。

$$P_{O\_NPUSCH, c}(j) = P_{O\_UE\_NPUSCH, c}(j) + P_{O\_NORMINAL\_NPUSCH, c}(j)$$

$j \in \{1, 2\}$：动态调度的 NPUSCH，j=1；$PL_c$ 响应的 NPUSCH，j=2。

对于 NPUSCH 格式 1 中子载波间隔 3.75kHz，RU 频域子载波数为 1 的情况，查表计算得出每个传输的时隙不需要重复。这样 NPUSCH 的待发符号会映射满一个 RU（1 个子载波，8 个时隙，持续 32ms），之后再重复 $M_{rep}^{NPUSCH}-1$ 次；

对于 NPUSCH 格式 2 中子载波间隔 15kHz，RU 频域子载波数为 1 的情况，查表计算出每 2 个时隙需要被重复发送，而 RU 内部重复次数 $M_{identical}^{NPUSCH}$ 为 1，意味着与前一种情况一致。NPUSCH 的待发信号映射满一个 RU（1 个子载波，4 个时隙，持续 2ms），之后再重复 $M_{rep}^{NPUSCH}-1$ 次；

对于 NPUSCH 格式 1 中子载波间隔 15kHz，RU 频域子载波数为 6 的情况，查表计算出每 2 个时隙需要被重复发送，假设通过解码 DCI 获得 $M_{rep}^{NPUSCH}$ 的值为 4，那么经计算 $M_{identical}^{NPUSCH}$ 为 2，那么实际情况是在该 RU 持续的 4 个时隙内，NPUSCH 符号先映射满 2 个时隙，然后 RU 内部一重复，这种映射方式直到 NPUSCH 符号被完全发送完，之后 NPUSCH

重复 3 次，也就是说每映射 2 个时隙的 NPUSCH 符号，实际总共需要 16 个时隙重传来保障上行数据接受的可靠性。

通过这些例子的简单计算，我们可以摸清 NPUSCH 映射传输的一些规律，NPUSCH 采取"内部切片重传"与"外部整体重传"的机制保证上行信道数据的可靠性。对于格式 2 承载的一些控制信息，由于数据量较小，就没有采取内部分割切片的方式，而是数据 NPUSCH 承载的控制信息传完以后再重复传输保证质量。NPUSCH 在传输过程中需要与 NPRACH 错开，NPRACH 优先程度较高，如果与 NPRACH 时隙重叠，NPUSCH 需要延迟一定的时隙传输（36.211 R13 10.1.3.6）。在传输完 NPUSCH 或者 NPUSCH 与 NPRACH 交叠需要延迟 256ms 传输，需要在传输完 NPUSCH 或者 NPRACH 之后加一个 40ms 的保护间隔，而被延迟的 NPUSCH 与 40ms 保护间隔交叠的数据部分则认为是保护带的一部分了，也就是说，这部分上传的数据被废弃掉了。在 NPUSCH 的上行信道配置中还同时考虑了与 LTE 上行参考信号 SRS 的兼容问题，这里通过 SIB2-NB 里面的 NPUSCH-ConfigCommon-NB 信息块中的 npusch-AllSymbols 和 srs-SubframeConfig 参数共同控制：如果 npusch-AllSymbols 设置为 false，那么 SRS 对应的位置记作 NPUSCH 的符号映射，但是并不传输；如果 npusch-AllSymbols 设置为 true，那么所有的 NPUSCH 符号都被传输。对于需要兼容 SRS 进行匹配的 NPUSCH，意味着一定程度上的信息损失，这也是与 LTE 采取带内模式组网时需要考虑的。

NB-IoT 上行共享信道具有功控机制，通过"半动态"调整上行发射功率使得信息能够成功在基站侧被解码。之所以说上行功控的机制属于"半动态"调整（这里与 LTE 功控机制比较类似），是由于在功控过程中，目标期望功率在小区级是不变的，UE 通过接入小区或者切换至新小区通过重配消息获取，功控中进行调整的部分只是路损补偿。UE 需要检测 NPDCCH 中的 ULgrant 以确定上行的传输内（NPUSCH 格式 1、2 或者 Msg3），不同内容路损的补偿的调整系数有所不同，同时上行期望功率的计算也有差异，具体计算公式可以参见 36.213 R13 16.2.1.1.1。上行功控以时隙作为基本调度单位，值得注意的是在如果 NPUSCH 的 RU 重传次数大于 2，那么意味着此时 NB-IoT 进行深度覆盖受限环境，上行信道不进行功控，采取最大功率发射 $P_{CMAX}(i)$ dBm，该值不超过 UE 的实际最大发射功率能力，class3UE 的最大发射功率能力是 23dBm，class5 UE 的最大发射功率能力是 20dBm。

### 3. 调变与编码机制

NB-IoT 中下行使用的调变为正交相位位移键控（QPSK），上行若为多频传输（Multi-Tone Transmission）则使用 QPSK，若为单频传输则使用 π/2 BPSK 或 π/4 QPSK，这是考虑到降低峰均功率比（Peak-to-Average Power Ratio，PAPR）的需要。

在信道编码方面，为了减少 NB-IoT UE 译码的复杂度，下行的数据传输是使用尾端位回旋码（Tail Biting Convolutional Coding，TBCC），而上行的数据传输则使用 Turbo Coding。

### 2.5.3 物理层的变更

NB-IoT 在多重存取（Multiple Access）技术的选择上，使用与 LTE 系统相同的 Multiple Access 技术，亦即在下行使用正交分频多路存取（Orthogonal Frequency Division Multiple Access，OFDMA），在上行使用单载波分频多重存取（Single Carrier Frequency Division Multiple Access，SC-FDMA），且子载波间距（Subcarrier Spacing）以及帧框架构（Frame Structure）与 LTE 系统相同。

另外，考虑到 NB-IoT UE 的低成本需求，在上行亦支持单频（Single-tone）传输，使用的 Subcarrier Spacing 除了原有的 15kHz，还新制订了 3.75kHz 的 Subcarrier Spacing，共 48 个 Subcarrier。

由于带宽最多仅有 1 个 PRB，所以不同物理层通道之间大多为分时多任务（Time Division Multiplexed，TDD），也就是在不同时间上轮流出现。另外，考虑到 NB-IoT UE 的低成本与低复杂度，Release-13 NB-IoT 仅支持分频双工（Frequency Division Duplex，FDD）且为半双工（Half Duplex），亦即上行与下行使用不同的载波，且 NB-IoT UE 传送和接收需在不同时间点进行。

在 NB-IoT 中，因为带宽大小以及 NB-IoT UE 能力的限制，舍弃了 LTE 系统中如物理上行共享信道、物理混合自动重传请求或指示通道（Physical Hybrid ARQ Indicator Channel，PHICH）等物理层通道。

原有 LTE 系统中的其他物理层信道如物理下行控制信道以及物理随机存取信道（Physical Random Access Channel，PRACH）也都有对应功能的新物理层信道设计。

## ●●2.6  NB-IoT 主要流程

### 2.6.1  附着

附着是 UE 进行业务前在网络中的注册过程，主要完成接入鉴权和加密、资源清理和注册更新等过程。完成附着流程后，网络记录 UE 的位置信息，相关节点为 UE 建立上下文。与 R12 附着流程相比，步骤 12 ~ 16 存在差异，主要是因为 UE 可以支持不建立 PDN 连接的附着，所以在附着过程中可以请求不建立 PDN 连接，这样在附着流程中 MME-SGW-PGW 就不需要建立会话相关的信令。如果 NB-IoT UE 和网络侧都支持使用控制面优化来传输用户数据，那么即使 UE 在附着过程中请求 PDN 连接，网络侧也可以决定不建立无线数据承载，这样 UE 及 MME 之间使用 NAS 消息来传输用户数据，这样就导致步骤 17 ~ 24 存在差异。下面的流程列出在具体步骤上 NB-IoT UE 附着过程与 R12 UE 附着流程的具体区别。UE 初始附着到 E-UTRAN 网络的流程如图 2-33 所示。

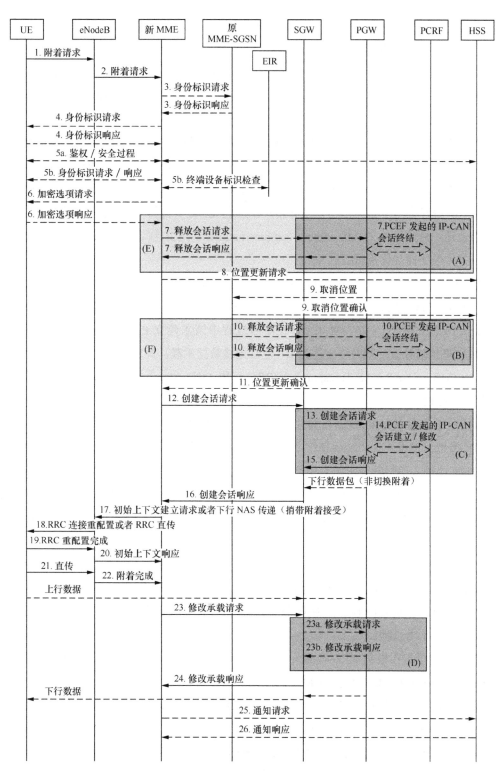

图2-33   E-UTRAN初始附着流程（图中步骤4有更新）

步骤 1：NB-IoT E-UTRAN 小区应在系统广播消息中广播其是否能够连接到支持不建立 PDN 连接的附着的 MME。

如果广播消息中指示待接入的 PLMN 不支持不建立 PDN 连接的附着，并且 UE 只支持不建立 PDN 连接的附着，则 UE 不能在该 PLMN 的小区内发起附着流程，UE 可以触发 PLMN 选择功能。

如果 UE 能够进行附着流程，UE 发送附着请求消息以及网络选择指示给 eNodeB，此消息与 R12 的附着请求消息相比还需要包含携带支持和偏好网络行为（Preferred Network behaviour）。信息支持和偏好的网络行为信息包括：是否支持控制平面优化；是否支持用户平面优化；偏好控制平面优化还是偏好用户平面优化；是否支持 S1-U 数据传输；是否请求非联合注册的短信业务（SMS without combined attach）；是否支持不建立 PDN 连接的附着；是否支持控制平面优化头压缩。

NB-IoT UE 如果不需要请求建立 PDN 连接，则在附着请求（Attach Request）消息中可以不携带 ESM 消息。此时，MME 不为该 UE 建立 PDN 连接，不需要执行步骤 6、步骤 12 ~ 16、步骤 23 ~ 26。如果 UE 在附着过程中请求建立 PDN 连接，但是采用控制平面优化来传输数据，则网络无需为 UE 建立无线数据承载，此时步骤 17 ~ 22 仅使用 S1 AP NAS 传递（S1-AP NAS Transport）和 RRC 直传（Direct Transfer）消息来传输附着接受和附着完成消息。

如果 UE 支持 Non-IP 数据传输并请求建立 Non-IP 类型的 PDN 连接，那么 ESM 消息中 PDN 类型可以设置为"Non-IP"。如果 UE 在附着流程中请求 IPv4 或 IPv6 或 IPv4v6 类型的 PDN 连接（指附着请求消息中携带 ESM 消息，以及 ESM 消息中的 PDN 类型设置为"IPv4"或"IPv6"或"IPv4/IPv6"），并且 UE 支持控制平面优化和控制平面优化头压缩，那么 UE 应在 ESM 消息中包括 HCO，HCO 包含建立 ROHC 信道所必需的信息，还可能包含头压缩上下文建立参数（如目标服务器的 IP 地址）。

对于仅支持 NB-IoT 的 UE 可以在附着请求中的支持和偏好的网络行为信息设置"非联合注册的短信业务"标志位来请求短信业务。

NB-IoT UE 不能在附着过程中携带语音域偏好及使用设置参数，NB-IoT UE 也不能进行紧急业务的附着过程。

步骤 2：eNodeB 根据 RRC 参数中的原 GUMMEI 标识、选择网络指示和 RAT 类型（NB-IoT 或 WB-E-UTRAN）获取 MME 地址。如果该 MME 与 eNodeB 没有建立关联或 eNodeB 没有获取到原 GUMMEI 标识，则 eNodeB 选择新的 MME，并将附着消息和 UE 所在小区的 TAI+ECGI 标识一起转发给新的 MME。

如果 UE 在附着请求消息中携带支持和偏好的网络行为，并且支持和偏好的网络行为中指示的 NB-IoT 优化方案与网络所支持的优化方案不一致，则 MME 应拒绝 UE 的附着请求。

步骤 12: 如果 UE 在附着过程中没有请求建立 PDN 连接（指在附着请求消息中不携带 ESM 消息），则不需要执行步骤 12、步骤 13、步骤 14、步骤 15 和步骤 16。如果 UE 在附着流程中请求 IPv4 或 IPv6 或 IPv4v6 类型的 PDN 连接（指附着请求消息中携带 ESM 消息，以及 ESM 消息中的 PDN 类型设置为 "IPv4" 或 "IPv6" 或 "IPv4v6"），并且签约上下文没有合适的 PGW 可用，则 MME 按照网关选择机制选择 SGW 和 PGW；并向 SGW 发送创建会话请求消息，消息中携带 IMSI、MME 控制平面 IP 地址和 TEID、PGW 控制平面 IP 地址和 PDN 类型；当 UE 使用了控制平面优化时，MME 还携带 MME S11 用户面 IP 地址和 TEID。

如果 UE 在附着流程中请求 Non-IP 类型的 PDN 连接（指附着请求消息中携带 ESM 消息，以及 ESM 消息中的 PDN 类型设置为 "Non-IP"），并且签约上下文中没有指示 UE 携带的 APN 或者默认 APN（注: UE 未携带 APN 时，MME 选择签约数据中默认 APN 作为 UE 使用的 APN）需要建立至 SCFF 的连接，则 MME 按照网关选择机制选择 SGW 和 PGW；并向 SGW 发送创建会话请求消息，消息中携带 IMSI、MME 控制平面 IP 地址和 TEID、PGW 控制平面 IP 地址和 PDN 类型。当 UE 使用了控制平面优化时，MME 还携带 MME S11 用户平面 IP 地址和 TEID；当 UE 使用了控制平面优化时，并且签约上下文指示 UE 携带的 APN 或者默认 APN 需要建立至 SCEF 的连接，则 MME 根据签约数据中的 SCEF 地址建立到 SCEF 的连接。

步骤 15: 如果 UE 在附着流程中请求 IPv4 或 IPv6 或 IPv4v6 类型的 PDN 连接，那么此步骤与 R12 的步骤相同；如果 UE 在附着流程中请求 Non-IP 类型的 PDN 连接，则 MME 和 PGW 不应改变 PDN 类型，PGW 向 SGW 返回创建会话的响应消息，但是在此消息中不包括 PDN 地址。

步骤 16: SGW 向 MME 返回创建会话响应消息，消息中携带 PGW 控制平面 IP 地址和 TEID、PGW 用户平面 IP 地址和 TEID、SGW 上行用户面 IP 地址和 TEID 以及 PDN 地址。当 UE 使用了控制平面优化时，SGW 上行用户平面 IP 地址和 TEID 指 S11 上行用户平面 IP 地址和 TEID，否则 SGW 上行用户平面 IP 地址和 TEID 指 S1 上行用户平面 IP 地址和 TEID。

步骤 17: MME 向 eNodeB 发送附着接受（Attach Accept）消息，与 R12 的附着接受消息相比，此消息还需要携带支持的网络行为。支持的网络行为用于指示网络能够接受的优化，包括: 是否支持控制平面优化；是否支持用户平面优化；是否支持 S1-U 数据传输；是否支持非联合注册的短信业务；是否支持不建立 PDN 连接的附着；是否支持控制平面优化头压缩。如果 UE 在附着过程中请求建立了 PDN 连接，并且 MME 决定为此 PDN 连接建立无线数据承载，那么附着接受消息包含在 S1-AP 初始上下文建立请求消息中；如果 UE 在附着流程中请求 Non-IP 类型的 PDN 连接，并且 MME 决定为此 PDN 连接建立无线数据承载，那么 MME 将附着接受消息包含在 S1-AP 初始上下文建立请求消息中，为了指示 eNodeB 不执行头压缩，MME 还需在 S1-AP 初始上下文建立请求消息中携带 PDN 类型（设置为 "Non-IP"）；如果 UE 在附着过程中请求建立了 PDN 连接，并且 MME 确定使用控制平面优化，那么 MME 将附着接受消息通过 S1-AP 下行 NAS 传输消息发送至 eNodeB，并在 S1-AP 下行 NAS 传递消息中携带 UE-AMBR；如果 UE 在附着过程没有请求建立 PDN 连接（UE 发送的附着请求消息没有携带 ESM 消息），则 MME 将附着接受消息通过 S1-AP 下行 NAS 传输消息发送至 eNodeB；如果附着过程中建立的 IP PDN 连接采用了控制平面优化，并且 UE 在附着请求消息中的 ESM 消息中携带了 HCO，并且如果 MME 支持头压缩参数，那么 MME 应在附着接受消息中的 ESM 消息中包括 HCO。MME 绑定上行和下行 ROHC 信道以便于传输反馈信息。如果 UE 在 HCO 中包括了头压缩上下文建立参数，MME 可向 UE 确认这些参数。如果在附着过程中没有建立 ROHC 上下文，UE 和 MME 应在附着完成之后根据 HCO 建立 ROHC 上下文。

如果 MME 根据本地策略决定该 PDN 连接仅能使用控制平面优化，MME 应在附着接受消息中的 ESM 消息中携带仅控制平面指示信息，用于表示该 PDN 连接只能使用控制平面优化来传输数据。对于到 SCEF 的 PDN 连接，MME 应总在 ESM 消息中携带仅控制平面指示信息。

如果附着请求消息中没有携带 ESM 消息，那么附着接受消息中不应该携带 PDN 相关的参数，并且 S1-AP 下行 NAS 传递消息中不应携带接入层（AS）上下文相关的信息。

步骤 18：如果 eNodeB 接收到 S1-AP 初始上下文建立请求消息，eNodeB 向 UE 发送 RRC 连接重配置消息，其包含 EPS 无线承载 ID 和附着接受消息，此过程与 R12 的处理一致。如果 eNodeB 接收到 S1-AP 下行 NAS 传递消息，eNodeB 向 UE 发送 RRC 直传消息。如果采用了控制平面优化或者附着请求消息中没有携带 ESM 消息，不执行步骤 19 和步骤 20。

步骤 21：UE 向 eNodeB 发送直传消息，该消息包含附着完成消息。如果附着请求消息中没有携带 ESM 消息，那么附着完成消息中也不携带 ESM 消息。

步骤 22：eNodeB 使用上行 NAS 传递消息向 MME 转发附着完成消息。如果步骤 1 中的附着请求消息中携带了 ESM 消息，则 UE 在收到 Attach Accept 消息以及 UE 获得 IP 地址信息以后，UE 就可以向 eNodeB 发送上行数据包，eNodeB 通过隧道将数据传给 SGW 和 PGW。如果采用了控制平面优化并且 UE 在附着过程中请求建立 PDN 连接。

步骤 23：MME 接收到步骤 21 的初始上下文响应消息和步骤 22 的附着完成消息，MME 向 SGW 发送修改承载请求消息，消息中携带 eNodeB 的下行 IP 地址和 TEID。当 UE 使用控制平面优化并且 PDN 连接是连接到 SGW、PGW 的，则不执行步骤 23a、23b 和 24；当 PDN 连接是连接到 SCEF 的，则不执行步骤 23～26。

## 2.6.2　去附着

### 1. 概述

去附着可以是显式去附着，也可以是隐式去附着；显式去附着是由网络或 UE 通过明确的信令方式来去附着 UE；隐式去附着是指网络注销 UE，但不通过信令方式告知 UE。

去附着流程包括 UE 发起的过程和网络发起（MME /HSS 发起）的过程。如果 UE 存在激活的 PDN 连接，那么去附着流程与 R12 中去附着流程类似。如果 UE 不存在激活的 PDN 连接，那么去附着流程中不存在 MME-SGW-PGW 网元间的信令。

### 2. UE 发起的去附着流程

UE 发起的去附着流程如图 2-34 所示。主要是步骤 2 与 R12 去附着流程存在差异，主要考虑 UE 可能没有激活的 PDN 连接，具体描述如下。

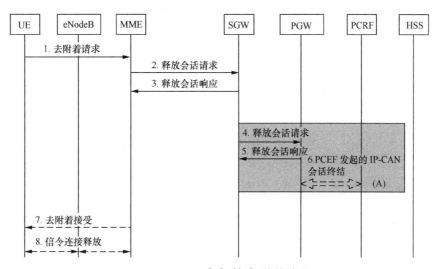

**图2-34　UE发起的去附着流程**

步骤 2：如果 UE 没有激活的 PDN 连接，则不需要执行步骤 2 ~ 6。如果 UE 存在连接到 SCEF 的 PDN 连接，MME 应向 SCEF 指示 UE 的 PDN 连接不可用，并且不需要执行步骤 2 ~ 6；如果 UE 存在连接到 PGW 的 PDN 连接，MME 向 SGW 发送释放会话请求消息。

### 3. MME 发起的去附着流程

MME 发起的去附着流程如图 2-35 所示。主要是步骤 2 与 R12 去附着流程存在差异，主要考虑 UE 可能没有激活的 PDN 连接，具体描述如下。

步骤 2：如果 UE 没有激活的 PDN 连接，则不需要执行步骤 2 ~ 6。如果 UE 存在连接到 SCEF 的 PDN 连接，MME 应向 SCEF 指示 UE 的 PDN 连接不可用，并且不需要执行步骤 2 ~ 6；如果 UE 存在连接到 PGW 的 PDN 连接，MME 向 SGW 发送释放会话请求消息。

### 4. HSS 发起的去附着流程

HSS 发起的去附着流程如图 2-36 所示。主要是步骤 2 与 R12 去附着流程存在差异，主要考虑 UE 可能没有激活的 PDN 连接,具体描述如下。

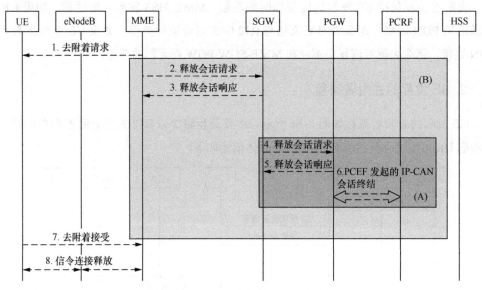

图2-35  MME发起的去附着流程

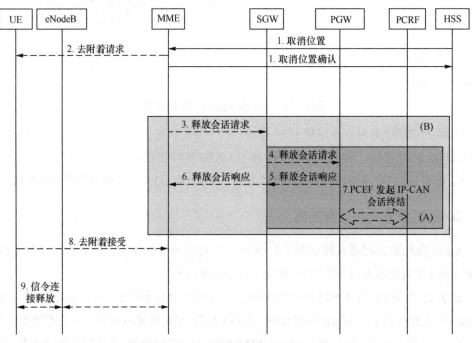

图2-36  HSS发起的去附着流程

步骤 3:如果 UE 没有激活的 PDN 连接,则不需要执行步骤 3 ~ 7。如果 MME 上下文中存在连接到 SCEF 的 PDN 连接,MME 应向 SCEF 指示 UE 的 PDN 连接不可用,并且不需要执行步骤 3 ～ 7；如果 MME 上下文中存在连接到 PGW 的 PDN 连接，MME 向 SGW 发送释放会话请求消息。

## 2.6.3　跟踪区域更新

在传统 E-UTRAN 终端进行跟踪区更新过程的触发条件的基础上，NB-IoT UE 触发跟踪区更新的触发条件还包括 UE 中支持和偏好的网络行为（Perferred Network Behaviour）信息发生变化。

由于 NB-IoT 终端一般并不移动，且暂不支持在 2G/3G 网络中接入，所以本书仅以 SGW 不变的 TAU 流程为例说明 NB-IoT UE 发起的 TAU 流程的特殊性。SGW 不变的 TAU 流程如图 2-37 所示，与传统 E-UTRAN 终端相比，NB-IoT 终端触发的跟踪区更新流程包含如下区别。

步骤 2：UE 向 eNodeB 发送跟踪区更新请求（TAU Request）消息，其中还包含支持和偏好的网络行为（Perferred Network Behaviour）。支持和偏好的网络行为包括：是否支持控制平面优化；是否支持用户平面优化；是偏好控制平面优化还是偏好用户平面优化；是否支持 S1-U 数据传输；是否请求非联合注册的短信业务（SMS without Combined Attach）；是否支持不建立 PDN 连接的附着（Attach without PDN Connectivity）；是否支持控制平面优化的头压缩。

如果 UE 没有激活任何 PDN 连接，则 TAU 请求消息中不携带激活标记（Active Flag）或 EPS 承载状态（EPS bearer status）字段；如果 UE 激活了 Non-IP 类型的 PDN 连接，UE 需在 TAU 请求消息中携带 EPS bearer status 字段。

TAU 请求消息还可以携带信令激活标记（Signaling Active Flag）字段来指示网络是否应该保留 UE 与 MME 之间的 NAS 信令连接。

步骤 3：eNodeB 依据旧 GUMMEI、已选网络指示和无线接入类型（RAT）得到 MME 地址，并将 TAU 请求消息转发给选定的 MME，转发消息中还须携带小区的 RAT 类型，以区分 NB-IoT 和 WB-E-UTRAN 类型。

步骤 4：在跨 MME 的 TAU 流程中，新 MME 根据收到的 GUTI 获取原 MME 地址，并向其发送上下文请求消息来获取用户的移动性管理和承载上下文信息。如果新 MME 支持 NB-IoT 优化功能，该消息中还携带 NB-IoT 优化支持信息，用于指示新 MME 所支持的 NB-IoT 优化方案（例如支持控制平面优化的头压缩功能等）。

步骤 5：在跨 MME 的 TAU 流程中，原 MME 向新 MME 返回上下文响应消息。如果新 MME 支持 NB-IoT 优化功能且该 UE 与原 MME 已协商过头压缩，则该消息中还需将 ROHC 通道建立的参数信息（并非指 ROHC 上下文）包含在 HCO 中。

如果 UE 没有激活任何 PDN 连接，上下文响应消息中不携带 EPS 承载上下文信息。

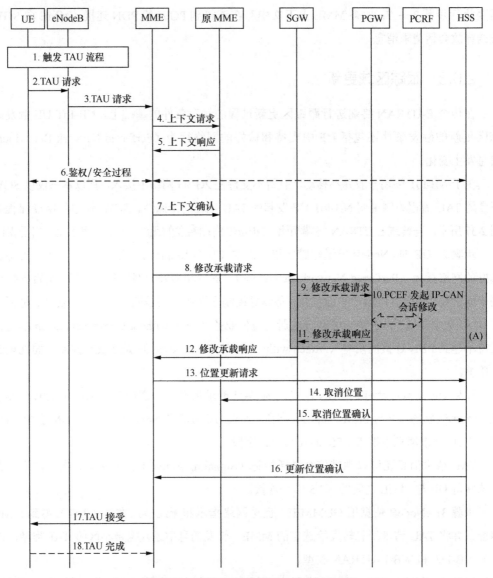

**图2-37 SGW不变的TAU过程步骤**

基于 NB-IoT 优化功能支持信息，原 MME 仅传递新 MME 所支持的 EPS 承载上下文。如果新 MME 不支持 NB-IoT 优化功能，那么原 MME 不会将 Non-IP 的 PDN 连接信息传送给新 MME。如果某个 PDN 连接的所有 EPS 承载上下文没有被全部转移至新 MME，则原 MME 应将该 PDN 连接的所有承载视为失败，并触发 MME 请求的 PDN 连接释放过程。原 MME 在收到上下文确认消息后丢弃其所缓存的数据。在 R13 中，3GPP 不支持 UE 从 NB-IoT 移动到 WB-E-UTRAN 或者从 WB-E-UTRAN 移动到 NB-IoT，当 UE 发生了上述移动性过程，MME 将请求 UE 进行重新附着。

**注**：假定为 NB-IoT 小区分配的 TAC 与为其他 E-UTRA 小区分配的 TAC 不同。

步骤 7：如果 UE 没有激活任何 PDN 连接，步骤 8 ～ 12 省略。

步骤 8：新 MME 针对每一个 PDN 连接向 SGW 发送修改承载请求消息，消息中携带 MME 的控制平面 IP 地址和 TEID。如果新 MME 收到与 SCEF 相关的 EPS 承载上下文，则新 MME 将更新到 SCEF 的连接。

在控制平面优化中，如果 SGW 中缓存了下行数据，在 MME 内部 TAU 过程中且 MME 移动性管理上下文中下行数据缓存定时器尚未超时，或者在跨 MME 的 TAU 场景下原 MME 在步骤 5 中的上下文响应中有缓存下行数据等待指示，则 MME 还应在修改承载请求消息中携带 MME 下行用户面 IP 地址和 TEID，用于 SGW 转发下行数据。当 SGW 没有缓存下行数据时，MME 也可以在修改承载请求消息中携带 MME 下行用户平面 IP 地址和 TEID。

步骤 12：SGW 更新它的承载上下文并向新 MME 返回修改承载响应消息。

在控制平面优化方案中，如果在步骤 8 的消息中包含有 MME 下行用户平面 IP 地址和 TEID 字段，则 SGW 在修改承载响应消息中携带 SGW 上行用户面 IP 地址和 TEID 信息。

步骤 17：MME 向 UE 回应 TAU 接受消息。该消息中包含支持的网络行为字段用于表示 MME 支持及偏好的优化功能。如果 NB-IoT UE 没有激活任何 PDN 连接，则 TAU 接受消息中不携带 EPS 承载状态信息。如果在步骤 5 中 MME 成功获得头压缩配置参数，则 MME 通过每个 EPS 承载的头压缩上下文状态（Header Compression Context Status）指示 UE 是否可以继续使用先前协商的配置。当头压缩上下文状态指示某些 EPS 承载不能使用先前协商的配置时，在这些 EPS 承载上使用控制面优化收发数据时 UE 停止执行头压缩和解压缩。

步骤 18：如果 GUTI 已经改变，UE 通过返回一条跟踪区完成（Tracking Area Update Complete）消息给 MME 来确认新的 GUTI。在传统 E-UTRAN TAU 过程中，如果 TAU 请求消息中"Active Flag"未置位且 TAU 过程不是在 ECM-CONNECTED 状态发起的，则 MME 释放与 UE 的信令连接。

对于 NB-IoT UE，当 TAU 请求消息中"Signalling Active Flag"置位时，MME 在 TAU 流程完成后不应立即释放与 UE 的 NAS 信令连接。

### 2.6.4　业务请求

业务请求流程用于在空闲态 UE 请求建立用户平面通道时使用的流程，在此流程中，MME 需要根据所存储的上下文决定是否需要释放 S11 用户平面隧道。与 R12 流程相比，为了 SGW、PGW 能够统计 UE 发起建立"MO exception data"RRC 连接的次数，MME 需要将每次收到的"MO exception data"RRC 建立原因值发送到 SGW 和 PGW，以便 SGW和 PGW 将此参数记录到 CDR 中。这里仅列出与 R12 流程的具体差异，如图 2-38 所示。

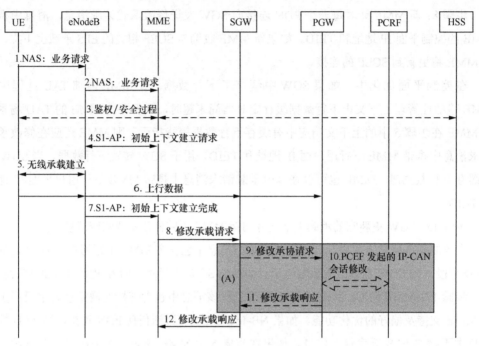

**图2-38　业务请求过程**

步骤 4：MME 收到业务请求后，如果先前 UE 使用控制平面 NB-IoT 优化方案并且建立了 S11 用户面隧道，MME 删除 MME 下行用户面 IP 地址和 TEID，MME 也删除 ROHC上下文，但是 MME 仍然保留 HCO；MME 向 eNodeB 发送 S1-AP 初始上下文建立请求消息，消息中携带 SGW 的上行用户面 IP 地址和 TEID，承载 QoS。

步骤 8：MME 向 SGW 发送修改承载请求消息，消息中携带 eNodeB 的下行用户平面IP 地址和 TEID；如果在步骤 1 中 RRC 建立请求原因值为"MO exception data"时，修改承载请求消息中也需要携带 RRC 建立原因值，SGW 将该 RRC 建立原因值记录到 SGW-CDR 中。

步骤 9：SGW 向 PGW 发送修改承载请求消息，消息中携带 RRC 建立原因值。

步骤 10：PGW 将 RRC 建立原因值记录在 CDR 中。

## 2.6.5　控制平面数据传输

### 1. 概述

控制平面数据传输方案是 NB-IoT 系统中新增加的流程，主要针对小数据传输进行优化，支持将 IP 数据包、非 IP 数据包或 SMS 封装到 NAS 协议数据单元（PDU）中传输，无需建立数据无线承载（Data Radio Bearer，DRB）和 S1-U 承载。

控制平面数据传输是通过 RRC、S1-AP 的 NAS 传输以及 MME 和 SGW 之间的 GTP 用户平面隧道来实现。对于非 IP 数据，也可以通过 MME 与 SCEF 之间的连接来实现。

对于 IP 数据，UE 和 MME 可基于 IETF RFC 4995[8] 定义的 ROHC 框架执行 IP 头压缩：对于上行数据，UE 执行 ROHC 压缩器的功能，MME 执行 ROHC 解压缩器的功能；对于下行数据，MME 执行 ROHC 压缩器的功能，UE 执行 ROHC 解压缩器的功能。UE 和 MME 绑定上行和下行 ROHC 信道以便于传输反馈信息。PDN 连接建立过程完成头压缩相关配置。

为了避免 NAS 信令 PDU 和 NAS 数据 PDU 之间的冲突，MME 应在完成安全相关的 NAS 流程（如鉴权、安全模式命令、GUTI 重分配等）之后再发起下行 NAS 数据 PDU 的传输。控制平面数据传输方案包括 UE 发起（MO）的数据传输流程和 UE 终结（MT）的数据传输流程。

### 2. MO 控制平面数据传输流程

MO 控制平面数据传输流程如图 2-39 所示。

步骤 0：UE 附着到网络之后转为空闲态。

步骤 1：UE 建立 RRC 连接，将通过完整性保护的 NAS PDU 通过 RRC 传输，在 NAS PDU 中携带 EPS 承载标识（EBI）和已经加密的上行用户数据。UE 在 NAS PDU 中可携带释放辅助信息，指示在此上行数据传输之后是否期待有下行数据传输（例如上行数据的确认或响应）或者是否还有上行数据需要传递。

步骤 2：eNodeB 通过 S1-AP 初始 UE 消息将 NAS PDU 转发给 MME。

步骤 3：MME 检查 NAS PDU 的完整性，然后解密数据。如果采用了头压缩，MME 需要执行 IP 头解压缩操作。MME 根据需要执行安全相关的流程，步骤 4 ～ 9 可以与安全相关的流程并行执行，但只可等到安全相关流程完成之后再执行步骤 10 ～ 11。

步骤 4a：如果 S11 用户平面隧道尚未建立，MME 向 SGW 发送修改承载请求消息，消息中携带 MME 下行用户面 IP 地址和 TEID。SGW 现在可以经过 MME 传输下行数据给 UE。当 UE 通过 NB-IoT RAT 接入并且 RRC 建立原因值为"MO exception data"，MME 需要在消息中将该 RRC 建立原因值通知到 SGW。SGW 将该 RRC 建立原因值记录到 SGW-CDR 中。

步骤 4b：如果 S11-U 已经建立，并且 UE 通过 NB-IoT RAT 接入，RRC 建立原因值为"MO exception data"，MME 应将该 RRC 建立原因值告知 SGW，SGW 将该 RRC 建立原因值记录到 SGW-CDR 中。

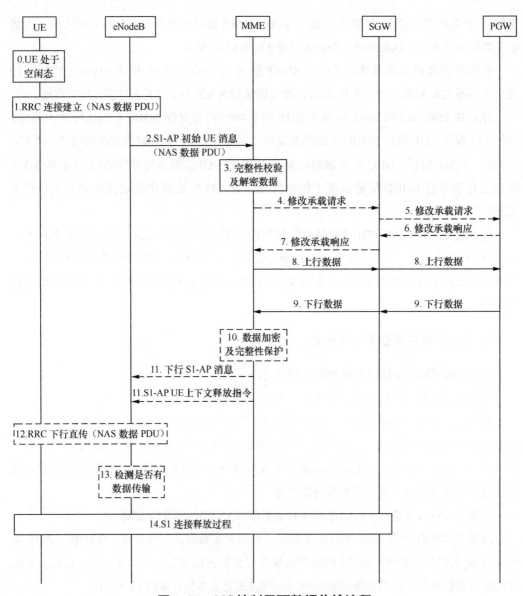

图2-39　MO控制平面数据传输流程

步骤5：SGW 向 PGW 发送修改承载请求消息，消息中携带 RRC 建立原因值，PGW 将 RRC 建立原因值 "MO exception data" 记录到 PGW-CDR 中。

步骤6：PGW 向 SGW 回复修改承载响应消息。

步骤7：SGW 向 MME 返回修改承载响应消息，消息中向 MME 提供 SGW 上行用户平面 IP 地址和 TEID。

步骤8：MME 将上行数据经 SGW 发送给 PGW。

步骤9：如果在步骤1中携带的释放辅助信息中指示不期待接收下行数据并且也不传递

上行数据，说明通过上行数据的传输已经完成了所有应用层数据的交互。因此，如果 MME 没有待发送的下行数据或者 S1-U 承载也没有建立，MME 执行步骤 14 并立即释放连接。

步骤 10：如果 MME 在步骤 9 中接收到下行数据，则 MME 将其进行加密和完整性保护。

步骤 11：如果执行了步骤 10，则下行数据封装在 NAS PDU 中；MME 在 S1-AP 下行消息中将 NAS PDU 下发给 eNodeB。对于 IP PDN 类型且支持头压缩的 PDN 连接，MME 在将数据封装到 NAS PDU 之前应先执行 IP 头压缩。如果没有执行步骤 10，MME 向 eNodeB 发送连接建立指示（Connection Establishment Indication）消息，此消息可携带 UE 无线能力信息。如果在上下行数据中通过释放辅助信息指示 UE 期待接收下行数据，则表明紧接着释放辅助信息之后的下行数据是最后的应用层交互数据。此时 MME 没有待发送的下行数据，或者 S1-U 没有建立承载，则 MME 在完成最后的应用层交互数据发送之后，立即向 eNodeB 发送 S1-AP UE 上下文释放指令消息，以便于 eNodeB 释放连接。

步骤 12：eNodeB 向 UE 发送 RRC 下行数据消息，将封装下行数据的 NAS PDU 下发给 UE。如果同时收到 MME 的 S1-AP UE 上下文释放指令消息，eNodeB 会先发送 NAS Data，然后执行步骤 14 释放连接。

步骤 13：如果持续一段时间没有 NAS PDU 传输，eNodeB 则进入步骤 14 启动 S1 连接释放过程。

步骤 14：eNodeB 或 MME 触发 S1 连接释放过程。

### 3. MT 控制平面数据传输流程

MT 控制平面数据传输流程如图 2-40 所示。

步骤 0：UE 附着到网络之后转为空闲态。

步骤 1：当 SGW 收到 UE 的下行数据分组或下行控制信令，如果 SGW 的 UE 上下文数据中没有 MME 的下行用户平面 IP 地址和 TEID，SGW 缓存下行数据。

步骤 2：如果 SGW 在步骤 1 缓存了数据，SGW 向 MME 发送下行数据通知消息。MME 向 SGW 回复下行数据通知确认消息。如果 S11-U 已经建立，则 SGW 不执行步骤 2，而立即执行步骤 11。

步骤 3：如果 UE 已在 MME 注册并且处于寻呼可达，MME 向 UE 已注册的跟踪区内的每个 eNodeB 发送寻呼消息，消息中携带用于寻呼的 NAS ID，跟踪区标识信息。

步骤 4：如果 eNodeB 收到来自 MME 的寻呼消息，eNodeB 发送寻呼消息来寻呼 UE。

步骤 5 ～ 6：当 UE 接收到寻呼消息，UE 通过 RRC 连接请求和 S1-AP 初始消息将控制平面业务请求（Control Plane Service Request）消息发送至 MME。如果采用了控制平面数据传输方案，控制平面业务请求不会触发 MME 建立数据无线承载，MME 可立即通过 NAS PDU 发送下行数据。

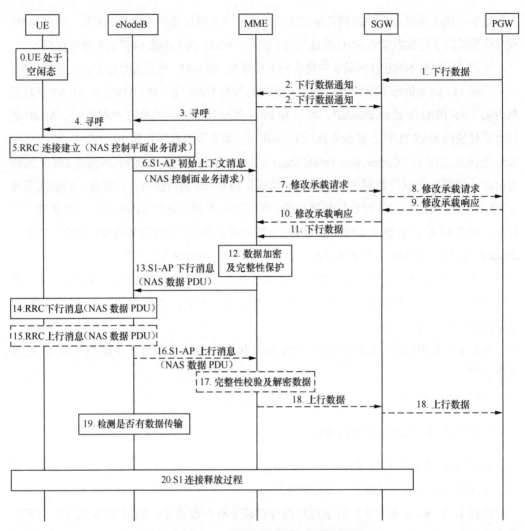

图2-40 MT控制平面数据传输流程

MME 根据需要执行安全相关的流程，步骤 7～11 可以与安全相关的流程并行执行，但应等到完成安全相关流程之后再执行步骤 12～13。

步骤 7：如果 S11 用户平面隧道没有建立，MME 向 SGW 发送修改承载请求消息，消息中携带 MME 下行用户面 IP 地址和 TEID。SGW 现在可以经过 MME 传输下行数据给 UE。

步骤 8：SGW 向 PGW 发送修改承载请求消息。

步骤 9：PGW 向 SGW 返回修改承载响应消息。

步骤 10：如果在步骤 7 发送了修改承载请求消息，SGW 向 MME 返回修改承载响应消息，向 MME 提供 SGW 上行用户面 IP 地址和 TEID。

步骤 11：下行数据由 SGW 发送给 MME。

步骤 12 ～ 13：MME 对下行数据进行加密和完整性保护，将其封装到 NAS PDU 中并通过 S1-AP 下行 NAS 消息发给 eNodeB。对于 IP PDN 类型且支持头压缩的 PDN 连接，MME 在将数据封装到 NAS PDU 之前应先执行 IP 头压缩。

步骤 14：eNodeB 将 NAS 数据 PDU 通过 RRC 消息下发给 UE。如果采用了头压缩，UE 需要执行 IP 头的解压缩操作。

步骤 15：由于 RRC 连接没有释放，更多的上行和下行数据可以通过 NAS PDU 来传输。UE 尚没有建立用户平面承载，可以在上行 NAS PDU 中携带释放辅助信息。对于 IP PDN 类型且支持头压缩的 PDN 连接，UE 在将上行数据封装到 NAS PDU 之前应先执行 IP 头压缩。

步骤 16：eNodeB 通过 S1-AP NAS 传输消息将 NAS PDU 转发给 MME。

步骤 17：MME 检查 NAS 消息的完整性，然后解密数据。如果采用了头压缩，MME 需要执行 IP 头解压缩操作。

步骤 18：MME 通过 SGW 发送上行数据到 PGW，并执行与释放辅助信息相关的处理。

如果释放辅助信息指示上行数据之后不接收下行数据，并且此时 MME 没有待发送的下行数据，或者没有建立 S1-U 承载，则 MME 应执行步骤 20 立即释放连接。

如果释放辅助信息指示上行数据之后可以接收下行数据，并且此时 MME 没有待发送的下行数据或信令，或者 S1-U 承载没有建立，则 MME 在下行数据发送完成之后，立即向 eNodeB 发送 S1 UE 上下文释放指令消息，以便于 eNodeB 释放连接。

步骤 19：如果持续一段时间没有 NAS PDU 传输，eNodeB 则进入步骤 20 启动 S1 连接释放过程。

步骤 20：eNodeB 或 MME 触发 S1 连接释放过程。

## 2.6.6  用户平面数据传输

### 1. 概述

用户平面优化数据传输方案支持用户平面数据传输时无需使用业务请求流程来建立 eNodeB 与 UE 间的接入层（AS）上下文。

使用 NB-IoT 用户平面优化数据传输方案的前提，UE 需要在执行初始连接建立时在网络和 UE 侧建立 AS 承载和 AS 安全上下文，且通过连接挂起流程来挂起 RRC 连接。当 UE 处于空闲态（ECM-IDLE）状态，任何 NAS 层触发的后续操作（包括 UE 尝试使用控制面方案传输数据）将促使 UE 尝试恢复连接流程。如果连接恢复流程失败，则 UE 发起待发的 NAS 流程。为了支持 UE 在不同 eNodeB 间移动时用户平面优化数据传输方案，在

eNodeB 间可以传递 AS 上下文信息。

为支持连接挂起流程：UE 在转换到空闲态（ECM-IDLE）状态时应存储 AS 信息；eNodeB 应存储该 UE 的 AS 信息、S1-AP 关联信息和承载上下文；MME 存储进入 ECM-IDLE 状态下 UE 的 S1-AP 关联和承载上下文。

在该方案中，当 UE 转换到 ECM-IDLE 状态时，UE 和 eNodeB 应存储相关 AS 信息。为支持连接恢复流程：UE 通过利用连接挂起流程中存储的 AS 信息来恢复到网络的连接；eNodeB（有可能是新的 eNodeB）将 UE 连接安全恢复的信息告知 MME，则 MME 进入到连接态（ECM-CONNECTED）状态。

如果存储一个 UE 相关 S1AP 关联信息的 MME 从其他 UE 关联连接、或包含 MME 改变的 TAU 流程、或 UE 重附着时收到 SGSN 上下文请求、或 UE 关机，MME 及相关 eNodeB 应使用 S1 释放流程删除存储的 S1-AP 关联。

### 2. 连接挂起过程

当 UE 和网络都支持用户平面优化方案时，网络可以使用此流程进行连接挂起。连接挂起流程是 NB-IoT 系统中新增加的流程，具体步骤如图 2-41 所示。

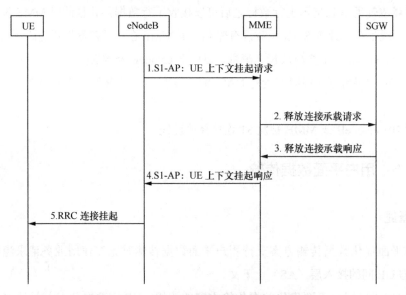

**图2-41　eNodeB发起的连接挂起流程**

步骤 1：eNodeB 发起连接挂起流程，eNodeB 向 MME 发送 S1-AP UE 上下文挂起请求消息。MME 进入 ECM-IDLE，并保留 S1-AP 关联，UE 上下文和承载上下文。所有用于连接恢复的信息都保留在 eNodeB、UE 及 MME 中。eNodeB 在 S1-AP UE 上下文挂起请求消息中可以携带用于寻呼的推荐小区及 eNodeB 信息，MME 存储这些信息，并可在寻呼过程中使用这些信息。

步骤 2：MME 向 SGW 发送释放连接承载请求消息，请求 SGW 释放 eNodeB 的用户平面 IP 地址和 TEID。

步骤 3：SGW 释放所有 eNodeB 的用户平面 IP 地址和 TEID，并向 MME 发送释放连接承载响应消息 MME。

步骤 4：MME 向 eNodeB 返回 S1-AP UE 上下文挂起响应消息，此消息中可以携带安全参数 NH 和 NCC。

步骤 5：eNodeB 向 UE 发送 RRC 连接挂起流程。

### 3. 连接恢复过程

当 UE 及网络支持用户平面优化方案，并且 UE 存储了用于连接恢复过程的必要信息，则 UE 使用连接恢复流程来进入连接状态。连接恢复流程是 NB-IoT 系统中新增加的流程，具体步骤如图 2-42 所示。

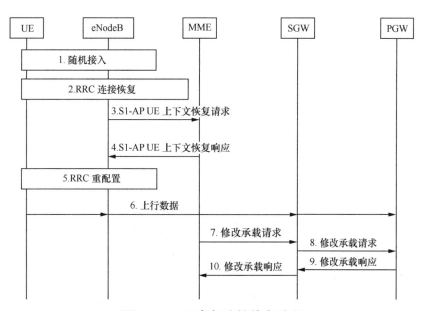

**图2-42　UE发起连接恢复流程**

步骤 1：UE 向 eNodeB 触发随机接入流程。

步骤 2：UE 向 eNodeB 发起 RRC 连接恢复流程，RRC 恢复消息中携带恢复标识，以便 eNodeB 寻找到存储的 AS 上下文。eNodeB 安全检查流程。UE 与网络之间的承载将进行同步即：对于没有成功建立的无线承载的承载且承载不是仅控制平面优化的承载，UE 将本地释放这些承载；如果默认承载的无线承载没有建立成功，则 UE 释放掉默认承载所在 PDN

连接下的所有承载。

步骤 3：eNodeB 向 MME 发送 S1-AP UE 上下文恢复请求消息通知 MME UE 的 RRC 连接已经恢复，消息中可携带拒绝的承载列表。收到此消息后，MME 进入连接态并恢复 S1-AP 连接。如果默认承载没有建立成功，那么默认承载对应的 PDN 连接下所有的承载都可认为没有建立成功。MME 释放没有成功建立承载的资源并触发承载释放流程。

步骤 4：MME 向 eNodeB 返回 S1-AP UE 上下文恢复响应消息，消息中可以携带拒绝的承载列表。

步骤 5：如果步骤 4 消息中没有携带可拒绝的承载列表，步骤 5 不执行；如果步骤 4 中的消息携带了拒绝承载列表，eNodeB 根据步骤 4 中的拒绝承载列表信息重配置无线承载。

步骤 6：UE 可以将上行数据通过 eNodeB、SGW 发送至 PGW。

步骤 7：为了将成功恢复的承载信息通知到 SGW，MME 向 SGW 发送修改承载请求消息，消息中携带成功恢复承载的 eNodeB 用户平面 IP 地址和 TEID。此时，SGW 可以发送下行数据。如果 UE 通过 NB-IoT RAT 接入并且 RRC 建立原因值为"MO exception data"，MME 需要在消息中将该 RRC 建立原因值通知到 SGW。SGW 将该 RRC 建立原因值记录到 SGW-CDR 中。

步骤 8：SGW 向 PGW 发送修改承载请求消息，消息中携带 RRC 建立原因值，PGW 将 RRC 建立原因值"MO exception data"记录到 PGW-CDR 中。

步骤 9：PGW 向 SGW 回复修改承载响应消息。

步骤 10：SGW 向 MME 返回修改承载响应消息。

## 2.6.7 控制平面方案和用户平面方案的切换

控制平面优化方案适合传输小包数据，而用户平面方案适合传输相对较大的数据包数据。

当 UE 采用控制平面优化方案传输数据并且 UE 支持用户平面方案传输数据时，如有相对较大的数据包传输需求时，则可由 UE 或者网络发起由控制平面优化方案到用户平面方案的转换，此处的用户平面方案包括传统用户平面方案和用户平面优化方案。

如果 UE 既可以使用用户平面方案，又可以使用控制平面优化方案传输数据时，则 UE 或者 MME 可以使用本节流程来进行控制平面到用户平面方案的转换。连接状态用户的控制平面到用户平面方案的转换可以由 UE 通过业务请求流程发起，也可以通过 MME 直接发起。MME 收到 UE 发起的携带 Active Flag 的控制平面业务请求消息时，或者检测到下行数据包较大时，MME 可以决定为 UE 建立用户平面通道。具体流程如图 2-43 所示。

步骤 1：连接状态 UE 使用控制平面优化方案正在发送及接收数据。

步骤 2：UE 发起业务请求流程。UE 向 eNodeB 发送 RRC 消息，消息中捎带控制平面业务请求消息；业务请求消息中携带 Active Flag 用于触发建立用户平面承载。在标准讨论中，也曾提出使用 TAU 请求消息中携带 Active Flag 来触发建立用户平面承载，但是 TAU 请求消息中冗余信息太多，不符合 NB-IoT 尽可能有效传递数据的原则，所以最后将 TAU 请求触发建立用户平面承载的选项删除。

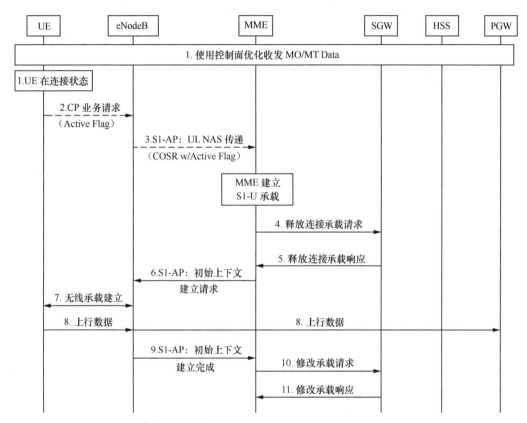

图2-43  控制平面和用户平面切换流程

步骤 3：eNodeB 向 MME 发送 S1-AP 上行 NAS 消息，消息携带了 NAS 消息控制平面业务请求；MME 收到业务请求后，MME 建立 S1 用户平面隧道。

步骤 4：MME 将残留的上行数据通过 S11 用户平面隧道发送至 SGW；并且为了减少可能发生的下行数据乱序（例如有些数据通过控制平面发送），MME 向 SGW 发送释放连接承载请求消息用于请求 SGW 释放 S11 用户平面隧道。MME 本地也删除 MME 下行用户平面 IP 地址和 TEID 及删除 ROHC 上下文，但是 MME 仍然保留 HCO。

步骤 5：SGW 释放 S11 用户平面隧道并向 MME 返回释放连接承载响应消息。如果 SGW 收到下行数据，SGW 将缓存下行数据，并发起网络触发的业务请求流程。

步骤 6：MME 向 eNodeB 发送 S1-AP 初始上下文建立请求消息用于建立非仅控制平面

优化 PDN 连接的用户平面承载，消息中携带 SGW 的上行用户平面 IP 地址和 TEID，承载 QoS。

步骤 7：eNodeB 发起无线承载建立流程。此步骤完成建立用户平面安全过程。当建立完成用户平面无线承载后，UE 需要本地释放用于控制平面优化的 ROHC 上下文。UE 和网络之间的承载也进行同步，即 UE 本地释放没有成功建立无线承载的非"仅控制平面传输"的 EPS 承载，如果没有建立成功默认承载的无线承载，则 UE 本地释放默认承载对应的 PDN 连接下所有的承载。

步骤 8：所有无线承载建立成功的承载都必须使用用户平面方案来传输数据。此时，UE 可以通过 eNodeB、SGW 将上行数据发送至 PGW。

步骤 9：eNodeB 向 MME 返回 S1-AP 初始上下文建立响应消息，消息中携带 eNodeB 的下行用户平面 IP 地址和 TEID。

步骤 10：MME 向 SGW 发送修改承载请求消息，消息中携带 eNodeB 的下行用户平面 IP 地址和 TEID。

步骤 11：SGW 向 MME 返回修改承载响应消息。

## 2.6.8 非 IP 数据传输

### 1. 引言

支持 Non-IP 数据传输是 NB-IoT 系统的重要部分。从 EPS 的角度来看，Non-IP 数据是非 IP 结构化的。Non-IP 数据传输包括终端发起（MO）的、终端接收（MT）的数据传输两部分。将 Non-IP 数据传输给 SCS/AS，可以有两种主要方案：

- 经过 SCEF 的 Non-IP 数据传输；
- 经过 PGW 的 Non-IP 数据传输（使用点对点的 SGi 隧道）。

经过 PGW 的点对点 SGi 隧道方式传输 Non-IP 数据，目前存在基于 UDP/IP 的 PtP 隧道和其他类型的 PtP 隧道两种传输方案。

（1）基于 UDP/IP 的 PtP 隧道方案

- 在 PGW 上，以 APN 为粒度，预先配置 AS 的 IP 地址；
- UE 发起附着 /PDN 连接建立时，PGW 为 UE 分配 IP 地址（但是该 IP 地址不发送给 UE），并建立（GTP 隧道 ID，UE IP 地址）映射表；
- 以上行数据为例，PGW 收到 UE 侧的 Non-IP 数据后，将其从 GTP 隧道中分离，并加上 IP 头（源 IP 为 PGW 为 UE 分配的 IP，目的 IP 为 AS 的 IP），然后经由 IP 网络发往 AS；

• AS 收到 IP 报文后，解析其中的 Non-IP 数据内容及其中的用户 ID，并建立（用户 ID，UE IP 地址）映射表，便于发送下行数据。

（2）**基于其他类型的 PtP 隧道方案**

• 在 PGW 上，以 APN 为粒度，预先配置 AS 的 IP 地址；

• UE 发起附着 /PDN 建立时，PGW 不为 UE 分配 IP 地址，并建立到 AS 的隧道，以及建立左右两侧隧道的映射表；

• 以上行数据为例，PGW 收到 UE 侧的 Non-IP 数据后，将其从 GTP 隧道 1 中剥离，并将其放入隧道 2 中，然后经由隧道发往 AS；

• AS 收到后，解析其中的 Non-IP 数据内容及其中的用户 ID，并建立（用户 ID，隧道 ID）映射表，便于发送下行数据。

经过 SCEF 实现 Non-IP 数据传输，基于在 MME 和 SCEF 之间建立的指向 SCEF 的 PDN 连接，该连接实现于 T6a 接口，在 UE 附着时、UE 请求创建 PDN 连接时被触发建立。UE 并不感知用于传输 Non-IP 数据的 PDN 连接是指向 SCEF 的，还是指向 PGW 的，网络仅向 UE 通知某 Non-IP 的 PDN 连接使用控制平面优化方案。为了实现 Non-IP 数据传输，在 SCS/AS 和 SCEF 之间需要建立应用层会话绑定，该过程不在 3GPP 范畴内。在 T6 接口上，使用 IMSI 来标识一个 T6 连接 /SCEF 连接所归属的用户，使用 EPS 承载 ID 来标识 SCEF 承载。在 SCEF 和 SCS/AS 间，使用 UE 的外部标识或 MSISDN 来标识用户。

根据运营商策略，SCEF 可能缓存 MO/MT 的 Non-IP 数据包。需要明确的是在 R13 中，MME 和 IWK-SCEF 不会缓存上下行 Non-IP 数据包。

### 2. NIDD 配置

NIDD 配置过程允许 SCS/AS 向 SCEF 执行初次 NIDD 配置，或更新 NIDD 配置，或删除 NIDD 配置。在通常情况下，应在 UE 附着过程之前执行 NIDD 配置。NIDD 配置流程如图 2-44 所示。

步骤 1：SCS/AS 向 SCEF 发送 NIDD 配置请求消息，消息中携带外部标识或者 MSISDN、SCS/AS 标识 Identifier、SCS/AS 参考 ID、NIDD 时效、NIDD 目的地址和用于释放的 SCS/AS 参考 ID 消息。

注：SCS/AS 应保证所选择的 SCEF 和 HSS 中配置的 SCEF 是同一个。

步骤 2：SCEF 存储 UE 的外部 ID/MISISDN 及其他相关参数。如果根据服务协议，SCS/AS 不被授权执行该请求，则执行步骤 6，拒绝 SCS/AS 的请求，返回相应的错误原因。

注：如果 SCEF 收到 SCS/AS 发送的用于删除的参考 ID，则 SCEF 在本地释放 SCS/AS 的 NIDD 配置信息。

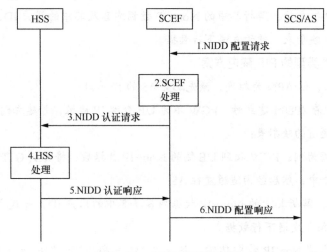

图2-44　NIDD配置流程

步骤3：SCEF 向 HSS 发送 NIDD 认证请求消息，消息中携带外部标识或者 MSISDN、APN，以便 HSS 检查对 UE 的外部 ID 或 MSISDN 是否允许 NIDD 操作。

步骤4：HSS 执行 NIDD 授权检查，并将 UE 的外部标识映射成 IMSI 或 MSISDN。如果 NIDD 授权检查失败，则 HSS 在步骤 5 中返回错误原因。

步骤5：HSS 向 SCEF 返回 NIDD 认证响应消息，HSS 返回由 External Identifier 映射的 IMSI 和 MISIDN。如果 HSS 为 UE 配置了 MSISDN，使用 HSS 所映射的 IMSI/MSISDN，SCEF 可将 T6 连接和 NIDD 配置请求绑定。

步骤6：SCEF 向 SCS/AS 返回 NIDD 配置响应消息，消息中携带 SCS/AS 参考 ID。SCEF 为 SCS/AS 的本次 NIDD 配置请求分配 SCS/AS 参考 ID 作为业务主键。

### 3. T6 连接建立

当 UE 请求 EPS 附着或者请求建立 PDN 连接，指明 PDN 类型为"Non-IP"，并且签约数据中默认 APN 可用于创建 SCEF 连接，或者 UE 请求的 APN 可用于创建 SCEF 连接，则 MME 发起 T6 连接建立流程，如图 2-45 所示。

步骤1：UE 执行初始附着流程，或者 UE 请求建立 PDN 连接。MME 根据 UE 签约数据，检查 APN 设置，如果签约数据中 APN 所对应的 APN 配置信息包括选择 SCEF 指示、SCEF ID，则该 APN 用于创建指向 SCEF 的 T6 连接。

步骤2：在以下条件中，MME 发起 T6 连接创建。（a）当 UE 请求初始附着，并且默认 APN 被设置为用于创建 T6 连接；（b）UE 请求 PDN 连接建立，并且 UE 所请求的 APN 被设置为用于创建 T6 连接。

MME 向 SCEF 发送建立 SCEF 连接请求消息，消息中包括用户标识、承载 ID、SCEF

标识、APN、APN 速率限额、服务 PLMN 速率限额及 PCO 信息。如果网络中部署了 IWK-SCEF，则 IWK-SCEF 将该请求前转给 SCEF。

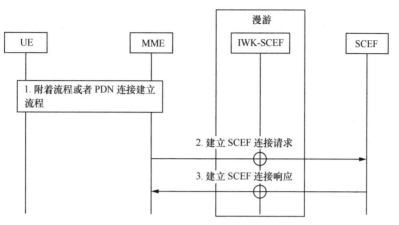

图2-45 T6连接建立流程

如果 SCS/AS 已经向 SCEF 请求执行了 NIDD 配置流程，则 SCEF 执行第 3 步。否则，SCEF 可以拒绝 T6 建立连接，或使用默认配置的 SCS/AS 发起 NIDD 配置流程。

步骤 3：SCEF 为 UE 创建 SCEF 承载，承载标识为 MME 提供的 EPS 承载标识。SCEF 创建承载成功后，SCEF 向 MME 发送建立 SCEF 连接响应消息，消息中携带用户标识、承载标识、SCEF 标识、APN、PCO 及 NIDD 计费标识。如果网络中部署了 IWK-SCEF，则 IWK-SCEF 将消息前转给 MME。

### 4. MO NIDD 数据投递

MO NIDD 数据投递流程如图 2-46 所示。

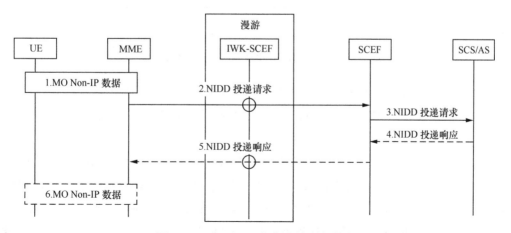

图2-46 MO NIDD数据投递流程

步骤 1：UE 向 MME 发送 NAS 消息，携带 EBI 和 Non-IP 数据包。

步骤 2：MME 向 SCEF 发送 NIDD 投递请求消息，消息中包括用户标识、EBI 及非 IP 数据。在漫游时，该消息由 IWK-SCEF 转发给 SCEF。

步骤 3：当 SCEF 收到 Non-IP 数据包后，SCEF 根据 EPS 承载 ID 找寻 SCEF 承载以及相应的 SCEF/AS 参考 ID，并将 Non-IP 数据包发送给对应的 SCS/AS。

步骤 4 ~ 6：根据需要，SCS/AS 利用 NIDD 投递响应消息携带下行 Non-IP 数据包。

### 5. MT NIDD 数据投递

SCS/AS 使用 UE 的外部标识或 MSISDN 向 UE 发送 Non-IP 数据包，在发起 MT NIDD 数据投递流程前，SCS/AS 必须先执行 NIDD 配置流程，如图 2-47 所示。

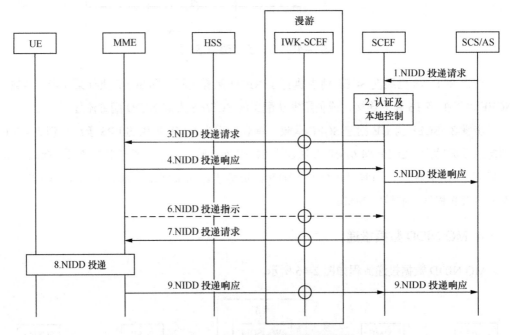

图2-47　MT NIDD数据投递流程

步骤 1：当 SCS/AS 已经为某 UE 执行过 NIDD 配置流程后，SCS/AS 可以向该 UE 发送下行 Non-IP 数据。SCS/AS 向 SCEF 发送 NIDD 投递请求消息，消息中携带外部标识或 MSISDN，SCS/AS 参考 ID 及 Non-IP 数据。

步骤 2：SCEF 根据 UE 的外部标识或 MSISDN，检查是否为该 UE 创建了 SCEF 承载。SCEF 检查请求 NIDD 数据投递的 SCS 是否被授权允许发起 NIDD 数据投递，并且检查该 SCS 是否已经超出 NIDD 数据投递的限额（如 24h 内允许 1000Bytes），或已经超出速率限额（如每小时 100Bytes）。如果上述检查失败，SCEF 执行步骤 5，并返回错误原因。如果上述检查成功, SCEF 继续执行步骤 3。

如果 SCEF 没有检查到 SCEF 承载, 则 SCEF 可能:

- 向 SCS/AS 返回 NIDD 投递响应消息, 携带适当的错误原因;
- 使用 T4 终端激活流程, 触发 UE 建立 Non-IP PDN 连接;
- 接收 SCS 的 NIDD 投递请求, 但是返回适当的原因 (如等待发送), 并等待 UE 主动建立 Non-IP PDN 连接。

步骤 3: 如果已建立 UE 的 SCEF 承载, SCEF 向 MME 发送 NIDD 投递请求消息, 消息携带用户标识、承载标识、SCEF ID 和 Non-IP 数据。若 IWF-SCEF 收到投递请求消息, 则前转给 MME。

步骤 4: 如果当前 MME 能立即向 UE 发送 Non-IP 数据, 比如 UE 在 ECM-CONNECTED 状态, 或 UE 在 ECM-IDLE 状态但是可寻呼, 则 MME 执行步骤 8, 向 UE 发起 Non-IP 数据投递。如果 MME 判断 UE 当前不可及 (例如 UE 当前使用 PSM 模式, 或 eDRX 模式), 则 MME 向 SCEF 发送 NIDD 投递响应消息, 消息中携带原因值及 NIDD 可达通知标记。MME 携带原因值指明 Non-IP 数据无法投递给 UE 的原因, NIDD 可达通知标记用于指明 MME 将在 UE 可达时通知 SCEF。MME 在移动性管理上下文中存储 NIDD 可达通知标记。

步骤 5: SCEF 向 SCS/AS 发送 NIDD 投递响应消息, 通知从 MME 处获得的投递结果。如果 SCEF 从 MME 收到 NIDD 可达通知标记, 则根据本地策略, SCEF 可考虑缓存步骤 3 中的 Non-IP 数据。

步骤 6: 当 MME 检测到 UE 可及时 (例如, UE 从 PSM 模式中恢复并发送 TAU, 或发起 MO 信令或数据传输, 或 MME 预期 UE 即将进入 DRX 监听时隙), 如 MME 之前对该 UE 设置了可达通知标记, 则 MME 向 SCEF 发送 NIDD 投递指示消息, 表明 UE 已可及。MME 清除移动性管理上下文中的可达通知标记。

步骤 7: SCEF 向 MME 发送 NIDD 投递请求消息, 消息中携带用户标识、承载 ID、SCEF ID 及 Non-IP 数据。

步骤 8: 如果需要, MME 寻呼 UE, 并向 UE 投递 Non-IP 数据。根据运营商策略, MME 可能产生计费信息。

步骤 9: 如果 MME 执行了步骤 8, 则 MME 向 SCEF 发送 NIDD 投递响应消息并返回投递结果。SCEF 向 SCS/AS 发送 NIDD 投递响应消息并返回 NIDD 数据投递结果。

注: MME、SCEF 所返回的投递成功, 并不意味着 UE 一定正确地接收到 Non-IP 数据, 只表示 MME 通过 NAS 信令将 Non-IP 数据发送到 UE。

### 6. T6 连接释放

在出现以下条件时, MME 发起 T6 连接的释放:

- UE 发起去附着流程；
- MME 发起去附着流程；
- HSS 发起去附着流程；
- UE 或 MME 发起 PDN 连接释放过程。

T6 连接释放流程如图 2-48 所示。

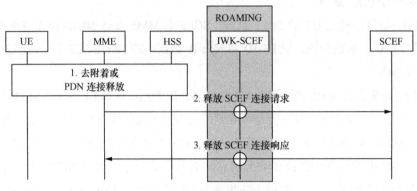

图2-48 T6连接释放

步骤 1：UE 执行去附着流程，或者请求 PDN 连接释放流程。或 MME 发起去附着流程，或请求 PDN 连接释放流程。或 HSS 发起去附着流程。

步骤 2：如果 MME 上存在 T6 接口的 SCEF 连接和 SCEF 承载，则对每一个 SCEF 承载，MME 向 SCEF 发送释放 SCEF 连接请求消息，消息中携带用户标识、承载 ID、SCEF ID、APN 和 PCO。同时，MME 删除自身保存的该 PDN 连接的 EPS 承载上下文。

步骤 3：SCEF 向 MME 返回释放 SCEF 连接响应消息，消息中携带用户标识、EBI、SCEF ID、APN 和 PCO，指明操作是否成功。SCEF 删除自身保存的该 PDN 连接的 SCEF 承载上下文。

### 7. T6 连接更新

当 UE 发生跨 MME TAU 的过程时，新 MME 需要与 SCEF 之间进行连接更新，如图 2-49 所示。

步骤 1：UE 触发 TAU 过程并且新 MME 在上下文响应消息中包含连接到 SCEF 的 PDN 连接的上下文。

步骤 2：新 MME 根据 SCEF 的 PDN 连接上下文中的 SCEF ID 更新 SCEF 连接，新 MME 向 SCEF 发送更新服务节点信息请求消息，消息中携带用户标识、EBI、MME 标识和 APN 等信息；如果 SCEF 先前收到了原 MME 发送的 NIDD 可达标记，但是并未收到原 MME 发送的投递指示消息，那么 SCEF 此时可以投递缓存的数据。如果 IWK-SCEF 收到更新服务节点信息请求消息，那么 IWK-SCEF 将把此消息转发给 SCEF。

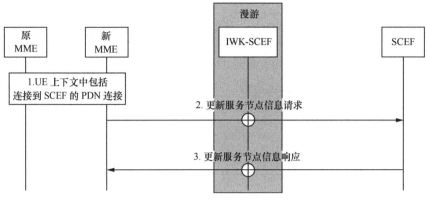

图2-49　T6连接更新

步骤 3：SCEF 向 MME 返回更新服务节点信息响应，消息中携带用户标识和 NIDD Charging 标识。如果 IWK-SCEF 收到更新服务节点信息响应，那么 IWK-SCEF 将把此消息转发给 MME。

## ●● 2.7　小区接入

当一个小区需要接入一个 NB-IoT 小区时，它遵循的原则与 LTE 是一样的。UE 需要先在合适的频率上搜索小区（小区搜索过程），然后读取相关的系统信息，再通过随机接入过程建立起与小区之间的 RRC 连接。如果 UE 还未向核心网注册，那么 UE 还会通过 NAS 层信令向核心网发起注册流程。在 UE 回到 RRC_IDLE 状态后，它需要重新发起随机接入过程才能向网络发送数据，或等待被寻呼。

### 2.7.1　小区搜索过程

小区搜索的主要目的包括：与小区取得频率和符号同步（下行同步）；获取系统帧定时；确定小区的 PCI。小区搜索流程如图 2-50 所示。

UE 不仅需要在开机时进行小区搜索，为了支持移动性，UE 会不停地搜索邻居小区，取得同步并估计该小区信号的接收质量，从而决定是否进行小区重选（NB-IoT 不支持切换）。小区搜索流程见协议 36.213。

为了获取下行的时间和频率的同步以及确定 NB-IoT 小区的 PCI（又称为 NCell ID），NB-IoT 中定义了宽带主同步信号（Narrowband Primary Synchronization Signal，NPSS）和窄带辅同步信号（Narrowband Secondary Synchronization Signal，NSSS）两种同步信号。

NPSS 和 NSSS 被 NB-IoT UE 用于小区搜索，其作用类似于 LTE 中的 PSS 和 SSS。

NPSS 在每个系统帧的子帧 5 上传输，即占用每一帧的子帧 5；并在频域上占据 11 个子载波，时域上占据最后 11 个 OFDM 符号。

NSSS 在每个满足 $Nf \bmod 2=0$ 的系统帧的子帧 9 上传输，即占用偶数帧的子帧 9；并在频域上占用 12 个子载波，时域上占据最后 11 个 OFDM 符号。

NPSS 和 NSSS 的位置如图 2-51 所示。

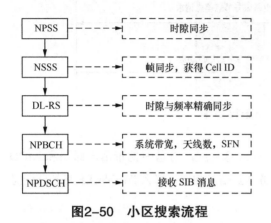

图2-50　小区搜索流程

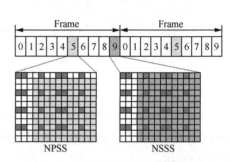

图2-51　NPSS和NSSS的位置

在 In-band 模式下，NB-IoT PSS/SSS 根据 LTE 天线端口数来避开 LTE CRS；在 Stand-alone 和 Guard-band 模式下，无需避开 LTE CRS。

一个子帧的前 3 个 OFDM 符号因为可能被用于 LTE 的下行控制区域（携带 LTE 中的 PCFICH/PHICH/PDCCH）而不能被 NPSS 和 NSSS 使用。虽然只有带内部署时会存在 LTE 的下行控制区域，但 NB-IoT UE 在进行小区搜索时，还不知道小区会使用哪种部署方式，并且 UE 检测到 SIB1-NB 后，才能知道 LTE 的下行控制区域占用的确切 OFDM 符号数。因此，对于 NPSS/NSSS 而言，无论小区使用哪种部署方式，前 3 个 OFDM 符号都是预留而不能用于 NPSS/NSSS 传输的。

LTE 中的小区特定的参考信号（CRS）所占的 RE 不能用于传输 NPSS/NSSS，虽然只有带内部署时会存在 CRS，但 NB-IoT UE 在进行小区搜索时，还不知道小区会使用哪种部署方式，也不知道 CRS 使用的天线端口数以及 CRS 在频域上的偏移。但 eNodeB 是知道这些信息的，eNodeB 在映射 NPSS/NSSS 时，会对 CRS 占用的 RE 进行"打孔"，即这些 RE 不传输任何东西（见 36.211 的 10.2.7.1.2 节和 10.2.7.2.2 节）。虽然 UE 并不知道哪些 RE 被"打孔"了，但由于被"打孔"RE 的比例相对较低，NPSS 和 NSSS 依然能被正确地接收。注意，这里并不一定是按 CRS 使用 4 天线端口来"打孔"的，这是因为此时 UE 无法获知 LTE 小区的 PCI，也就不知道 CRS 在频域上偏移，UE 无法知道 CRS 占用了哪些 RE，所以 UE 按 4 天线端口来假设对 CRS 所占的 RE 进行"打孔"也没有意义。

下行的窄带参考信号（NRS）不会在包含 NPSS 或 NSSS 的子帧上传输，因此 NPSS/NSSS 在映射到 RE 时，不需要考虑 NRS 的影响。

NPSS/NSSS 未必与其他任何下行参考信号在相同的天线端口上传输。在某个子帧上发送的 NPSS/NSSS 可能与其他子帧上发送的 NPSS/NSSS 使用不同的天线端口。

从 36.211 的 10.2.7.1.1 节可以看出，NPSS 在频域上使用一个长为 11 的 ZC 序列，并在时域上乘以一个长为 11 的 S（1）（见 36.213 的 Table 10.2.7.1.1-1，对应时域上两个子帧的最后 11 个 OFDM 符号），可以看出，任一 RB 上传输的 NPSS 序列是固定不变的，且 NPSS 本身不携带与小区相关的任何信息（这点与 LTE 不同，LTE 中的 PSS 携带了 Ncell ID）。由于 NPSS 固定在子帧 5 上发送，因此当 UE 接收到 NPSS 时，UE 就确定了 ancbor carrier 以及子帧 5 的位置，也就确定子帧 0 的位置，即确定了帧边界。

从 UE 的角度来看，NPSS 检测是其计算量最大的操作之一。从 NPSS 序列的定义可以看出，一个子帧上用于 NPSS 的每个 OFDM 符号，传输的数据是 p 或 -p，其中 p 为基于一个 root index 为 5 且长为 11 的 ZC 序列生成的基序夕，每个序列会映射到对应 PRB 的最低 11 个子载波上。这种设计有效地降低了 NPSS 检测的复杂性。

综上所述，通过 NPSS，UE 可以得到如下信息：

- 10ms timing，即子帧 0 所在的位置；
- 频率同步，确定了 anel or carrier 的位置。

从 36.211 的 10.2.7.2.1 节可以看出，NSSS 序列长为 132（12 个子载波 *11 个 OFDM 符号），并基于一个频域上长为 131 的 ZC 序列生成，NSSS 序列的生成与 NCellID 相关。与 LTE 类似，NB-IoT 也定义了 504 个不同的 PCI 值，并称为 NCellID（Narrowband physical cell ID）。但 NB-IoT 中的 NCellID 值只在 NSSS 上携带，UE 通过接收 NSSS 来获取小区的 NCellID。

NSSS 序列使用的循环移位 $\Theta f$ 与系统帧号 $nf$ 相关。又由于 NSSS 只在偶数系统帧上发送，基于 $\Theta f$ 的计算公式，我们就能够得知一个 80ms 时间块内的 timing，即 $SFN$ mo6 8 等于 0、2、4 或 6 的系统帧位置，这是为减轻后续的盲检 MIB-NB 的负担而设计的。

综上所述，通过 NSSS，UE 可以得到如下信息：

- 小区的窄带 PCI，即 NcellID；
- 80ms 时间块内的 timing，即 $SFN$ mod 8 等于 0、2、4 或 6 的系统帧位置；
- NB-IoT UE 在小区搜索过程之后，已经获得了继续解码 NPBCH 所需的所有信息。接下来，UE 会去接收 MIB-NB 以获取最重要的系统信息。

NRS 用于物理下行信道解调，RSRP/RSRQ 测量。1 支持 1 或者 2 天线端口，映射到 Slot 的最后两个 OFDM 符号 1#0，#4，#9（非 NSSS）以及其他需要解调信道（PBCH/SIB1-NB PDSCH/NPDSCH/NPDCCH 的子帧。NRS 帧结构如图 2-52 所示。

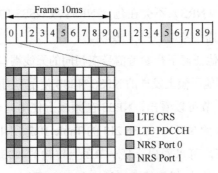

**图2-52 NRS帧结构**

PBCCH 帧结构如图 2-53 所示。

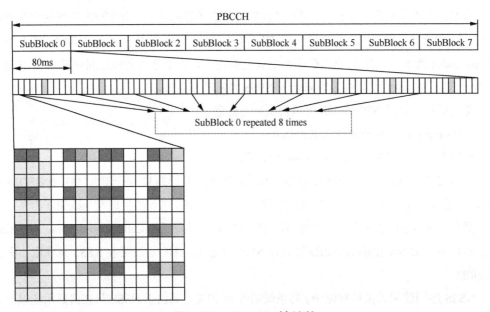

**图2-53 PBCCH帧结构**

## 2.7.2 随机接入过程

在 NB-IoT 中, 随机接入过程的主要作用与 LTE 类似:

- 获取上行同步;
- 与网络建立起一个无线连接, 并为 UE 分配一个唯一的标识 C-RNTI;
- 发送上行调度请求。

在 NB-IoT 中, 随机接入过程通常由以下 5 类事件之一触发:

一是初始接入时建立无线连接, UE 会从 RRC_IDLE 状态到 RRC_CONNECTED 状态。

二是 RRC 连接重建立流程（RRC Connection RE-establishmennt procedure），方便 UE 在无线链路失败（Radio Link Failure）后重建无线连接。对于只支持控制面 CIoT EPS 优化的 UE 而言，不支持 RRC 连接重建立流程，因此不支持此类事件触发的随机接入流程。

　　三是 RRC_Connectedt 状态下，下行数据到达，但 UE 的上行处于"不同步"状态，此时 eNodeB 会通过发送一个 PDCCH order 来触发 UE 的随机接入过程。

　　四是 RRC_Connectedt 状态下，上行数据到达，但 UE 的上行处于"不同步"状态。

　　五是 RRC_Connectedt 状态下，为了定位 UE，需要 timing advance（在 Rel-3 中，NB-IoT 不支持定位功能，该事件触发的随机接入过程会在 Rel-14 中定义）。

　　在 Rel-13 版本中，NB-IoT 系统不支持切换和载波聚合，也不支持 UE 上报测量的定位，NB-IoT 系统中需要使用随机接入过程的场景。在 Rel-13 版本中，全部采用基于竞争的随机接入方式。

　　NB-IoT 基于竞争的随机接入流程与传统 LTE 流程一致，包含 4 步，如图 2-54 所示。

　　**（1）基于竞争的随机接入 Type1-MSG1**

　　MSG1 是 UE 选择发送 preamble 码字的 NPRACH 时频资源，确定发射功率，向 eNB 发送 preamble 码字。

　　在 LTE 系统的 MSG1 过程中，终端需要选择 Preamble 码字，并选择 PRACH 时频物理来发送 Preamble 码。而在 NB-IoT 系统中，NPRACH 仅通过时频资源进行区分，不再支持码分。NB-IoT 的 NPRACH 采用

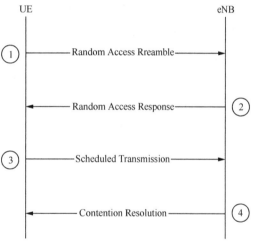

图2-54　随机接入流程

3.75kHz 的子载波间隔，single-tone 模式，并默认跳频。

　　随机接入过程的步骤一就是 UE 发送 Random Access Preamble。Preamble 的主要作用是高速 eNodeB 有一个随机接入请求，并使得 eNoedeB 能估计其与 UE 之间的传输时延，以便 eNodeB 校准 uplink timing 并将校准信息通过 timing advance command 告知 UE。在 NB-IoT 系统中，UE 通过发送 Preamble 还可以告诉 eNodeB 自己所处的 CE 等级及其 MSG3 是否支持 multi-tone 传输。

　　Preamble 序列基于与子载波位置相关的 Zadoff-Chu 序列生成，载波频率上的调制和变频的方式与 LTE 类似，具体见 35.211 的 10.1.6.2 的介绍。

　　NB-IoT 系统中的 Preamble 基于单子载波跳频符号组（Single-subcarrier frequency-hopping symbol groups），每个符号组（symbol group）由一个长为 Tcp 的循环前缀和 5 个长度相等的符号组成，这 5 个符号的总长度为 Tseq，而且这个符号上发送的信号是完全相同的。

NB-IoT 系统中定义了 format0 和 format1 两种 Preamble 格式，它们的不同之处在于 CP 的长度，如 36.211 的 Table10.1.6.1-1 所示。具体使用哪种格式是通过 nprach-CP-Length-r13 配置的。不同的 Preamble 格式分别对应不同大小的区覆盖半径，Preamble format0 的最大覆盖半径为 10km，Preamble format1 的最大覆盖半径大约为 40km。一个 Premable 由没有间隙的 4 个符号组（symbol group）组成，并会重复传输 $NP_{ranch/rep}$ 次。

NPRACH 用于传输 Preamble。如果 MAC 层触发了 Preamble 的发送，则该 Preamble 只能在特定的时频资源上发送，下面介绍 NPRACH 资源。

在 NB-IoT 系统中，NPRACH 配置相应的 repetitions。NPRACH 的 repetitions 支持 {1, 2, 4, 8, 16, 32,64, 128}，eNB 最多可以配置其中 3 个 Repetition times，用来支持最多 3 种 CELs（CEL 编号为 0、1、2，CEL0 为最近的覆盖等级），即 NPRACH 的时频资源是与 CEL 相关的。不同 CEL 的 RSRP 门限通过广播下发，终端根据 RSRP 门限来确定自己的 CEL，从而选择相应的 NPRACH 资源发起随机接入。

NB-IoT 系统的上行支持 single-tone 和 multi-tone 两种方式（即单频点和多频点），两种方式的 NPRACH 资源不同，因此终端还需根据其是否支持 multi-tone 选择相应的 NPRACH 资源来发起随机接入。换而言之，PRACH 资源的选择结果就能反映该终端是否支持 multi-tone。

随机接入响应窗口单位是 PRACH 周期，如图 2-55 所示。

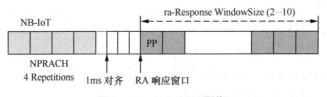

**图2-55　PRACH周期**

RAR 超时处理：终端发送 MSG1 后没有收到自己的 RAR 响应消息，会再次在该 CEL 上发起随机接入。在该 CEL 上发起的随机接入次数达到一定值后，终端将尝试在高一级 CEL 上发起随机接入。在各个 CEL 上尝试的次数总数有门限控制。也就是说，同一 CEL 上发起的随机接入次数有上限，所有 CELs 上总的随机接入次数也有一个上限。如果没有收到 RAR 或者该 RAR 与自己的 NPRACH 不相符，则重新发起的 NPRACH 与 RAR 结束之间的定时间隔应不小于 12ms。

CRT 超时处理：如果 MSG4 的竞争解决失败，那么在该 CEL 上再次发起随机接入，在该 CEL 上可以尝试的最大随机接入次数为所有 CELs 总的随机接入次门限。如果 UE 位于 CEL0，该 CEL 上的随机接入次数计数用于 NPRACH 的 power ramping 计算。

**（2）基于竞争的随机接入 Type1-MSG2**

eNB 在收到 MSG1 后在特定的时间窗内发送 RAR（MSG2）。发送窗大小与覆盖相关，由 SIB 指示，大小为 {2, 3, 4, 5, 6, 7, 8, 10}*PDCCH 搜索空间周期的倍数，但最大不能超过 10.24s。

发送窗的起始位置定义如下：PRACH 结束后不需要插入 UL GAP 时，PRACH 结束子帧与发送窗起始子帧之间应间隔 3ms；如果 NPRACH 传输完成后正好需要插入一个 UP GAP，那么应该在 UL GAP 结束之后开始 RAR 窗口。

NB-IoT 的 MSG2 支持基于 NPDCCH 调度的 RAR 传输，NPDCCH 由 RA-RNTI 加扰，在 type2 CSS 中下发。在 MSG2 的调度 DCI 中指示 MSG2 的 repetitions times。

Msg2 的 RAR 内容包含 TA 调整量、Temp C-RNTI 和 Msg3 的 UL grant（包括传输 initial Msg3 的 PUSCH 的 repetitions times）。

MSG2 的 RAR 对应的 *RA-RNTI* 计算为：$RA\text{-}RNTI = 1 + floor(SFN/4)$（$SFN$ 是 NPRACH 起始子帧所在的无线帧号）。MAC PDU 中的 RAPID 指示 NPRACH 频域 subcarrier ID 信息。一个 MSG2 中可以包含多个时间相同而频域不同的 NPRACH 的 RAR 相应结果，以提高接入能力。

MSG2 的 UL GRANT 内容如下。

- 上行子载波间隔：3.75kHz or 15kHz。
- 上行频域信息：同 DCI N0 中的 UL grant。
- MCS/TBS：$TBS = 88bit$，用 3bit 来表示 MCS。
  - 000：pi/2 BPSK for ST and QPSK for MT，$N\_RU = 4$。
  - 001：pi/4 QPSK for ST and QPSK for MT，$N\_RU = 3$。
  - 010：pi/4 QPSK for ST and QPSK for MT，$N\_RU = 1$。
  - Others are reserved。
- 调度时延：$k_0$ 取值范围为 {12, 16, 32, 64}。
- Msg3 的重复次数：取值范围同 DCI N0 中的 repetition number。

### （3）基于竞争的随机接入 Type1-MSG3

MSG3 中携带 CCCH 信令和 DVI/PHR，MSG3 承载的 PUSCH 的扰码由 Temp C-RNTI 生成。MSG3 中携带 CCCH 根据场景不同而不同。

- 初始接入：RRCConnectionRequest。
- RRC 重建：RRCConnectionReestablishmentRequest。
- RRC 恢复：RRCConnectionResumeRequest。

MSG3 资源：终端收到 MSG2 后，在 MSG2 授权的 NPUSCH 资源上发送 MSG3。MSG2 消息传输结束到 MSG3 消息传输开始的时间间隔需要大于 12ms。NB-IoT 的 MSG3 是可以支持 multi-tone 或者 single-tone 传输的，UE 通过选择 NPRACH Resource 的隐含指示其是否支持 multi-tone。但当 NPRACH 的重复次数为 {32, 64, 128} 时，MSG3 不支持

multi-tone。

指示 MSG3 重传的 NPDCCH 的搜索空间与 MSG2 对应的 NPDCCH 的搜索空间相同，即指示 MSG3 首次传输资源和 MSG3 重传资源的 NPDCCH 的搜索空间相同。传输 initial MSG3 的 PUSCH 的 repetitions times 在 MAC RAR（MSG2）的 UL grant 中指示。MSG3 重传的 repetitions times 在对应的 NPDCCH DCI 中指示。

MSG3 内容：不论是 CP 模式还是 UP 模式，MSG3 的大小都是 88bit。MSG3 会用 4bit 来上报 Data volume（DVI，含义类似 BSR），用于后续上行调度的资源计算。Data volume 包括用户数据（含 SMS）、通过用户面或者控制面传输的 NAS 信令。MSG3 中还会用 2bit 来上报 PHR。MSG3 可以包含 RRC 消息和 MAC CE；在 NB-IoT 中 MSG3 中的 DVI/PHR（简称为 DPR）是 MAC CE，但没有独立的 LCID，MSG3 中的 DPR 和 CCCH 公共一个 UL SCH LCID（00000）。MSG3 重传的 PDCCH 使用 Temp C-RNTI 加扰，在 Type2 CSS 中下发。

（4）**基于竞争的随机接入 Type1-MSG4**

MSG4 中包含 CCCH 信令和竞争解决 MAC CE（UE Contention Resolution Identity MAC Control Element）。MSG4 包含的 CCCH 信令根据场景不同而不同。

- *初始接入*：RRCConnection。
- RRC *重建*：RRCConnectionReestablishment。
- RRC *恢复*：RRCConnectionResume。

MSG4 对应的 NPDCCH 的搜索空间与 MSG2 对应的 NPDCCH 的搜索空间相同，都是 CSS 搜索空间，其由 Temp C-RNTI 加扰。MSG4 的调度 DCI 中指示 MSG4 的 Repetitions Times。

MSG4 中携带竞争解决 ID（竞争解决 ID 为 MSG3 中 CCCH SDU 的前 48 first）。UE 在发送 MSG3 之后即启动竞争解决定时器。竞争解决定时器大小由 SIB 指示，大小为 {1, 2, 3, 4, 8, 16, 32, 64}*PDCCH 搜索空间周期，但最大不能超过 10.24s。如果竞争解决定时器超时，或者 MSG4 中的竞争解决 ID 不是自己的，那么竞争解决失败。如果竞争解决成功，那么 Temp C-RNTI 成为 C-RNTI。

（5）**基于竞争的随机接入 Type2**

基于竞争的随机接入过程，包括上行数据到达和 PDCCH order 触发的随机接入。

- *上行数据到达*：随机接入过程由 UE 的 MAC 层发起。UE 有上行业务需求而没有上行资源时，通过带 C-RINTI 的随机接入过程来申请上行资源（Rel-13 的 NB-IoT 系统不支持 SR 上报）。

- *PDCCH order 触发*：下行数据达到而上行失步时的随机接入过程，由 eNB 下发的 PDCCH order 发起。PDCCH order 在 UE 的 USS 空间中下发。PDCCH order 的 DCI 中指

示了 UE 初始发起随机接入的覆盖等级、UE 使用的 subcarrier ID。

（6）基于竞争的随机接入 Type2–MSG0

MSG0 仅针对 PDCCH order 发起的随机接入过程。eNB 下发 PDCCH order，可以指示 UE 使用的 NPRACH subcarrier ID，同时指示 UE 从 PDCCH order 指示的覆盖等级开始发起随机接入。如果 PDCCH order 指示的 subcarrier ID=0，即表示由 UE 随机选择 NPRACH 子载波。

（7）基于竞争的随机接入 Type2–MSG1

对于上行数据达到的随机接入过程，UE 的处理同 Type 类型的随机接入。

对于 PDCCH order 触发的随机接入过程，如果 PDCCH order 指示的 subcarrier ID=0，则 UE 从 PDCCH order 指定的覆盖等级开始，按照 Type1 的方式选择 PRACH 资源发送 preamble 码字；如果 PDCCH order 指示的 subcarrier ID 不为 0，则 UE 从 PDCCH order 指定的覆盖等级开始，在所在覆盖等级上根据 nprach-SubcarrierOffset +（ra-PreambleIndex modulo nprach-NumSubcarriers）确定 NPRACH 的子载波来发送 preamble 码字，其中，nprach-SubcarrierOffset 为所在覆盖等级的 NPRACH 资源起始子载波，ra-PreambleIndex 为 PDCCH order 指示的 subcarrier ID，nprach-NumSubcarriers 为所在覆盖等级的 NPRACH 子载波个数。

在 PDCCH order 触发的随机接入过程中，MSG1 开始与 MSG0 结束之间的定时间隔应不小于 8ms。Type2 类型的随机接入 MSG2 与 Type1 类型相同。

（8）基于竞争的随机接入 Type2–MSG3

UE 在 MSG3 中携带含已经分配的 C-RNTI 的 MAC CE，剩余资源可用于上行数据传输、上报 shortBSR（如果有 BSR）。MSG3 重传的 PDCCH 使用 Temp C-RNTI 加扰，在 Type2 CSS 中下发。

（9）基于竞争的随机接入 Type2– 竞争解决

MSG3 之后即可用于正常的数据调度。其 PDCCH 用 MSG3 中的 C-RNTI 加扰，在 Type2 CSS 空间 中下发，可调度上行（上行数据到达）或者调度下行（PDCCH order 触发）。UE 收到 C-RNTI 加扰的 PDCCH，即认为竞争解决，此后继续使用 C-RNTI，丢弃 MSG2 中分配的 Temp C-RNTI。竞争被解决后，转入 USS 空间下发 PDCCH。

## 2.7.3　上行同步

上行传输的一个重要特征是不同 UE 在时频上正交多址接入，即来自同一个小区的不同 UE 的上行传输之间互不干扰。为了保证上行传输的正交性，避免小区内（Intra-cell）干扰，eNodeB 要求来自同一子帧但不同频域资源的不同 UE 的信号到达 eNodeB 的时间基本上是对齐的。eNodeB 只要在循环前缀（Cyclic Prefix）接收到 UE 所发送的上行数据，就能够正确地解码上行数据，因此上行同步要求来自同一子帧的不同 UE 的信号到达 eNodeB 的时间都落在循环前缀的范围之内。

NB-IoT 的上行同步复用 LTE 的机制，eNB 下发 TA 控制命令字来保证上行同步。与传统 LTE 系统相同，NB-IoT 系统在随机接入的 MSG2 中下发 TA 命令字用于控制上行同步，在 RRC_connection 状态通过 TA MAC CE 来调整上行同步。该机制与传统 LTE 系统相同。协议中规定，下行 TA MAC CE 传输完成到上行 NPUSCH 应用该 TAC 命令字的时间间隔至少为 12ms。

### 2.7.4　下行传输过程

NB-IoT 的下行数据传输过程与传统 LTE 相同，即先由控制信道指示资源调度信息，UE 检测搜索空间控制信道所承载的调度信息，如果发现属于自己的调度信息，那么 UE 将根据该调度信息的指示（包括资源位置、编码调制方式等）接收属于自己的 NPDSCH 下行数据信息。

NPDCCH 所使用的 CCE 频域上大小为 6 个子载波：在 Stand-alone/Guard-band 模式下，CCE 使用所有 OFDM 符号；在 In-Band 模式下，SIB1 配置的起始 OFDM 符号（LTE control region size）。CCE 的帧结构如图 2-56 所示。

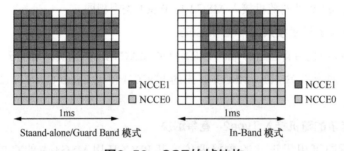

图2-56　CCE的帧结构

NPDCCH 最大聚合等级为 2，AL=2 的两个 CCE 位于相同子帧，重复传输仅支持 AL=2。NPDCCH Format 0 和 Format 1 的帧结构如图 2-57 所示。

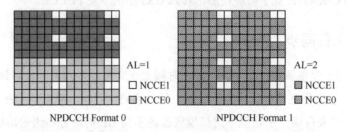

图2-57　NPDCCH Format 0和Format 1的帧结构

下行传输过程-NPDCCH-DCI N1 见表 2-11。

表2-11  下行传输过程-NPDCCH-DCI N1

| Fields | Size(bits) | Notes |
|---|---|---|
| Flag for format N0/format N1 differentiation | 1 | 0：N0(UL)<br>1：N1(DL) |
| NPDCCH order indicator | 1 | 0 表示调度 DCI N1 |
| Scheduling delay | 3 | If Rmax <128：{0,4,8,12,16,32,64,128}<br>If Rmax ≥ 128：{0,16,32,64,128, 256,512,1024}<br>这个配置指的是有效子帧数实际的 delay = 这个配置值 +4 |
| Resource assignment | 3 | {1、2、3、4、5、6、8、10} |
| Modulation and coding scheme | 4 | ITBS = 11 and 12 is supported only for standalone and guardband |
| Repetition number | 4 | {1, 2, 4, 8, 16, 32, 64, 128, 192, 256, 384, 512, 768, 1024, 1536, 2048}，NPDSCH 的重复次数 |
| New data indicator | 1 | 值不反转：re-transmission<br>值反转：initial transmission<br>RA-RNTI 加扰时，为保留 bit |
| HARQ-ACK resource | 4 | RA-RNTI 加扰时，为保留 bit |
| DCI subframe repetition number | 2 | 参见搜索空间的描述 |

下行传输过程-NPDCCH-DCI N2 见表 2-12。

表2-12  下行传输过程-NPDCCH-DCI N2

| Fields | Size(bits) | Notes |
|---|---|---|
| Flag for paging/direct indication differentiation | 1 | 0：direct indication，只有 DCI，没有 PDSCH<br>1：paging |
| Direct Indication information | 8 | provide direct indication of system information update and other fields |
| DL scheduling delay | 0 | 该时间间隔由协议规定，不需要明示 |
| Resource assignment | 3 | 按 N1 取值 |
| Modulation and coding scheme | 4 | 按 N1 取值 |
| Repetition number | 4 | 按 N1 取值 |
| DCI subframe repetition number | 3 | 参见物理层协议关于搜索空间的描述 |

下行传输过程-NPDCCH-PDCCH Order 见表 2-13。

表2-13　下行传输过程-NPDCCH-PDCCH Order

| Field | Size(bits) | Notes |
|---|---|---|
| Flag for format N0/format N1 differentiation | 1 | 1 |
| NPDCCH order indicator | 1 | 1 表示 PDCCH order |
| Starting number of NPRACH repetitions | 2 | UE 发起随机接入的 PRACH 对应的重复次数 |
| tone index | 6 | 指示 NPRACH 的 tone index，是绝对值 |
| 其余 bit | | 均为 1 |

下行传输过程-NPDCCH 定义 3 种搜索空间：

- UE-specific search space，USS；
- Type1-NPDCCH common search space，CSS for Paging；
- Type2-NPDCCH common search space，CSS for RAR。

仅在 AL=2 时，可以配置重复传输；在无 NPDCCH 重复传输的情况下，任何子帧中，3 种盲检候选集；在 NPDCCH 重复传输的情况下，任何子帧中，4 种盲检候选集；盲检候选集定义 {AL, #repetition, #blind decodes}。

下行传输过程-NPDSCH 的 $N_{SF}$ 列表见 2-14。

表2-14　$N_{SF}$列表

| I TBS | $N_{SF}$ | | | | | | | |
|---|---|---|---|---|---|---|---|---|
| | 1 | 2 | 3 | 4 | 5 | 6 | 8 | 10 |
| 0 | 16 | 32 | 56 | 88 | 120 | 152 | 208 | 256 |
| 1 | 24 | 56 | 88 | 144 | 176 | 208 | 256 | 344 |
| 2 | 32 | 72 | 144 | 176 | 208 | 256 | 328 | 424 |
| 3 | 40 | 104 | 176 | 208 | 256 | 328 | 440 | 568 |
| 4 | 56 | 120 | 208 | 256 | 328 | 408 | 552 | 680 |
| 5 | 72 | 144 | 224 | 328 | 424 | 504 | 680 | N/A |
| 6 | 88 | 176 | 256 | 392 | 504 | 600 | N/A | N/A |
| 7 | 104 | 224 | 328 | 472 | 584 | 680 | N/A | N/A |
| 8 | 120 | 256 | 392 | 536 | 680 | N/A | N/A | N/A |
| 9 | 136 | 296 | 456 | 616 | N/A | N/A | N/A | N/A |
| 10 | 144 | 328 | 504 | 680 | N/A | N/A | N/A | N/A |
| 11 | 176 | 376 | 584 | N/A | N/A | N/A | N/A | N/A |
| 12 | 208 | 440 | 680 | N/A | N/A | N/A | N/A | N/A |

下行传输过程 -NPDCCH 与 NPDSCH 发送定时。

根据 NPDCCH 和 NPDSCH 的最小调度单元来分配资源。当 UE 在第 $n$ 个 subframe 盲检 NPDCCH 后检测出有效 DCI 时，则在该 DCI 指示的第 $n+m$ 帧处开始接收下行 NPDSCH 数据。

NPDCCH 结束子帧与对应 NPDSCH 起始子帧之间存在一个定时。NPDCCHDCI 指示 NPDCCH 的结束子帧与 NPDSCH 的起始子帧之间的时延。这个时延应不小于4ms（≥4ms）。NPDCCH 的结束子帧为 $n$，NPDSCH 开始子帧为 $n+5ms+k_0$（先间隔 4ms，然后根据 $k_0$ 确定起始子帧位置），$k_0$ 为有效子帧数。

下行传输过程-NPDCCH 发送定时。对于同一 UE：

- NPDCCH 结束子帧与 NPDSCH 起始子帧之间，不能再次发送 NPDCCH；
- NPDCCH 结束子帧与 ACK-NPUSCH 起始子帧之间，不能再次发送 NPDCCH；
- DL GAP 期间，不能发送 NPDCCH；
- PDCCH order 的 NPDCCH 结束子帧与 NPRACH 起始子帧之间，不能再次发送 NPDCCH。

下行传输过程-DL GAP。在 UE 连接状态，极限覆盖用户会采用重复次数很长的传输，可能会对其他正常覆盖用户产生干扰。为了减少这种干扰，引入下行 GAP 机制，即：如果 NPDCCH 的 Rmax 大于等于 X1，则 NPDCCH 和 NPDSCH 需要按照 GAP 图样传输；当 NPDCCH/NPDSCH 的传输时间与 GAP 配置相重合时，在 GAP 期间停止下行发送，直到 GAP 之后的第一个有效子帧开始继续传输。

GAP 的配置如图 2-58 所示。

- GAP 周期（起始位置的周期）：2bit，{64, 128, 256, 512}，表示绝对子帧数。
- GAP Size：2bit，{1/8, 1/4, 3/8, 1/2} * Gap period，表示绝对子帧数。

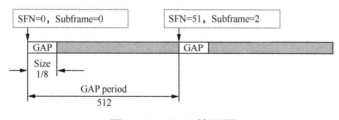

图2-58　GAP的配置

下行传输过程 - 有效子帧。NB-IoT 系统中的有效 / 无效子帧都是针对下行子帧来说的。下行无效子帧包括以下子帧：

- 针对系统中的所有 UE，NB-IoT 系统的 PSS/SSS/MIB/SIB1 所占用的子帧都是无效子帧；

● 针对系统中的所有 UE，在 SIB1 中广播为无效的子帧（如 LTE 系统的 MBSFN 子帧）都是无效子帧，不广播则都是有效子帧，SIB1 中以 bitmap 的形式广播小区中的无效子帧：

● 在 In-band 模式下，广播 10ms 或者 40ms 内的无效子帧配置；

● Standalone 或者 guard-band 模式下广播 10ms 内的无效子帧配置；

● 针对满足 DL GAP 传输的 UE，在 DL GAP SIZE 期间的下行子帧都是无效子帧。

NB-IoT 系统中的无效子帧，对于 NPDCCH/NPDSCH 和寻呼 PO 来说都是无效子帧。因此，对于 {PF, PO}：

● 使用现有的 PO 子帧图样；

● 如果基于 {PF, PO} 确定的子帧是有效子帧，则该帧是 Paging CSS 的起始子帧；

● 如果基于 {PF, PO} 确定的子帧不是有效子帧，则位于该子帧之后的第一个有效帧是 Paging CSS 的起始子帧。

## 2.7.5　上行传输过程

NB-IoT 的上行数据传输过程与传统 LTE 相同，即先由控制信道指示资源调度信息，UE 检测子帧中控制信道所承载的调度信息，如果发现属于自己的调度信息，那么 UE 将根据该调度信息的指示（包括资源位置、编码调制方式等）发送 PUSCH 数据信息。

上行传输过程-DCI N0 见表 2-15。

表2-15　上行传输过程-DCI N0

| Field | Size (bits) | Notes |
| --- | --- | --- |
| Flag for format N0/ format N1 differentiation | 1 | 0：N0(UL)<br>1：N1(DL) |
| Subcarrier indication | 6 | 5 for 15kHz。指示了 subcarriers 个数和位置。协议给出了所有 19 种 subcarriers 分配结果，每种结果对应一个 UL gant 取值<br>6 for 3.75kHz，UL grant 指示了分配的 subcarrier 索引，一共是 48 个取值。这个字段大小为 6bit。但对于 15KHz，只需要用其中的 5bit |
| Resource assignment | 3 | {1、2、3、4、5、6、8、10} |
| Scheduling delay | 2 | {8, 16, 32, 64}，这个值就是实际的 delay 值，并且是绝对子帧数 |
| Modulation and coding scheme | 4 | For multi-tone, support ITBS equals 0 to 12<br>For single-tone, support ITBS equals 0 to 10 |
| Redundancy version | 1 | LTE RV0 or LTE RV2. RV2 is supported in all ITBS。如果 NPUSCH 的重复次数 =1，表示 RV 版本；如果 NPUSCH 的重复次数 >1，表示 RV 起始版本（物理层采用 RV Cycling 循环） |

（续表）

| Field | Size (bits) | Notes |
|---|---|---|
| Repetition number | 3 | {1, 2, 4, 8, 16, 32, 64, 128}，NPUSCH 的重复次数 |
| New data indicator | 1 | 值不反转：re-transmission<br>值反转：initial transmission |
| DCI subframe repetition number | 2 | 参见搜索空间的描述 |

上行传输过程-PUSCH RU 资源见表 2-16。

**表2-16　上行传输过程-PUSCH RU资源**

| Content | Tones | RU |
|---|---|---|
| Data | 3.75kHz，tone=1 | 32ms |
| | 15kHz，tone=1 | 8ms |
| | 15kHz，tone=3 | 4ms |
| | 15kHz，tone=6 | 2ms |
| | 15kHz，tone=12 | 1ms |
| ACK/NACK | 3.75kHz，tone=1 | 8ms |
| | 15kHz，tone=1 | 2ms |

上行传输过程-PUSCH TBSize 见表 2-17。

**表2-17　上行传输过程-PUSCH TBSize**

| $I_{TBS}$ | NRU | | | | | | | |
|---|---|---|---|---|---|---|---|---|
| | 1 | 2 | 3 | 4 | 5 | 6 | 8 | 10 |
| | 16 | 32 | 56 | 88 | 120 | 152 | 208 | 256 |
| 1 | 24 | 56 | 88 | 144 | 176 | 208 | 256 | 344 |
| 2 | 32 | 72 | 144 | 176 | 208 | 256 | 328 | 424 |
| 3 | 40 | 104 | 176 | 208 | 256 | 328 | 440 | 568 |
| 4 | 56 | 120 | 208 | 256 | 328 | 408 | 552 | 696 |
| 5 | 72 | 144 | 224 | 328 | 424 | 504 | 680 | 872 |
| 6 | 88 | 176 | 256 | 392 | 504 | 600 | 808 | 1000 |
| 7 | 104 | 224 | 328 | 472 | 584 | 712 | 1000 | |
| 8 | 120 | 256 | 392 | 536 | 680 | 808 | | |
| 9 | 136 | 296 | 456 | 616 | 776 | 936 | | |
| 10 | 144 | 328 | 504 | 680 | 872 | 1000 | | |
| 11 | 176 | 376 | 584 | 776 | 1000 | | | |
| 12 | 208 | 440 | 680 | 1000 | | | | |

上行传输过程-PUSCH 与 PDCCH 传输定时。NPDCCH 的结束子帧为 $n$，NPUSCH 开始子帧为 $n+k_0+1$。$k_0$ 取值如图 2-59 所示。

| $I_{Delay}$ | $k_0$ |
|:---:|:---:|
| 0 | 8 |
| 1 | 16 |
| 2 | 32 |
| 3 | 64 |

图2-59　$k_0$取值

上行传输过程-多 UE 上下行传输的时序示意如图 2-60 所示。

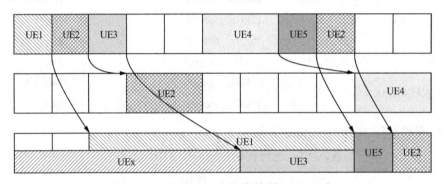

图2-60　多UE上下行传输的时序示意

## 2.7.6　上行功率控制

上行功率控制 -PRACH 标准中将提供 8 种 NPRACH 重复次数：{1, 2, 4, 8, 16, 32, 64, 128}。eNB 可以配置最多 3 种 NPRACH 重复次数。

对于 CEL0，NPRACH 采用 power ramping 机制；对于 CEL1 和 CEL2，UE 采用最大发射功率。NPRACH 采用 power ramping 机制时，其 power ramping 的计算公式为：
PREAMBLE_RECEIVED_TARGET_POWER

= preambleInitialReceivedTargetPower + DELTA_PREAMBLE + (PREAMBLE_TRANSMISSION_COUNTER–1) * powerRampingStep - 10*log10 (numRepetitionPerPreambleAttempt)

其中：DELTA_PREAMBLE 设置为 0；preambleInitialReceivedTargetPower 的值复用 LTE 的相同值；powerRampingStep 与 LTE 相同，为 {0, 2, 4, 6} dB。

上行功率控制-PUSCH。NPUSCH 传输数据时，其功率控制可以复用传统 LTE 中的功率控制策略。对于 15kHz 的系统，以 subframe 为单位进行功率控制；对于 3.75kHz 的系统，

以 $N_{Slot}$ 为单位进行功率控制。

NPUSCH 的重复次数 >2 时，UE 采用最大发射功率。否则，NPUSCH 上行功率配置复用 36.213 中 5.1.1.1 的内容。下式中有服务小区 $c$，子帧 $i$（15 kHz 子载波间隔）或者 $N_{Slot}\,i$（3.75 kHz 子载波间隔）：

PNPUSCH, $c(i)$=min{PCMAX, $c(i)$, 10log10(MNPUSCH, $c(i)$)+PO_NPUSCH, $c$+$\alpha c(j)$ $PLc$+$fc(i)$}

－ MNPUSCH, $c(i)$ 表示 PUSCH 资源分配的带宽：{1/4, 1, 3, 6, 12}（反应上行传输资源带宽）。

－ PO_NPUSCH, $c(j)$=PO_UE_NPUSCH, $c(j)$+PO_NOMINAL_NPUSCH, $c(j)$：

• 当 $j$ = 1，PO_UE_NPUSCH, $c(1)$ 和 PO_NOMINAL_NPUSCH, $c(1)$ 由高层配置，并且 $j$ = 1 用于 NPUSCH 数据传输。

• 当 $j$ = 2，用于与随机接入响应授权相耦合的 NPUSCH 数据传输，PO_UE_NPUSCH, $c(2)$=0，而 PO_NOMINAL_NPUSCH, $c(2)$=PO_PRE+$\Delta$PREAMBLE_MSG3，其中参数 PO_PRE 和 $\Delta$PREAMBLE_MSG3 由高层配置。

－ $\alpha(j)$：

• 当 $j$= 1，$\alpha c(j)$ 由高层配置；

• 当 $j$= 2，$\alpha c(j)$=1。

－ $fc(i)$：无 TPC 命令，$fc(i)$=0。

## ●● 2.8　小区选择和重选

NB-IoT 的 RRC_IDLE 模式的小区选择与重选过程是基于 E-UTRAN 的小区选择与重选过程简化而来的。考虑到 NB-IoT 的低成本终端、低移动性及承载的小数据业务特性，NB-IoT 系统不支持如下小区选择与重选相关功能。

NB-IoT 不支持紧急呼叫（Emergency call）：因为 NB-IoT 不支持语音业务，所以无需考虑紧急呼叫的支持。

NB-IoT 不支持系统间测量与重选：考虑到 NB-IoT 的低成本终端特性，NB-IoT 终端只能承载于 NB-IoT 系统上，不支持与其他系统的互操作，所以不支持系统间的测量与重选。

NB-IoT 不支持基于优先级的小区重选策略（Priority based reselection）：考虑到 NB-IoT 的低成本终端及低移动性特性，简化了小区重选功能，不再支持基于优先级的小区重选功能。

NB-IoT 不支持基于小区偏置的小区重选策略（Qoffset）：考虑到 NB-IoT 的低成本终端及低移动性特性，简化了小区重选功能，小区重选中的偏置只能针对频率来设置，不支持基于小区的重选偏置。

NB-IoT 不支持 E-UTRAN 的频间重分布过程（E-UTRAN Inter-frequency Redistribution procedure）：考虑到 NB-IoT 的低成本终端及低移动性特性，简化了小区重选功能，只支持简单的基于 R 规则的小区重选策略，不支持 E-UTRAN 的频间重分布过程。

NB-IoT 不支持基于封闭小区组（CSG）的小区选择与重选过程：因为 NB-IoT 没有 CSG 相关功能需求，所以也不再支持基于 CSG 的小区选择与重选过程。

NB-IoT 不支持可接受小区（Acceptable cell）和驻留于任何小区（Camped on any cell state）的重选状态：由于 NB-IoT 不支持紧急呼叫，所以 NB-IoT 系统中处于空闲（RRC_IDLE）模式的 UE，要么处于正常驻留状态（Camped normally），要么就处于小区搜索状态（Any cell selection）以找到合适的驻留小区（Suitable cell），不存在其他小区选择的状态。

除此之外，NB-IoT 的 RRC_IDLE 模式小区选择与重选过程基本上继承了 E-UTRAN 的 RRC_IDLE 模式小区选择与重选功能，或者在 E-UTRAN 的 RRC_IDLE 模式小区选择与重选功能的基础上做了简化。NB-IoT 系统中 RRC_IDLE 模式小区选择与重选的状态迁移如图 2-61 所示。

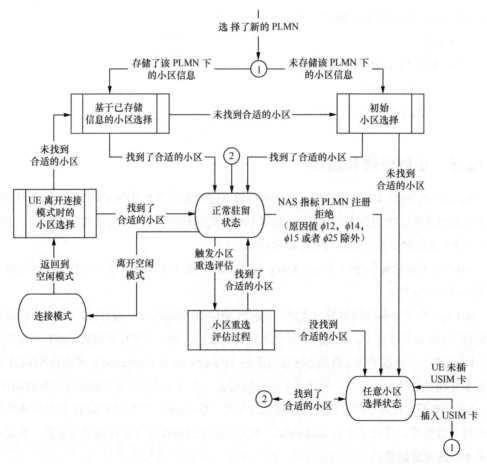

图2-61 NB-IoT系统中RRC_IDLE模式小区选择与重选的状态迁移

## 2.8.1　PLMN 选择策略

NB-IoT 支持多 PLMN（Public Land Mobile Network，公共陆地移动网络）功能，NB-IoT 系统中的 PLMN 选择策略与 E-UTRAN 系统中的 PLMN 选择策略是完全一样的，具体策略如下。UE 首先基于存储的最后一次驻留时的相关信息进行 PLMN 选择（比如基于已存储的最后一次驻留时的载波信息、小区参数等进行 PLMN 选择）：优先尝试选择已存储的信息所归属的 PLMN。如果基于已存储的信息没有找到合适的 PLMN 或者 UE 没有相关的存储信息，则 UE 执行初始 PLMN 选择过程：UE 扫描支持的频带内的所有 NB-IoT 载波以找到可用的 PLMN。在每个载波上，UE 搜信号最强的小区，并读取系统消息，以便确定小区所归属的 PLMN。

如果信号最强的小区归属于一个或多个 PLMN，且小区的信号强度（RSRP）大于或等于 –110dBm，则把相关的 PLMN 作为高质量 PLMN 上报给 NAS 层（无需携带 RSRP 值）。

如果找到的 PLMN 不满足高质量 PLMN 的条件，但 UE 能读到包含 PLMN 的系统消息，则将相关的 PLMN 以及测量到的小区 RSRP 值一起上报给 NAS 层。NAS 层收到 PLMN 或 PLMN 列表后，根据 PLMN 列表中的 PLMN 优先级来手动或自动选择某个 PLMN。一旦 UE 选择到 PLMN（Selected PLMN），就开始小区选择过程，以便在该 PLMN 上选择一个合适的小区驻留；如果 NAS 收到 PLMN 后进行注册时被拒绝，则 UE 进入任意小区选择状态（Any Cell Selection State）。

## 2.8.2　选择了新的 PLMN 后的小区选择策略

NB-IoT 的小区选择策略与 E-UTRAN 系统中的小区选择策略类似，支持初始小区选择和基于已存储信息的小区选择。UE 选择了新的 PLMN 后，首先基于 UE 内部存储的最后一次驻留时的相关信息进行小区选择（Stored Information Cell Selection）。一旦 UE 找到一个合适的小区，则 UE 进入正常驻留状态（Comped Normally），该小区就作为驻留小区。如果基于 UE 内部存储的相关信息没有找到合适的小区或者 UE 内部没有存储相关的小区驻留信息，则 UE 执行初始小区选择策略（Initial Cell Selection）：UE 扫描支持的频带内的所有 NB-IoT 载波以找到合适的小区。在每个载波上，UE 只需搜索信号最强的小区。一旦 UE 找到一个合适的小区，则 UE 进入正常驻留状态，该小区就作为驻留小区；如果仍然找不到合适的小区，则 UE 进入任意小区选择状态。

评价是否为合适的小区选择 S 准则（满足 UE 驻留的基本条件）：Srxlev > 0 和 Squal > 0。

其中，Srxlev = Qrxlevmeas–Qrxlevmin–Pcompensation–QoffsettempSqual = Qqualmeas–Qqualmin–Qoffsettemp，公式中涉及的各参数含义见表 2-18。

**表2-18　各参数的含义**

| Srxlev | 计算出的小区接收电平相对值，用于衡量 UE 是否满足小区选择的条件 |
|---|---|
| Squal | 计算出的小区质量相对值，用于衡量 UE 是否满足小区选择的条件 |
| QoffsettempSqual | UE 接入小区失败后的惩罚性偏置 |
| Qrxlevmeas | UE 测量的小区接收电平值（RSRP 测量值） |
| Qqualmeas | UE 测量的小区质量值（RSRQ 测量值） |
| Qrxlevmin | 满足小区选择条件的最小接收电平值 |
| Qqualmin | 满足小区选择条件的最小质量值 |
| Pcompensation | 针对不同 UE 支持的最大发射功率的不同而进行的补偿 |

NB-IoT 不支持 Qqualminoffset 和 Qrxlevminoffset。

### 2.8.3　空闲模式的测量策略

对于处于 RRC_IDLE 状态的 UE，采用系统信息（SIB）中服务小区的参数 Srxlev、SIntraSearchP 和 SnonIntraSearchP 进行如下测量判决：

如果服务小区满足 Srxlev > SIntraSearchP，则 UE 可以不进行频内（intra-frequency）测量；否则，UE 需要进行频内测量。

如果服务小区满足 Srxlev > SnonIntraSearchP，则 UE 可以不进行频间（inter-frequency）测量；否则，UE 需要进行频间测量。

### 2.8.4　小区重选策略

小区重选的 R 准则如下：Rs= Qmeas, s+ Qhyst − QoffsettempRn= Qmeas, n − Qoffset − Qoffsettemp。其中，各参数的含义见表 2-19 所示。

**表2-19　各参数的含义**

| Qmeas,s | UE 测量的小区 RSRP 值 |
|---|---|
| Qhyst | 小区重选的迟滞值，防止小区乒乓重选 |
| Qoffset | 小区重选的频率偏置 |
| QoffsettempRn | UE 接入小区失败后的惩罚性偏置 |

注：R 规则中 NB-IoT 和 E-UTRAN 有如下区别。
NB-IoT 中 Qoffset 只针对异频重选的频点而言，同频重选不再有小区偏置。
UE 对满足 S 准则的所有测量到的小区按照如上 R 准则进行排序，如果排序为最好的小区不是当前的服务小区，且满足如下两个条件，则触发小区重选（重选到该排序最好的小区）：
① 新小区比原服务小区的质量好的时长超过 Treselection；
② UE 在原服务小区的驻留时长超过 1s。如果在重选过程中找不到合适的小区，则 UE 进入任何小区选择状态。

### 2.8.5　UE 进入连接模式时的小区选择

当处于正常驻留状态的 UE 需要发起业务建立时，在当前驻留小区发起业务接入过程。

### 2.8.6　UE 离开连接模式时的小区选择

当 UE 从连接模式转到空闲模式时，UE 首先尝试驻留到 RRCConnectionRelease-NB 消息里 redirectedCarrierInfo 信元指定的载波上的合适小区；如果在 redirectedCarrierInfo 信元指定的载波上找不到合适的小区，则 UE 在所有 NB-IoT 载波上来搜索合适的小区。如果 RRCConnectionRelease-NB 消息里没有携带 redirectedCarrierInfo 信元，则 UE 基于自己的实现策略在 NB-IoT 载波上选择合适的小区（具体的载波选择策略没有标准化）。如果找不到合适的小区，则 UE 进入任何小区选择状态。说明：此处的 redirectedCarrierInfo 信元只能填写 Anchor 载波的频点信息。

### 2.8.7　处于正常驻留状态的 UE 的行为

处于正常驻留状态的 UE，需要在驻留小区进行寻呼监控、系统信息的监控与接收、小区重选相关的测量及重选条件判决。

### 2.8.8　处于任何小区选择状态的 UE 的行为

处于任何小区选择状态的 UE 尝试在任何 PLMN 上搜索一个合适的驻留小区，优先搜索高质量 PLMN 上的小区。如果 UE 仍然找不到合适的驻留小区，则 UE 处于该状态，直到搜到一个合适的驻留小区为止。

## ●●2.9　UE 节能技术

要使终端通信模块低功耗运行，最好的方法就是尽量地让其"休眠"。NB-IoT 有两种模式，可以使得通信模块只在约定的一段很短暂的时间段内监听网络对其的寻呼，其他时间则都处于关闭的状态。这两种"省电"模式为：省电模式（Power Saving Mode，PSM）和扩展的不连续接收（extended Discontinuous Reception，eDRX）。

（1）PSM

在 PSM 下，终端设备的通信模块进入空闲状态一段时间后，会关闭其信号的收发以及接入层的相关功能。当设备处于这种局部关机状态的时候，即进入了省电模式（PSM）。终端以此可以减少通信元器件（天线、射频等）的能源消耗。

终端进入省电模式期间，网络是无法访问到该终端的。从语音通话的角度来说，即"无法被叫"。

在大多数情况下，采用 PSM 的终端，超过 99% 的时间都处于休眠的状态，主要有两种方式可以激活它们和网络的通信：

当终端自身有连接网络的需求时，它会退出 PSM 的状态，并主动与网络通信，上传业务数据；

在每一个周期性的 TAU（Tracking Area Update，跟踪区更新）中，都有一小段时间处于激活的状态。在激活状态中，终端先进入"连接状态（Connect）"，与通信网络交互其网络、业务的数据。在完成通信后，终端不会立刻进入 PSM 状态，而是保持一段时间为"空闲状态（IDLE）"。在空闲状态下，终端可以接受网络的寻呼。

在 PSM 的运行机制中，使用"激活定时器（Active Timer，AT）"控制空闲状态的时长，并由网络和终端在网络附着（Attach，终端首次登记到网络）或 TAU 时协商决定激活定时器的时长。终端在空闲状态下出现 AT 超时的时候，就进入了 PSM 状态。

根据标准，终端的一个 TAU 周期最大可达 310h；"空闲状态"的时长最高可达到 3.1h（11 160s）。

从技术原理可以看出，PSM 适用于那些几乎没有下行数据流量的应用。云端应用和终端的交互，主要依赖于终端自主性地与网络联系。在绝大多数情况下，云端应用是无法实时"联系"到终端的。

（2）eDRX 模式

在 PSM 模式下，网络只能在每个 TAU 最开始的时间段内寻呼到终端（在连接状态后的空闲状态进行寻呼）。eDRX 模式的运行不同于 PSM，它引入了 eDRX 机制，提升了业务下行的可达性。

在一个 TAU 周期内，eDRX 模式包含多个 eDRX 周期，以便于网络更实时性地向其建立通信连接（寻呼）。

eDRX 的一个 TAU 包含一个连接状态周期和一个空闲状态周期，空闲状态周期中则包含了多个 eDRX 寻呼周期，每个 eDRX 寻呼周期又包含了一个 PTW 周期和一个 PSM 周期。PTW 和 PSM 的状态会周期性地交替出现在一个 TAU 中，使得终端能够间歇性地处于待机的状态，等待网络对其的呼叫。

在 eDRX 模式下，网络和终端建立通信的方式是这样的：终端主动连接网络；终端在每个 eDRX 周期中的 PTW 内，接收网络对其的寻呼。

在 TAU 中，最短的 eDRX 周期为 20.48s，最长周期为 2.91h。

在 eDRX 中，最短的 PTW 周期为 2.56s，最长周期为 40.96s。

在 PTW 中，最短的 DRX 周期为 1.28s，最长周期为 10.24s。

总体而言，在 TAU 一致的情况下，eDRX 模式比 PSM 的空闲状态的分布密度更高，终端对寻呼的响应更及时。eDRX 模式适用的业务，一般下行数据传送的需求相对较多，但允许终端接收消息有一定的时延（例如云端需要不定期地配置管理终端、采集日志等）。根据技术差异，eDRX 模式在大多数情况下比 PSM 更耗电。

## 2.9.1　PSM

PSM 是为了满足 IoT 和 M2M 的省电要求而在 Rel-12 中被引入的，其目标是使 UE 的功耗与其关机时几乎一致，并低于空闲态的功耗。

PSM 是一种新的低功耗模式，它允许 UE 不去监听周期性的寻呼（Paging）消息，从而使得 UE 可以进入长时间的深度睡眠状态。当 PSM 激活时，UE 变得不可达，即网络无法联系上 UE。因此，PSM 最好是由 UE 发起（或者说终端发起）或被调度的应用使用，这些应用均由 UE 来发起与网络的通信。如果没有终端终止（由网络侧发起）的数据，IoT 设备可以保持在 PSM 状态长达 10 天左右，其上限由 TAU 定时器的最大值确定。

PSM 旨在用于非频繁发生的终端发起的业务，或终端终止但可以接收较大时延的业务。PSM 可应用于包括智能电表、环境监控、传感器和定期将数据推送到任何物联网设备中。PSM 适用于 Cat-0、Cat-M1 和 Cat-NB1 的 UE。

PSM 的原理其实很简单：UE 处于 PSM 态，即休眠态的时候，是不能接收和发送数据的，网络侧也无法叫醒它（这与 LTE 不同，LTE 中处于 IDLE 态的 UE，网络侧可以通过 Paging 来唤醒它）。所以，只有等 UE 自己主动醒来的时候（如周期性地醒来，或 UE 有上行数据要发送），网络侧才能发送下行数据。

PSM 类似于关机，但 UE 依然注册在网络中，并保持了其非接入层（NAS）的状态，因此 UE 在退出 PSM 状态时，无需花费额外的时间来重新附着或重新建立 PDN 连接，从而实现了更有效的进入 / 退出 PSM 的机制。

UE 处于 PSM 状态时，其接入层（AS）会被关闭，这意味着基带和 RF 单元可以停止供电，并且 UE 不必监听寻呼消息或执行任何无线资源管理（RRM）相关的测量。

PSM 是 NAS 层的功能，并由 UE 发起。当 UE 希望使用 PSM 时，它会在附着（Attach）或 TAU 流程中通过 Attach Request 或 Tracking Area Update Request 消息向网络请求一个激活时间值（Active Time value，对应 IE：T3324 value）来请求使用 PSM。如果网络支持 PSM 并接受 UE 使用 PSM，则网络会通过给 Attach Accept 或 Tracking Area Update Accept 消息给 UE 分配一个激活时间值（对应 IE：T3324 value）来确认接受 UE 使用 PSM。仅在网络提供的 T3324 值不等于"deactivated"时，UE 才会使用 PSM。PSM 的配置过程如图 2-62 所示。

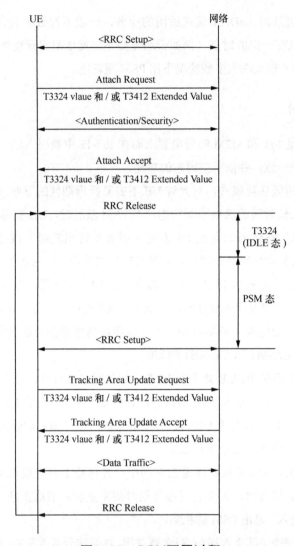

UE                          网络

&lt;RRC Setup&gt;

Attach Request

T3324 vlaue 和 / 或 T3412 Extended Value

&lt;Authentication/Security&gt;

Attach Accept

T3324 vlaue 和 / 或 T3412 Extended Value

RRC Release

T3324
(IDLE 态)

PSM 态

&lt;RRC Setup&gt;

Tracking Area Update Request

T3324 vlaue 和 / 或 T3412 Extended Value

Tracking Area Update Accept

T3324 vlaue 和 / 或 T3412 Extended Value

&lt;Data Traffic&gt;

RRC Release

图2-62  PSM配置过程

定时器 T3324 指示了 UE 在进入 PSM 状态之前，有多长的时间是下行可达的（此时 UE 处于 IDLE 态，并且会监听寻呼消息），如果该定时器超时，UE 将关闭 AS 层并激活 PSM，进入休眠状态。

定时器 T3412 是周期性的 TAU 定时器，它与 T3324 一起指示了 UE 在多长的时间内处于 PSM 状态，此时下行是不可达的。如果 UE 想改变周期性的 TAU 定时器值，UE 会在 TAU 过程中请求它希望的值。

从图 2-63 中可以看出，在周期性 TAU 完成或数据传输结束后，UE 会先进入空闲状态，使能非连续接收（DRX），并监听寻呼消息（此时终端终止业务可达）。当定时器 T3324 超时后，UE 才会进入 PSM 状态。UE 会一直处于 PSM 状态中，直到终端发起的事件（例如周期性 TAU、UE 需要发送上行数据或去附着）要求 UE 向网络发起相关流程，UE 才会退出 PSM 状态。

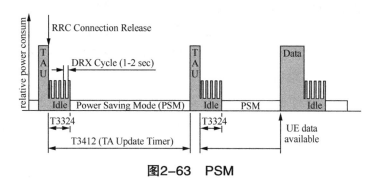

图2-63  PSM

使用 PSM 的 UE 在其处于连接状态期间以及在连接状态之后的活动时间期间（定时器 T3324 运行期间的激活时段）可用于终止于终端的服务，而连接状态是由在周期性 TAU 过程之后发生的由终端发起的诸如数据传输或信令传输触发的。对于终端终止（网络侧发起）的业务，其数据不能立即到达处于 PSM 状态的 UE，因此支持终端终止业务（由网络侧发起）并保证其时延对 PSM 来说是一个很大的挑战。随着周期性的 TAU 定时器超时或 UE 主动发起上行传输，设备才能变得网络可达，这可能导致终端终止业务的显著时延。虽然周期性的 TAU 可以配置为更频繁地发生以满足 UE 的时延要求，但这样的配置会导致不必要的周期性 TAU 过程带来的附加信令开销，并增加设备的功耗。为了解决 PSM 的这个缺点，在 Rel-13 中引入了 eDRX，这将在下一节介绍。

## 2.9.2  eDRX

虽然 Rel-12 中引入的 PSM 可以有效地降低终端发起或被调度应用的功耗，但是其对于终端终止应用的支持是一个很大的挑战，并可能带来不必要的信令和功耗开销。为了解决这个问题，Rel-13 引入了 eDRX 来增强连接状态的非连续接收（Connected mode DRX，C-DRX）和空闲状态的非连续接收（Idle mode DRX，I-DRX），以进一步增强支持终端终止的应用，例如设备可以被网络寻呼。eDRX 可用于 Cat-M1 和 Cat-NB1 的 UE，除了能降低实现的复杂度外，还能够节省额外的功耗。

空闲状态下的 DRX 周期即为 Paging 周期。传统的 LTE 空闲状态 DRX 周期被限制为最长 2.56s（defaultPagingCycle 的最大取值为 2560ms）。eDRX 通过将空闲状态下监听 paging 消息的时间间隔（即 Paging 周期）和 TAU 的间隔延长到 Cat-M1 的最长 430.39min 和 Cat-NB1 的最长约 3h，来优化电池的使用时间。

　　传统的 LTE 连接状态 DRX 周期被限制为最长 2.56s（指示的最大 DRX 周期取值为 2560ms）。eDRX 通过将连接状态下监听控制信道（NPDCCH）/ 数据接收的最长时间间隔隔延长到 10.24s（NO-IoT 下为 9.216s），来优化电池的使用时间。

　　eDRX 要求网络和 UE 同步休眠，从而使得 UE 不必频繁地检查网络消息。eDRX 周期的选择取决于 UE 所需的时延，并可以通过配置更长的 eDRX 周期来实现更低的功耗。除了降低功耗之外，与传统的 DRX 和 / 或 PSM 相比，eDRX 还可以减少信令负载（eDRX 无需额外的信令即可快速进入连接状态）。

　　eDRX 的基本概念听起来很简单，仅仅是通过扩大休眠的持续时间来降低功耗的。但实现起来却不能简单地给 Paging Cycle 和连接状态下的 DRX Cycle 配置更大的值。如果希望 DRX 正确地运作，需要 UE 侧和网络侧精确的时间同步。传统 LTE 的 SFN 最大只能表示 1024 个系统帧，即最大只能表示 10240ms（10.24 秒），不足以表示空闲状态 eDRX 下最大约 3h 的休眠时间，为此，引入了超帧（Hyter Frame）的概念。

　　从本质上讲，PSM 和 eDRX 都是通过提高"睡眠"时间的占比来达到省电的效果，但这又牺牲了数据的实时性。与 PSM 相比，eDRX 的实时性更好，但省电效果差些。二者可满足不同的场景需求，如 PSM 更适用于智能抄表业务，而 eDRX 更适合宠物跟踪类业务等。

# NB-IoT 网络组网

## 第 3 章

**导读**

　　本章介绍了 NB-IoT 网络的组网，阐述了 NB-IoT 网络的规划体系，分别介绍了三种主流的组网方式，并结合实际，举例说明了中国移动和中国电信的组网模式。

　　区别于 LTE 网络主要服务对象是人与人，NB-IoT 主要服务于物与物的连接，如何建立一张提供便捷于万物互联的优质网络，会遇到大量全新的问题与挑战，在规划阶段制定好针对性解决方案，做到有备无患，是组建好 NB-IoT 网络必不可少的工作。为了能让读者从实际组网案例中有所借鉴，编创团队收集整理了大量的资料，通过 3.1 节结合网规网优经验，从覆盖规划、容量规划、频率规划、参数规划等方面介绍了 NB-Iot 网络规划的目标、流程和实现方法。NB-IoT 网络主要包括 Stand-Alone、Guard-band、In-band 三种部署方式，3.2 节对这三种组网方式的各自特点和异同进行介绍。最后在 3.3 节举例介绍了中国移动和中国电信的实际部署方案，方便读者对实际组网部署能有具体、清晰的参考，从而加深读者对此理解，方便在工作中实践推广。

## ●● 3.1　NB-IoT 网络规划

### 3.1.1　NB-IoT 网络规划流程

#### 1. NB-IoT 规划目标

NB-IoT 有别于传统的人与人连接的网络，主要服务于物与物的连接，为人类工作提供信息采集等功能及通道。如何建设一张提供便捷于万物连接及信息采集成本最低的优质网络，在规划阶段需要因地制宜地解决很多问题，充分发掘利用现网数据及已有的运营经验，对全新的网络进行针对性分析，提出具体的解决方案。

NB-IoT 规划目标主要包括规划指标、规划体系和建设方案三部分。

● 规划指标：基于物联网承载业务需求，确定规划指标。

● 规划体系：制定频率规划、覆盖规划、容量规划、参数规划、传输需求规划、软件功能规划等内容的规划体系。

● 建设方案：基于规划体系和组网方案，编制工程建设方案。

物联网规划目标及规划体系构架如图 3-1 所示。

以规划目标为指引，首先通过业务需求分析规划指标；以规划指标为依据，开展频率规划、覆盖规划、容量规划、参数规划、传输需求规划和软件功能规划等一系列规划工作，完成规划体系；基于规划体系和组网方案，进行多方案比较，输出最终建设方案以指导 NB-IoT 网络建设。

任何网络的规划指标都是建立在一定业务需求的分析基础上的，通过物联网业务分析、业务筛选，确定业务需求，进而提出 NB-IoT 的规划指标。

NB-IoT 的规划指标主要包括平均速率、边缘速率、分场景 RSRP 和分场景 RS-SINR 共 4 种。

（1）平均速率

通过系统能力仿真和测试分析确定，存在两个难点需要进一步讨论：不同业务类型的终端分布差异大，且更多集中在室内区域，无法用路测等指标进行评估；终端业务模型不确定，实际业务（多重业务、多终端混合）对平均速率的影响难以被评估。

（2）边缘速率

通过业务需求的最低速率确定，考虑到不同业务对时延的要求不同，因此最低速率指标弹性较大。3GPP NB-IoT 规范有建议值 160bit/s，其合理性待通过与真实业务对比验证。研究通过调研现网数据进行终端业务行为识别及分析的方法，分析对规划指标的具体要求。

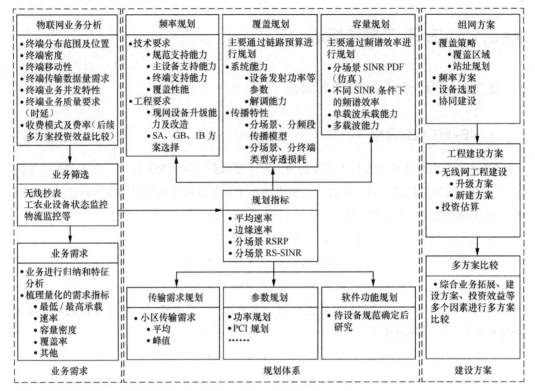

**图3-1 物联网规划目标及规划体系构架**

### （3）分场景 RSRP

通过系统能力的接收灵敏度、上行边缘速率（一定干扰余量）确定最低要求，通过下行边缘确定需借助链路级仿真结合测试。

### （4）分场景 RS-SINR

根据速率指标结合链路级仿真确定。此外，还需要考虑一些其他要求。

分业务要求：对不同业务采用差异化指标。对于极低速率业务，以系统接收灵敏度作为规划指标要求，不要求边缘速率；对于其他业务，以边缘速率作为最低速率规划要求。

分场景要求：应结合覆盖区域的典型业务确定覆盖指标，不同区域的规划指标不同。

覆盖率确认：考虑覆盖率与建设成本之间的折中。

### 2. NB-IoT 规划体系

规划体系主要包括频率规划、覆盖规划、容量规划、参数规划、传输需求规划和软件功能规划等，下面主要探讨覆盖规划、容量规划、频率规划和参数规划。

## 3.1.2　覆盖规划

NB-IoT 覆盖增强关键技术主要包括窄带传输提升功率频谱密度、重复传输时间分集和跳频 3 种。通过发射功率、接收电平理论计算最大耦合损耗（Maximum Coupling Loss，MCL），比较各系统的覆盖能力。在不考虑速率的情况下，系统能支持的最大覆盖能力（MCL 作为标准，是指满足系统最低系统业务目标的条件下，从发射端到接收端所允许的最大损耗，表示系统的最大覆盖能力），NB-IoT 相对 GSM 有 20dB 的增益。

GSM 的 MCL 值为 144dB（GSM 系统上行受限，上行 MCL 值为 144dB，下行 MCL 值为 149dB）。

NB-IoT 的 MCL 值为 164dB（下行 MCL 大于等于 164dB，所以系统能力为 164dB，相对 GSM 的 144dB，有 20dB 的增益）。各种网络制式 MCL 理论计算值见表 3-1。

**表3-1　各种网络制式MCL理论计算值**

| 项目 | GSM | TD-LTE | LTE FDD | NB-IoT | eMTC |
|---|---|---|---|---|---|
| 发射功率（dBm） | 43 | 15 | 15 | 43 | 21 |
| 接收电平（dBm） | −102 | −125 | −125 | −122 | −134 |
| MCL（dB） | 145 | 140 | 140 | 165 | 155 |

从表 3-1 中可见，NB-IoT 覆盖目标为满足上下行 MCL=165 dB，优于 GSM 系统 20 dB；而 eMTC MCL 优于 GSM 系统 10 dB，优于 LTE 系统 15 dB。

典型覆盖场景要求见表 3-2。

**表3-2　典型覆盖场景要求**

| 分类 | 应用 | 话务模型 | | 覆盖 MCL | 推荐速率 | 可靠性 / 覆盖率 |
|---|---|---|---|---|---|---|
| | | 上行 | 下行 | | | |
| 公共事业 | 智能水表 | 周期水耗 200Bytes 1 次 / 天 | 应答 50Bytes 1 次 / 天 | 164dB | 无行业标准（UL>250bit/s） | 95% ~ 99% |
| | 智能电表 | 每日上报 25 ~ 40kB 1 次 / 天 | 查询指令 50 字节 1 次 / 天 | 164dB | 无行业要求（UL<250bit/s） | 95% ~ 99% |
| | 智能气表 | 用户数据上报故障信息 <100Bytes 1 天 1 次 | 远程预付费开关阀价格调整 <100Bytes 1 月 / 次 | 164dB | 无行业要求（UL>250bit/s） | 95% ~ 99% |
| 智慧城市 | 智能灯杆 | 应答 50Bytes 2 次 / 天 | 开关 / 调光 50Bytes 2 次 / 天 | 144dB | 无行业要求（UL>1kbit/s） | 95% ~ 99% |
| | 智能停车 | 车位上报 100Bytes 12 次 / 天 | 应答 50Bytes 12 次 / 天 | 154dB | 无行业标准（UL>1kbit/s） | 95% ~ 99% |

（续表）

| 分类 | 应用 | 话务模型 | | 覆盖 MCL | 推荐速率 | 可靠性 / 覆盖率 |
| --- | --- | --- | --- | --- | --- | --- |
| | | 上行 | 下行 | | | |
| 后勤保障 | 物流跟踪 | 位置信息 <100Bytes 1 次 / 小时 | 参数配置 <50Bytes 1 月 / 次 | 154dB | 无行业要求（UL>1kbit/s） | 90% ~ 99% |
| 消费医疗 | 宠物跟踪 | 位置信息 <100Bytes 1 次 /10s | 参数配置 <50Bytes 1 月 / 次 | 154dB | 无行业要求（UL>1kbit/s） | 90% ~ 99% |

最低要求和业务要求对应的覆盖标准（RSRP&SINR& 边缘速率），如下标准预留了 7dB 规划余量，详见表 3-3。

表3-3　各业务覆盖最低要求

| 上行要求 | 最低要求 | 业务要求 1 | 业务要求 2 |
| --- | --- | --- | --- |
| MCL（最大耦合损耗，反映上行覆盖要求） | 157 dB | 154 dB | 151 dB |
| DL RSRP（Standalone：下行导频功率 32.2 dBm，总功率 1*20W） | −125 dBm | −122 dBm | −119 dBm |
| DL RSRP（inband：下行导频功率 24.2dBm，总功率 2*1.6W） | −133 dBm | −130 dBm | −127 dBm |
| 上行边缘速率 | 210 bit/s | 300 bit/s | 500 bit/s |
| 下行要求 | 最低要求 | 业务要求 1 | 业务要求 2 |
| DL SINR（反映下行覆盖要求） | −12 dB | −7 dB | −6 dB |
| 下行边缘速率 | 670 bit/s | 1 kbit/s | 1.5 kbit/s |

不同速率 / 功率的链路预算见表 3-4。

表3-4　不同速率/功率的链路预算

| Paramaters | RRU 功率（20W/SA） | RRU 功率（6.7W/SA） | RRU 功率（3.2W/SA） |
| --- | --- | --- | --- |
| Data rate (bit/s) | 181800 | 1200 | 970 |
| (1) Tx Power in Occupied Bandwidth (dBm) | 43 | 38.2 | 35 |
| (2) Thermal Noise Density (dBm) | −174 | −174 | −174 |
| (3) Occupied Bandwidth (kHz) | 180 | 180 | 180 |
| (4) Receiver Noise Figure (dB) | 5 | 5 | 5 |
| (5) Interference Margin (dB) | 0 | 0 | 0 |
| (6) Effective Noise Power (dBm) = (2)+10log10 3+(4)+(5) | −116.4 | −116.4 | −116.4 |

（续表）

| Paramaters | RRU 功率<br>（20W/SA） | RRU 功率<br>（6.7W/SA） | RRU 功率<br>（3.2W/SA） |
|---|---|---|---|
| (7) Required SINR (dB) | −5 | −9.7 | −12.6 |
| (8) Receiver Sensitivity (dB) = (6)+(7) | −121.2 | −126.1 | −129 |
| (9) Rx processing gain (dB) | 0 | 0 | 0 |
| (10) Maximal Coupling Loss (dB) = (1)−(8) + (9) | 164.4 | 164.3 | 164 |

边缘覆盖：考虑下行 MCL 覆盖 164dB 要求，需要 3.2W 功率配置，建议功率不低于 3.2W。

速率分析：从链路预算来看，目前 NB-IoT 的 3.2W 功率的下行速率为 970 bit/s，NB-IoT 业务速率要求一般低于 1kbit/s。

（1）新增 NB-IoT 原制式功率下降对原制式 GSM 覆盖影响（原制式功率用满的情况）

以 40W（3908 V2）为例，GO（2G）→ GM (2G+1M)，功率配置：从 GSM 2 载波各 20W，到 GSM 2 载波各 13.3W，M 载波可发射功率 =13.3/3=4.4W。GSM 载波从 20W 降低到 13.3W，下行功率降低 1.8dB。

● 从上下行平衡角度来看：下行功率降低 1.8dB，仍然是上行受限的。

● 从纯下行角度来看：GSM 载波从 20W 降低到 13.3W，下行功率降低 1.8dB，GSM 下行接收电平总体下降 1.8dB，覆盖率会有下降，和原网的覆盖情况相关，详见表 3-5。

表3-5　功率回退后覆盖率对比

| 假定原网 GSM 覆盖率 | 功率回退后的覆盖率 |
|---|---|
| 95% | 93.40% |
| 96% | 94.60% |
| 97% | 95.90% |
| 98% | 97.20% |

（2）新增 NB-IoT 原制式功率下降对原制式 LTE 覆盖影响（原制式功率用满的情况）

以 LTE 10MHz 带宽 2*40W 为例，LO → LM (1L+1M )，功率配置：从 LTE 2*40W，到 LTE 2*37W，M 载波可发射功率 2*3W。LTE 载波从 40W 降低到 37W，下行功率降低 0.3dB。

LTE 的发射功率需要从单通道 40W 回退到 37W，回退 0.3dB，RSRP 接收电平整体降低 0.3dB，下行 2Mbit/s（对应 RSRP 为 120dBm）覆盖率下降 0.1%（跟站间距相关），对覆盖有较小的影响。

GSM 功率下降 1.8 dB，覆盖率下降 0.8% ～ 1.6%；LTE 功率下降 0.3 dB，覆盖率下降 0.1%。

### 3.1.3 容量规划

**（1）NB-IoT 容量评估方法**

- 容量规划需要与覆盖规划相结合，最终结果同时满足覆盖与容量的需求；
- 容量规划需要根据话务模型和组网结构对不同的区域进行规划；
- 容量规划除业务能力外，还需综合考虑信令各种无线空口资源；
- 从业务模型出发计算每天单用户发起业务的次数，从用户分布模型计算不同 MCL 覆盖等级的比例；
- 从业务模型出发计算单用户单位时间业务量和单个用户的业务量；
- 分别计算业务信道容量、寻呼容量、随机接入容量；
- 综合考虑不同容量结果的受限结果最大极限容量。

**（2）容量规划的思路**

- 话务模型及需求分析，针对客户的需求及话务模型进行分析，如目标连接数、连接终端分布位置、单个连接的话务模型等；
- 整网需求容量，网络整体容量需求，来自客户的建网目标，即目标放号连接数；
- 单小区支持能力分析，包括载波数、站间距、MIMO 模式、用户分布位置等；
- 单站容量，基于一定的单站配置和一定的用户分布假定结合每用户的业务需求，得出单站承载的连接数；
- 站点数目，等于整网连接数需求 / 单站支持的连接数。

**（3）单站容量规划**

接入信令过程如图 3-2 所示。

输入 1：话务模型为用户每次发送 100 字节数据，用户发起接入的时间随机分布（满足泊松分布）。

输入 2：用户分布模型（0dB : 10dB : 20dB）包括比拼竞争场景：10 : 0 : 0 和典型场景：5 : 3 : 2。

根据用户单次接入发包过程的空口信令交互以及占用各信道的时间，分别计算各信道的容量：

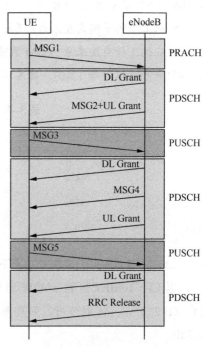

**图3-2 接入信令过程**

$$各信道容量=\frac{各信道总的时频资源}{\sum_{i=0}^{2}覆盖等级i用户比例\times覆盖等级i单用户占用信道时间}\times调度效率$$

输出：单站容量 =Min（PRACH 用户数，PUSCH 用户数，PDSCH&PDCCH 用户数）

（4）NB-IoT 容量规格评估

每小时空口同时接入次数见表 3-6。

表3-6　各信道的接入次数

| 各信道的容量（每小时） | | |
|---|---|---|
| 信道 | 不同信道的用户规格 | |
| | 10：0：0 | 5：3：2 |
| PRACH | 113k | 14.2k |
| PDSCH | 176k | 11.1k |
| PUSCH | 346k | 8.3k |
| 每小时空口接入次数 | 113k | 8.3k |

空口用户数需考虑用户发包过程中各个信道的容量和总的容量由受限信道决定：

空口容量 = Min（PRACH，PUSCH，PDSCH&PDCCH）

每小时空口支持的用户数见表 3-7。

表3-7　每用户接入次数

| 3GPP 45.820 定义的 NB-IoT 话务模型 | |
|---|---|
| 用户的接入间隔（h） | 用户比例 |
| 24 | 40% |
| 2 | 40% |
| 1 | 15% |
| 0.5 | 5% |
| 综合每小时每用户接入次数 | 0.467 |

按照 3GPP 话务模型的发包周期定义，折算的 NB 小区容量见表 3-8。

表3-8　每小时空口用户数

| 话务模型 | 用户在各覆盖等级的分布<br>（0dB ： 10dB ： 20dB） | NB-IoT 每小时空口用户数 |
|---|---|---|
| 模型：每次业务发送<br>100 字节应用层数据 | 10：0：0 | 242k |
| | 5：3：2 | 17.7k |

（5）NB-IoT 容量规划（仿真）建议（功率 5W ～ 10W）

NB-IoT 业务模型定义见表 3-9。

表3-9　NB-IoT业务模型

| 维度 | 定义 |
|---|---|
| 用户分布 | 根据密集城区场景，用户按照全部均匀分布 |
| 业务模型 1 | 95% 上行业务：上行 255 字节头，下行业务应答 45 字节 |
| | 5% 下行业务：下行 65 字节，上行 55 字节应答 |
| | 上下行业务数据量比：6 : 1 |
| 业务模型 2 | 95% 上行业务：上行 155Bytes，下行业务应答 45Bytes |
| | 5% 下行业务：下行 65 Bytes，上行 55Bytes 应答 |
| | 上下行业务数据量比：3 : 1 |

密集城区仿真结果见表 3-10。

表3-10　密集城区仿真结果

| 下行公共控制信道开销 | 30% | PUSCH 载波占用比例 | 87.00% |
|---|---|---|---|
| 调度效率 | 70% | PUSCH 载波数 | 12 |
| 邻区负载 | 50% | | |

业务模型 1 仿真结果见表 3-11。在 3.2W 功率配置下，会出现下行容量受限。

表3-11　业务模型1仿真结果

| 信道 | BHCA（5W） | BHCA（3.2W） |
|---|---|---|
| 上行 PUSCH | 22.4k | 22.4k |
| 下行 PDSCH | 24.6k | 20k |

业务模型 2 仿真结果见表 3-12。

表3-12　业务模型2仿真结果

| 信道 | BHCA（10W） | BHCA（5W） | BHCA（3.2W） |
|---|---|---|---|
| 上行 PUSCH | 33.4k | 33.4k | 33.4k |
| 下行 PDSCH | 32.8k | 27.4k | 22.3k |

（6）NB-IoT 支持用户数

各模式下的容量见表 3-13。

表3-13　各模式下的容量

| 组网模式 | 综合容量 | 随机接入信道容量 | 下行业务信道容量 | 上行业务信道 ST3.75K | 上行业务信道 ST15K | 寻呼容量 |
|---|---|---|---|---|---|---|
| Stand-alone | 52909 | 52909 | 153633 | 326484 | 114052 | 141019 |
| Guard-band | 23066 | 52909 | 23066 | 326484 | 114052 | 122589 |
| In-band | 10442 | 52909 | 10442 | 326484 | 114052 | 104398 |

在 Stand-alone 场景下，最大容量 52909 终端满足 3GPP 容量目标（每小区 5 万终端）。
在 Guard-band 和 In-band 场景下，不满足 3GPP 容量目标（每小区 5 万终端）。

### 3.1.4 频率规划

电信运营商对 NB-IoT 的频段划分见表 3-14。

**表3-14 各运营商NB-IoT频段划分**

| 运营商 | 上行频率（MHz） | 下行频率（MHz） | 频宽（MHz） |
|---|---|---|---|
| 中国电信 | 825～840 | 870～885 | 15 |
| 中国联通 | 890～990 | 934～944 | 10 |
| | 1725～1735 | 1820～1830 | 10 |
| 中国移动 | 890～900 | 934～944 | 10 |
| | 1725～1735 | 1820～1830 | 10 |

频率规划的关键步骤如图 3-3 所示。

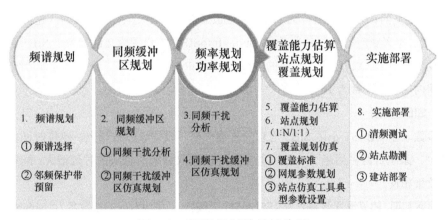

**图3-3 频率规划的关键步骤**

频率规划的原则如下：

Channel raster for NB-IoT in-band, guard-band and standalone operation is 100 kHz；

NB-IoT 的中心频点和 Channel-Raster 的频偏不能超过 7.5kHz；

在 Stand-Alone 模式下，NB-IoT 的中心频点必须对齐 Channel Raster；

在 Guard-Band 模式下，NB-IoT 的载频必须在 LTE 的保护带宽内；

在 Guard-Band 模式下，NB-IoT 的载频必须尽可能靠近 LTE PRB 的边缘，同时两者的频差必须是 15kHz 的整数倍，也就是子载波正交。

### 3.1.5 参数规划

**（1）覆盖等级使能开关**

该参数为 NB-IoT 小区的覆盖等级使能开关，通过开关设置 NB-IoT 小区最大可支持 3 个覆盖等级，分别对应 0dB、10dB 和 20dB 的覆盖增强。

建议 NB-IoT 小区开启 3 个覆盖等级（CoverageLevelType），即覆盖等级 0、1、2 三个参数均应设置为 1 或开启。如下例所示：

COVERAGE_LEVEL_0：1

COVERAGE_LEVEL_1：1

COVERAGE_LEVEL_2：1

爱立信对应的参数名为"cmcIndex=0/1/2"。

**（2）SIB1 重复次数**

该参数表示 NB-IoT 小区 SIB1 消息周期内的重复次数。SIB1 重复次数越大，SIB1 消息的解调正确率越高，搜网时延越小，但小号的时域资源越大；反之解调正确率越低，搜网时延越大。

3GPP 定义的该项参数名称为"schedulingInfoSIB1-r13"。在建网初期，建议设置该参数为 16 次。中兴对应的参数名为"schedulingInfoSIB1"，设置为 2 即等效于 SIB1 消息周期内的重复次数为 16 次。爱立信对应的参数名为"siRepetitionSI1"，设置为 4 即等效于 SIB1 消息周期内的重复次数为 16 次。

**（3）SIB2 周期**

该参数表示 NB-IoT 小区 SIB2 消息的传输周期。设置该参数越大，单位时间内的传输次数越少、系统资源占用越少，但可能导致终端读取系统消息块的时延增大；配置该参数越小，效果相反。

在建网初期，建议设置该参数为 RF512（512 无线帧）。华为对应的参数名为"NbSib2Period"，中兴对应的参数名为"SI 周期"，爱立信对应参数名为"siPeriodicitySI2"。

**（4）定时器 T300**

该参数表示定时器 T300 的时长，NB-IoT 终端在发送"RRC Connection Request"消息时启动该定时器。定时器超时前，如收到"RRC Connection Setup"或者"RRC Connection Reject"消息，则停止定时器计时；如定时器超时，NB-IoT 终端进入 RRC_IDLE 状态。

设置该参数越小，NB-IoT 终端的 RRC 连接建立失败概率越大；设置该参数越大，RRC 连接建立失败概率越小，终端重新发起 RRC 连接建立的时延越大。

3GPP 定义的该项参数名称为"t300-r13"。在建网初期，建议设置该参数为 6000ms。

**（5）定时器 T310**

该参数表示定时器 T310 的时长，参见 3GPP TS 36.3310 当 NB-IoT 终端检测到物理层故障时，启动该定时器。定时器超时前，如终端检测到物理层故障恢复，则停止该定时器；如定时器超时，NB-IoT 终端进入 RRC_IDLE 态。

设置该参数越大，终端检测物理层故障恢复的允许时间越长；设置该参数越小，终端检测物理层故障恢复的允许时间越短。设置该参数过大会增大误包率和时延。

3GPP 定义的该项参数名称为"t310-r13"。在建网初期，建议设置该参数为 2000ms。

**（6）UE 不活动定时器**

该参数表示 NB-IoT 基站对终端是否发送或接收数据进行多长时间的检测，如果终端一直未接收或发送数据，且持续时间超过该定时器时长，则空口释放该终端。

设置该参数越小，终端在没有业务情况下越早被释放；设置该参数越大，终端在没有业务的情况下越晚被释放，终端会保持更长在线时间、占用无线资源。

3GPP 定义的该项参数名称为"ue-TnactiveTime"。在建网初期，建议设置该参数为 20s。

**（7）同频小区重选指示**

该参数表示当最高等级的小区被禁止或者最高等级的小区被终端视为禁止时，是否允许 NB-IoT 终端重选与本小区同频的邻区。

建议设置该参数为"允许同频重选"的模式。华为对应参数名为"IntraFreqResel"，中兴对应参数名为"isIntraFreqReselection"。

**（8）同频重选测量门限配置标识**

该参数相当于开关使能，表示是否配置同频测量门限。如果取值为"是"，则为终端配置同频测量门限，由终端根据门限判断是否进行同频测量，具体描述见 TS 36.304。

建议设置该参数为"是"。华为对应参数名为"SintraSearchfInd"，中兴对应参数名为"intraSearvh"。

# ●●3.2　NB-IoT 主流组网模式

NB-IoT 带宽为 180kHz，支持以下 3 种工作模式，如图 3-4 所示。

Stand-alone（独立）方式：独立部署在 LTE 带外，功率独立配置，不依赖 LTE 网络，如图 3-5 所示。

Guard-band（保护带内）方式：部署在 LTE 保护带内，功率在 LTE 上功率增强，不占用 LTE 资源，如图 3-6 所示。

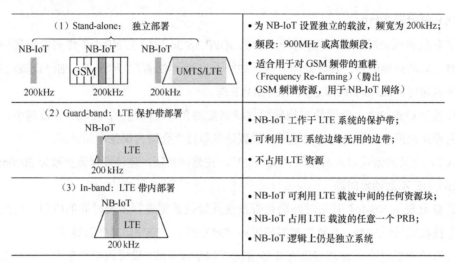

| | |
|---|---|
| （1）Stand-alone: 独立部署<br><br>NB-IoT　NB-IoT　NB-IoT<br><br>GSM　UMTS/LTE<br><br>200kHz　200kHz　200kHz | • 为 NB-IoT 设置独立的载波，频宽为 200kHz；<br>• 频段：900MHz 或离散频段；<br>• 适合用于对 GSM 频带的重耕（Frequency Re-farming）（腾出 GSM 频谱资源，用于 NB-IoT 网络） |
| （2）Guard-band: LTE 保护带部署<br><br>NB-IoT<br><br>LTE<br><br>200 kHz | • NB-IoT 工作于 LTE 系统的保护带；<br>• 可利用 LTE 系统边缘无用的边带；<br>• 不占用 LTE 资源 |
| （3）In-band: LTE 带内部署<br><br>NB-IoT<br><br>LTE<br><br>200 kHz | • NB-IoT 可利用 LTE 载波中间的任何资源块；<br>• NB-IoT 占用 LTE 载波的任意一个 PRB；<br>• NB-IoT 逻辑上仍是独立系统 |

图3-4　NB-IoT典型组网模式

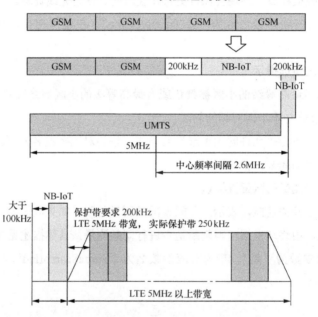

图3-5　Stand-alone可部署在G900/U900/L900/1800上

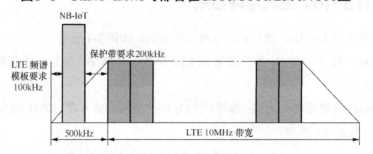

图3-6　Guard-band可部署在L1800上

In-band（带内）方式：部署在 LTE 带内，功率在 LTE 上增强，占用 LTE 资源，如图 3-7 所示。

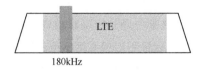

180kHz

**图3-7 In-band可以部署在L1800上**

总体来说，Stand-alone 模式发射功率高，其下行覆盖性能、速率、功耗、时延等最好，在具备 200kHz 频率资源的情况下是性能最优的选择。In-band 模式不需要额外占用频率资源，但下行功率受限（典型值：低于 Stand-alone 模式约 11dB）导致下行深度覆盖能力较差。Guard-band 模式以对设备更高的射频指标要求和实现复杂度为代价，换取不占用独立频率资源的好处，理论上性能劣于 In-band 模式，后续需研究设备实现性能。

## 3.2.1 Stand-alone 部署

### 3.2.1.1 原理描述

Stand-alone 部署场景有 Refarming 部署和空闲频谱部署两种。

（1）Refarming 部署

Refarming 部署是指在不影响原有通信制式系统功能的前提下，将原有无线通信制式的一部分频谱资源划分给 NB-IoT 使用。通常可以将 GSM 制式的频谱 Refarming 给 NB-IoT 使用。部署时我们要在 NB-IoT 与 GSM 制式之间预留保护带宽，建议为 100kHz 以上。通过对 GSM 网络的重新规划，保障对 GSM 网络产生的影响最小。

例如，NB-IoT 站点与 GSM 站点采用 1:1 组网，如图 3-8 所示。当 RefarmingGSM 频谱部署 NB-IoT 时，NB-IoT 与 GSM 之间预留 100kHz 保护带宽，此时可以将 2 个 GSM 载波 Refarming 给 NB-IoT 网络使用。此时，GSM 网络整个 Bufferzone 内，即使没有部署 NB-IoT，为了降低干扰，也不能使用相应的 GSM 频点。

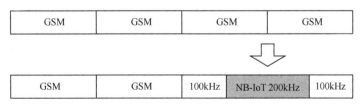

**图3-8 Refarming部署方式**

如果与 NB-IoT 相邻的 GSM 频点是主 B 频点，则需要预留 300kHz 的保护带宽。

**（2）空闲频谱部署**

运营商可能拥有一些不满足当前无线通信制式要求的非标准带宽频谱资源。NB-IoT 是窄带通信技术，可以有效地利用这部分碎片空闲频谱资源。部署时要在 NB-IoT 与已有通信制式之间预留足够的保护带宽，保证不对现有网络造成影响。主要应用场景如下：

利用 GSM 外空闲频谱资源部署 NB-IoT，如图 3-9 所示。

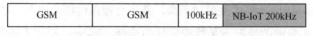

**图3-9　GSM空闲频谱部署**

利用 UMTS 外空闲频谱部署 NB-IoT，如图 3-10 所示。

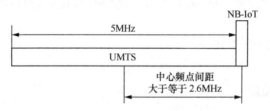

**图3-10　UMTS空闲频谱部署**

利用 LTE 外空闲频谱部署 NB-IoT，如图 3-11 所示。

**图3-11　LTE空闲频谱部署**

Stand-alone 部署模式由参数 PRB.DeployMode 指定。NB-IoT 小区中心频点对应的频率值必须为 100kHz 的整数倍，对应参数 PRB.DlFreqOffset 固定为"NEG_0DOT5"。

### 3.2.1.2　网络分析

**（1）增益分析**

Stand-alone 部署方案可 Refarming GSM 频谱资源部署 NB-IoT，或者充分利用运营商现有的碎片空闲频谱资源部署 NB-IoT，提升了频谱资源的利用率。

（2）**影响分析**

Stand-alone 部署场景下，如果 LTE FDD 与 NB-IoT 共射频模块部署，当 NB-IoT 的功率谱密度比 LTE 的高时，会导致 LTE FDD 与 NB-IoT 的功率分配发生变化。因此，对 LTE FDD 有如下影响：与 NB-IoT 小区激活前相比，LTE FDD 近点用户的平均吞吐率及平均 MCS 可能下降，RBLER 可能上升；对 LTE FDD 近点用户峰值吞吐率的影响和调制方式也有关，调制方式越高，影响越大，比如对使用 256QAM 调制方式的用户的影响是使用 64QAM 调制方式的用户影响的 1.5 倍。

### 3.2.1.3　其他部署注意点

（1）**可能影响参数：基本符号关断**

基本符号关断是 ENodeBAlgoSwitch.PowerSaveSwitch 中的子开关 "SymbolShutdown Switch"，对于 FDD 的影响，当 NB-IoT 小区和 LTE FDD 小区共功率放大器时，会降低 LTE FDD 小区符号关断的节能收益。原因在于：NB-IoT 小区的导频符号和 LTE FDD 小区的导频符号时域上完全错开；NB-IoT 小区的主同步信号、辅同步信号、MIB 消息以及 SIB 消息相比 LTE FDD 小区在时域上占用的符号数更多。

（2）**可能影响参数：CPRI 压缩**

CPRI 压缩功能即 Cell.CPRICompression，对于 FDD 的影响，针对 LBBPd1/LBBPd2/LBBPd3 基带板，若 BBP.WM 配置为 "FDD_NBIOT" "FDD_NBIOT_ENHANCE" 或 "FDD_NBIOT_CUSTOM" 时，承载在该基带板上的 LTE FDD 小区的 Cell.CPRICompression 的配置值只能为 "NO_COMPRESSION"，否则会导致 LTEFDD 小区不能被激活。

（3）**可能影响参数：NB-IoT OTDOA 定位**

NB-IoT OTDOA 定位功能即为 CellLcsCfg.CellLcsSwitch 中的子开关 "NB_OTDOA_SWITCH"，由于 NPRS 信号占用下行资源，NB-IoT 小区下行速率会下降。NPRS PartB 配置模式下，下行调度时对 NPRS 所占 RE 会进行降阶打孔，UE 下行 BLER 会略有提升。

## 3.2.2　LTE Guard-band 部署

### 1. 原理描述

NB-IoT 的一个载波的带宽仅需要 180kHz，Guard-band 部署是指在 LTE FDD 的保护带宽上部署 NB-IoT。LTE Guard-band 场景下 NB-IoT 的部署位置要满足 3GPP TS 36.101 R13 协议规范要求。因此，可以利用运营商已有无线通信制式频谱的保护带部署，无需获得新频谱资源的前提下就可以开展物联网业务，有效提高了已有频谱的利用率。

在 LTE FDD 小区带宽大于等于 10MHz 场景下，带宽两侧才有足够的保护带宽可以部署 NB-IoT 网络。以 10MHz 带宽为例，根据 3GPP TS 36.802 R13 协议要求，LTE Guard-band 部署场景下对应 LTE FDD 小区带宽不低于 5MHz，但是由于 5MHz 场景下 LTE Guard-band 部署 NB-IoT 会导致保护带宽不足，将对周边系统产生干扰，因此在 LTE Guard-band 限定部署 NB-IoT 时，对应 LTE FDD 小区带宽为大于等于 10MHz，如图 3-12 所示。注意，LTE 频谱模板的详细信息请参见 3GPP TS 36.104 V10.11.0。

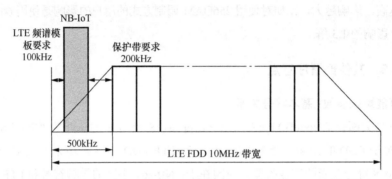

图3-12　NB-IoT Guardband部署（LTE FDD 10MHz场景）

LTE Guard-band 部署模式由参数 Prb.DeployMode 指定。Guard-band 场景要求 NB-IoT 部署在 LTE FDD 的保护带中，需要指定 LTE FDD 的小区带宽和中心频点用于 NB-IoT 部署位置的校验。NB-IoT 通过参数 Prb.LteBandWidth 和 Prb.LteDlEarfcn 分别指定 LTE FDD 的小区带宽和中心频点。

采用 LTE Guard-band 部署 NB-IoT 时，要考虑当地法律法规的影响。部署 NB-IoT 的上下行频点和频率偏移，请专业工程师根据当地运营商的实际情况规划。

### 2. 网络分析

#### （1）增益分析

LTE Guard-band 部署方案可充分利用 LTE 制式的保护带宽频谱资源，提升了频谱资源的利用率。

#### （2）影响分析

在 LTE Guard-band 部署场景下，如果 LTE FDD 与 NB-IoT 共射频模块部署，当 NB-IoT 的功率谱密度比 LTE 高时，导致 LTE FDD 与 NB-IoT 的功率分配发生变化。因此，对 LTE FDD 有如下影响：

• 与 NB-IoT 小区被激活前相比，LTE FDD 近点用户的平均吞吐率及平均 MCS 有可能下降，RBLER 有可能会上升；

• 如果下行 256QAM 功能被开启，对使用 256QAM 调制方式的用户峰值吞吐率是使用 64QAM 调制方式的用户的 1.5 倍。

### 3. 其他部署注意点

#### （1）可能影响参数：可变带宽

LTE Guard-band 部署要求对应 LTE FDD 小区的带宽不低于 10MHz。

#### （2）可能影响参数：压缩带宽

LTE Guard-band 部署时需要避免 NB-IoT 和被压缩掉的保护带宽有重叠，以防止相互干扰。

#### （3）可能影响参数：基本符号关断

基本符号关断即是 ENodeBAlgoSwitch.PowerSaveSwitch 中的子开关"SymbolShutdownSwitch"，当 NB-IoT 小区和 LTE FDD 小区共功率放大器时，会降低 LTE FDD 小区符号关断的节能收益，主要原因如下：

- NB-IoT 小区的导频符号和 LTE FDD 小区的导频符号在时域上是完全错开的；
- NB-IoT 小区的主同步信号、辅信号、MIB 消息以及 SIB 消息比 LTE FDD 小区在时域上占用的符号数更多。

#### （4）可能影响参数：CPRI 压缩

CPRI 压缩即是 Cell.CPRIComp ression，对于 FDD 的影响，针对 LBBPd1/LBBPd2/LBBPd3 基带板，若 BBP.WM 配置为"FDD_NBIOT""FDD_NBIOT_ENHANCE"或"FDD_NBIOT_CUSTOM"时，承载在该基带板上的 LTE FDD 小区的 Cell.CPRICompression。

#### （5）可能影响参数：NB-IoTOTDOA 定位

NB-IoTOTDOA 定位即为 CellLcsCfg.CellLcsSwitch 中的子开关"NB_OTDOA_SWITCH"，由于 NPRS 信号占用下行资源，NB-IoT 小区下行速率会下降。在 NPRS PartB 配置模式下，下行调度时对 NPRS 所占 RE 会进行降阶打孔，UE 下行 BLER 会略有提升。

#### （6）GSM 和 LTE 频谱并发（LTE-FDD）

在 GSM 和 LTE 频谱并发场景下，NB-IoT 与 LTE FDD 之间的干扰弱于 GSM 和 LTE 之间干扰。当 GSM、LTE FDD 和 NB-IoT 同时部署时，将 GSM 配置在 LTE Guard-band 内为综合性能最优。因此，NB-IoT 不能为 LTE Guard-band 部署。

## 3.2.3 LTE In-band 部署

### 1. 原理描述

LTE In-band 部署场景是部署 NB-IoT 的典型场景，指利用已有 LTE FDD 的带内 PRB

资源部署 NB-IoT，如图 3-13 所示。

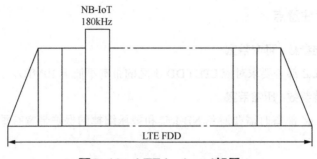

**图3-13　LTE In-band部署**

LTE In-band 部署场景有如下要求：

（1）**硬件要求**

在 LTE In-band 部署场景中，NB-IoT 需要和 LTE FDD 共主控、共射频模块和共天线。当对应的 LTE FDD 小区故障时，NB-IoT 小区也相应不可用，但 NB-IoT 小区故障不影响对应的 LTE FDD 小区。

（2）**对 LTE FDD 的小区带宽要求**

在 3GPP TS 36.802 R13 协议中，要求 LTE In-band 部署场景下对应 LTE FDD 小区的带宽不小于 3MHz。当前的产品中：对于 3900&5900 系列基站，LTE FDD 小区的带宽最小可以为 3MHz；对于 Micro BTS3900 基站（比如 BTS3911E、BTS3912E），LTE FDD 小区的带宽最小只能为 5MHz。LTE In-band 场景的部署模式由参数 PRB.DeployMode 指定，依赖的 LTE FDD 小区由参数 PRB.LteCellId 指定。对于 BTS3911E，当采用 LTE In-band 部署方式时，如果 Cell.CellTxPwrSilenceInd 设置为 "ON" 时，实际对应的 LTE FDD 小区是不被激活的。如图 3-14 所示，在虚拟 5MHz 的独立 LTE FDD 载波中，采用 In-band 方式部署 NB-IoT。

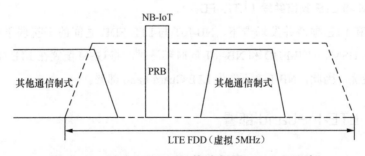

**图3-14　独立LTE FDD载波部署NB-IoT示意**

采用该方案部署 NB-IoT 时，要求 NB-IoT 小区的 PCI 与 LTE FDD 小区的 PCI 按模 6 运算之后的余数保持一致，通过配置参数 Cell.PhyCellId 指定。其余的如所有信道以及空口处理，均与 LTE In-band 部署 NB-IoT 相同。

（3）部署 NB-IoT 的 PRB 位置要求

LTE In-band 部署场景要求先建立 LTE FDD 小区，后建立 NB-IoT 小区，利用 LTE FDD 小区预留上下行的 PRB 资源部署 NB-IoT。NB-IoT 的部署位置要满足 3GPP TS 36.101 R13 协议规范要求。NB-IoT anchor 载波下行 PRB 部署位置要求见表 3-15。

表3-15　In-band场景NB-IoT anchor载波下行PRB部署位置

| LTE FDD 小区带宽 | NB-IoT 下行 PRB 可部署位置 | NB-IoT 下行 PRB 推荐部署位置 |
| --- | --- | --- |
| 3MHz | 2，12 | 2，12 |
| 5MHz | 2，7，17，22 | 7，17 |
| 10MHz | 4，9，14，19，30，35，40，45 | 19，30 |
| 15MHz | 2，7，12，17，22，27，32，42，47，52，57，62，67，72 | 32，42 |
| 20MHz | 4，9，14，19，24，29，34，39，44，55，60，65，70，75，80，85，90，95 | 44，55 |

NB-IoT 上行 PRB 部署位置推荐部署在边缘 PRB，但需要避开 LTE FDD 的 PRACH 资源和静态配置的 PUCCH 资源，并且要求部署 NB-IoT PRB 后 LTE FDD 的 PUSCH 资源大于等于 4 个连续 PRB。对于动态 PUCCH 场景，即参数 CellAlgoSwitch.PucchAlgoSwitch 下子开关"PucchSwitch"配置为"ON"时，推荐部署在 LTE FDD 上行可用资源的第一个或者最后一个 PRB。

● 如果 NB-IoT 部署位置和 LTE FDD PRACH 资源冲突，则 NB-IoT 小区无法开工。

● 如果 NB-IoT 部署位置和 LTE-FDD 静态配置的 PUCCH 资源冲突，则会影响 PUCCH 的资源。

● 如果部署 NB-IoT-PRB 后 LTE-FDD 的 PUSCH 资源少于 4 个连续 PRB，会影响用户的可能接入。LTE In-band 3MHz 部署场景，因 PRB 数量少，更容易出现问题。

（4）LTE FDD 为 NB-IoT 预留 PRB 资源

LTE FDD 预留的 PRB 资源是上行资源还是下行资源由参数 CellRbReserve.RbRsvType 指定，预留的 PRB 资源是否用于部署 NB-IoT 由参数 CellRbReserve.RbRsvMode 指定。一个 LTE FDD 小区为 NB-IoT 预留的 PRB 资源数建议不超过 9 个，如果超过 9 个，则只生效 9 个预留的 PRB 资源：优先保证部署 NB-IoT 的 PRB 资源生效；然后按照 CellRbReserve. Index 值大小排序，值越小，则对应预留的 PRB 资源优先生效。

NB-IoT 下行子载波和 LTE FDD 下行子载波之间是正交的。因此，对于下行资源无需额外预留保护带。对于上行，NB-IoT NPRACH 资源固定为 Single-tone 3.75kHz 子载波，与 LTE FDD 上行子载波之间不正交而产生干扰。因此，可以考虑将部署 NB-IoT PRB 两边相邻的 PRB 预留为保护带宽来降低干扰。但考虑到干扰带来的影响没有额外预留 1 ～ 2 个 PRB 资源带来的影响大，实际场景通常不额外预留 PRB 资源做保护带宽。

采用 LTE In-band 方式部署 NB-IoT 的网络中，如果存在同频组网的 BTS3203E，需要把这些基站中部署 NB-IoT 的 PRB 资源位置预留出来。原因在于 BTS3203E 不支持部署 NB-IoT，远近效应会导致 NB-IoT 小区和 LTE FDD 小区之间的相互干扰。

（5）NB-IoT 对 LTE FDD 做冲突避让

如果部署 NB-IoT 的上行 PRB 资源和 LTE FDD 的 SRS 存在冲突，就会导致 NB-IoT 和 LTE FDD 的 SRS 之间相互干扰。此时，通过参数 PRB.UlAllSymbolSendFlag 配置为"FALSE（否）"来保证 NB-IoT 对 LTE FDD 的 SRS 做冲突避让，但 NB-IoT 因此最大可能损失上行容量 8% ～ 20%。LTE FDD 小区是否开启 SRS 通过参数 SRSCFG.SrsCfgInd 判断。如果参数配置为"BOOLEAN_TRUE"，则表示 LTE FDD 小区有 SRS 资源，否则没有 SRS 资源。另外，如果部署 NB-IoT 的上行 PRB 位置在对应 LTE FDD 小区 PUCCH 的外侧，则肯定不会与 LTE FDD 的 SRS 冲突。

3GPP TS 36.211 R13 协议定义了 LTE In-band 部署场景用于部署 NB-IoT 的下行 PRB 资源需要对 LTE FDD 的 PDCCH 资源和 CRS 资源打孔，如图 3-15 所示。

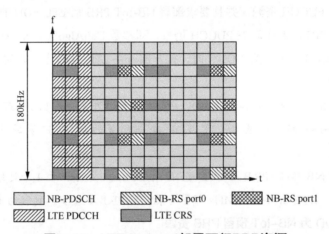

图3-15　LTE In-band部署下行PRB资源

另外，NB-IoT 小区需要借用 LTE FDD 的 CRS 导频做信道测量，需要保证 PCI 取模的结果相同。为了简化网络规划，本版本限定 NB-IoT 小区和 LTE FDD 小区的 PCI 要一致，通过配置参数 Cell.PhyCellId 指定。

2. 网络分析

（1）增益分析

LTE In-band 部署方案支持利用已有 LTE FDD 的带内 PRB 资源部署 NB-IoT。

（2）LTE FDD 对 NB-IoT 的影响

在 LTE In-band 部署场景下，为了保证 NPUSCH 对 LTE FDD 的 SRS 做冲突避让，需要将参数 PRB.UlAllSymbolSendFlag 配置为 "FALSE"。此时，会提升 NB-IoT 单 RU 的码速率，并有可能导致 MCS 降阶，NB-IoT 的上行容量将损失 8% ～ 20%。

在 LTE In-band 部署场景下，NB-IoT 部署的 PRB 受到 LTE FDD 用户上行信号邻道泄漏的影响，整体底噪被提升，导致 NB-IoT 的覆盖收缩。NB-IoT 受到的干扰大小与 LTE FDD 用户上行信号接收强度、LTE FDD 终端的邻道泄漏比（Adjacent Channel Leakage Ratio，ACLR）有关。

（3）NB-IoT 对 LTE FDD 的影响

在 LTE In-band 部署场景下，LTE FDD 小区需要预留 PRB 资源用于部署 NB-IoT 及相关保护带宽，导致 LTE FDD 小区的 PRB 资源损失。每 NB-IoT 小区占用 LTE FDD 的 1 个 PRB 资源（可能还会有额外的上行 PRB 作为保护带），LTE FDD 现有的 KPI 都会受到影响。

如下是理论分析的 PRB 资源损失和单用户峰值速率损失之间的对应关系。

- 如果 NB-IoT 的上下行 PRB 按推荐位置部署，则 LTE FDD 小区理论 PRB 资源损失和单用户峰值速率损失的程度见表 3-16。

- 如果 NB-IoT 的上下行 PRB 不按推荐位置部署，则可能导致 LTE FDD 实际损失的 PRB 数更多。如果 NB-IoT 的上行 PRB 部署位置不在最边缘 PRB 上，LTE FDD 小区上行 PRB 资源不连续，单用户峰值吞吐率最大可能下降 50%。实际损失更多的原因在于 LTE 协议定义的上下行 PRB 调度原则（上行单载波连续分配原则、上行调度 2/3/5 分配原则、PUCCH 对称分配原则以及下行 RBG 分配原则等）导致部分碎片 PRB 无法被调度。LTE FDD 上下行 PRB 调度原则的详细描述请参见《调度特性参数描述》。

表3-16　LTE FDD小区理论PRB资源损失和单用户峰值速率损失（每预留一个PRB资源）

| 小区带宽 | 下行理论 PRB 资源损失 | 下行单用户峰值速率损失 | 上行理论 PRB 资源损失 | 上行单用户峰值速率损失 |
| --- | --- | --- | --- | --- |
| 3MHz | 6.7% | 7% ～ 23% | 6.7% | 14.5% ～ 21.5% |
| 5MHz | 4% | 8% ～ 14.5% | 4% | 1% ～ 4.5% |
| 10MHz | 2% | 6% ～ 10.5% | 2% | 3.5% ～ 7% |
| 15MHz | 1.3% | 5% ～ 7.5% | 1.3% | 3% ～ 12.5% |
| 20MHz | 1% | 4% ～ 7.5% | 1% | 3.5% ～ 70% |

对于典型场景，例如 500m 站间距，每小区有 10 个 64QAM 用户，网络负载约 20%，大小包比例为 1∶4，并且 NB-IoT 的上下行 PRB 按照推荐位置部署。此时每预留一个 PRB 资源，对 LTE FDD 小区的主要影响见表 3-17。

表3-17　用户上下行平均体验速率损失（每预留一个PRB资源）

| 小区带宽 | 用户平均体验速率损失 |
|---|---|
| 3MHz | 15% ～ 30% |
| 5MHz | 10% ～ 25% |
| 10MHz | 8% ～ 20% |
| 15MHz | 5% ～ 15% |
| 20MHz | 3% ～ 10% |

另外，站间距越小、LTE小区在线用户数越少、用户使用的调制阶数越高、网络负载越少、小包比例越大或者NB-IoT的RB不按推荐位置部署，对LTE FDD小区的影响越大，可能会超出表格所示的范围。

每多预留一个PRB资源，累加后可能还会再增加影响。还有以下情况都会影响用户的平均体验速率。

- 当参数CellPdcchAlgo.PdcchSymNumSwitch配置为"ON"或"ECFIADAPTIONON"时，可调度资源出现碎片，平均调度用户数增加，导致CFI扩张。因此，用户下行平均体验速率在上述下降的基础上会再下降，具体下降程度与平均CFI值的扩张程度有关，最大可能下降15%。

- 由于可调度资源出现碎片，每用户调度次数增加，去掉Last TTI的调度时延增大。在网络负载不高且总吞吐量不变的情况下，用户上下行平均体验速率会下降，下降程度为预留PRB资源与全小区带宽总PRB数比例的1 ～ 4倍。

另外，还会给LTE FDD带来如下影响：

- 由于NB-IoT NPRACH子载波为3.75kHz，会对LTE FDD相邻的PRB造成干扰，LTE FDD的BLER上升。影响程度与NB-IoT终端用户上行信号强度和ACLR相关。

- 由于In-band场景下NB-IoT下行PRB资源中需要预留LTE FDD PDCCH发送的资源，因此时域不同步时，PDCCH会受NB-IoT的干扰，会影响PDCCH BLER/CFI/CCE Level等。在重载场景下，影响程度（相对值）理论估算为10*log(1+(4* 预留PRB数 / 总PRB数))dB，BLER根据场景变化影响不同，BLER可能升高1%～ 5%。

- 另外，在LTE In-band部署场景下，LTE FDD的系统消息、RAR消息等公共消息调度的相关参数配置不同，也会导致下行资源公共开销占比不同，对资源分配的影响程度也不同。如果LTE FDD的系统消息、PRACH资源的调度周期配置较短，会导致下行资源公共开销变大，峰值速率下降越多。LTE FDD的小区带宽越小，下行峰值速率受到的影响越大。

- 引入NB-IoT后，由于平均调度用户数可能会增多，LTE FDD小区干扰水平、上下行平均MCS出现波动，CCE利用率有所提升，波动或提升的程度与预留PRB部署位置以及被调度用户的位置分布有关。根据场景的不同，BLER、吞吐率和 MCS 会出现不同程度的波动影响，与它们关联的非 KPI 指标也会受到不同程度的影响。

- NB-IoT 下行功率谱密度高于 LTE FDD 时，LTE FDD 与 NB-IoT 的功率分配发生变化，可能导致 LTE FDD 近点用户的平均吞吐率及平均 MCS 下降、RBLER 上升。LTE FDD 近点用户的调制方式越高，影响越大，比如对使用 256QAM 调制方式的用户的影响是使用 64QAM 调制方式的用户影响的 1.5 倍。

- NB-IoT 的上行功率谱密度大于邻近 LTE 上行 PRB 功率谱密度时，NB-IoT 的负荷较高时会给邻近的 LTE FDD PRB 造成干扰，干扰大小与功率谱密度的差值有关。

- NB-IoT 连续部署并且和 LTE FDD 1∶1 共站组网时，会降低周边小区的功率，也会同步降低干扰。对 SINR/CQI/RANK2 比例 /MCS 的影响会小于 RSRP 的影响。

- NB-IoT 会增加公共信道开销及 NB-IoT 载波功率谱密度，可能会比 LTE FDD 的载波功率谱密度大，这些因素都会影响 RRU 的发射功率。部署 NB-IoT 后可能导致 RRU 功耗增加。

### 3. 其他部署注意点

（1）**可能影响参数：可变带宽**

对于 FDD 的影响，LTE In-band 部署要求对应 LTE FDD 小区带宽不低于 3MHz。

（2）**可能影响参数：上行跳频**

上行跳频对于 FDD 的影响，LTE In-band 部署要求对应 LTE FDD 小区上行跳频功能关闭，且 LTE FDD 小区资源调度上需要避免分配用于部署 NB-IoT 的资源。比如 LTE FDD 要求连续分配几个 PRB 时，相关的调度算法会受到影响。

（3）**可能影响参数：拥塞控制**

拥塞控制是 CellAlgoSwitch.RacAlgoSwitch 的子开关 "DlLdcSwitch" 和 "UlLdcSwitch"，当 CPU 过载触发流控时，NB-IoT 也会同样触发接入禁止。

（4）**可能影响参数：上行频选调度**

上行频选调度即 CellAlgoSwitch.UlSchSwitch 的子开关 "UlEnhancedFssSwitch" 对 FDD 的影响，NB-IoT 会对 LTE FDD 的 SRS 造成干扰，频选测量要扣除 NB-IoT 部署占用的 PRB。

（5）**可能影响参数：下行频选调度**

下行频选调度 CellAlgoSwitch.DlSchSwitch 的子开关 "FreqSelSwitch" 对 FDD 的影响，子带 CQI 测量扣除 NB-IoT 部署占用的 PRB。

（6）**可能影响参数：基于协调调度的功率控制**

基于协调调度的功率控制 CspcAlgoPara.CspcAlgoSwitch 对 FDD 的影响，NB-IoT 会对 LTE FDD 的 SRS 造成干扰，影响 RSRP 的测量。

（7）**可能影响参数：自适应 SFN/SDMA**

自适应 SFN/SDMA CellAlgoSwitch.SfnDlSchSwitch 对 FDD 的影响，NB-IoT 会对 LTE FDD 的 SRS 造成干扰，影响 RSRP 的测量。当自适应 SFN/SDMA 特性中使用 TM9/TM10 功能时，NB-IoT 所在 PRB 会有部分 RE 被 LTE FDD 的 CSI-RS 使用，会影响 NB-IoT 的下行容量。

（8）**可能影响参数：基于 TM10 的自适应 SFN/SDMA**

基于 TM10 的自适应 SFN/SDMA CellAlgoSwitch.EnhMIMOSwitch 下子开关 "TM9Switch" 或 "TM10Switch" 对 NB-IoT 的影响，当使用 TM9 或 TM10 功能时，NB-IoT 所在 PRB 会有部分 RE 被 LTE FDD 的 CSI-RS 使用，影响 NB-IoT 的下行容量。

（9）**可能影响参数：高速移动性 Cell.HighSpeedFlag**

高速移动性 Cell.HighSpeedFlag 对 FDD 的影响，NB-IoT 会对 LTE FDD 的 SRS 造成干扰，导致 NB-IoT 的子带单次测量 TA 可能失败，进而需要更长的测超高速小区 Cell.HighSpeedFlag 高速时间保持上行定时同步。

（10）**可能影响参数：压缩带宽**

压缩带宽对 NB-IoT 的影响，LTE In-band 部署时需要避免 NB-IoT 部署在被压缩掉的 PRB 上，以防止相互干扰。

（11）**可能影响参数：eMTC 引入包**

eMTC 引入包 CellEmtcAlgo.EmtcAlgoSwitch 中的子开关 "EMTC_SWITCH" 对 eMTC 的影响，如果 NB-IoT 部署在 eMTC 的可用窄带的 PRB 上，该 PRB 不会分配给 eMTC 使用，就会影响 eMTC 的上下行容量。建议 NB-IoT 的 PRB 部署位置按照推荐配置选择，当 NB-IoT 采用 LTE In-band 部署并且 LTE FDD 小区带宽为 3MHz 时，不能同时部署 eMTC。

（12）**可能影响参数：基本符号关断**

基本符号关断 ENodeBAlgoSwitch.PowerSaveSwitch 的子开关 "SymbolShutdownSwitch" 对 FDD 的影响，当 NB-IoT 小区和 LTE FDD 小区共功率放大器时，会降低 LTE FDD 小区符号关断的节能收益。原因是 NB-IoT 小区的导频符号和 LTE FDD 小区的导频符号在时域上是完全错开的。NB-IoT 小区的主同步信号、辅同步信号、MIB 消息以及 SIB 消息比 LTE FDD 小区在时域上占用的符号数更多。

（13）**可能影响参数：CPRI 压缩**

CPRI 压缩 Cell.CPRICompression 对 FDD 的影响，针对 LBBPd1/LBBPd2/LBBPd3 基带板，若 BBP.WM 配置为 "FDD_NBIOT" "FDD_NBIOT_ENHANCE" 或 "FDD_NBIOT_CUSTOM" 时，承载在该基带板上的 LTE FDD 小区的 Cell.CPRICompression 的配置值只能为 "NO_COMPRESSION"，否则会导致 LTE FDD 小区不能被激活。

（14）**可能影响参数：NB-IoT OTDOA 定位**

NB-IoT OTDOA 定位 CellLcsCfg.CellLcsSwitch 中的子开关 "NB_OTDOA_SWITCH"

由于 NPRS 信号占用下行资源, NB-IoT 小区下行速率会下降。在 NPRS PartB 配置模式下, 下行调度时对 NPRS 所占 RE 会进行降阶打孔, UE 下行 BLER 会略有提升。

采用 LTE In-band 部署 NB-IoT 时, 需要满足如下特定的要求。除上述要求之外的其他要求, 将随 NB-IoT 协议一起综合考虑。

• 基于集中式 MCE 架构的增强型广播多播服务阶段 1 和 eMBMS 业务连续性。基于集中式 MCE 架构的增强型广播多播服务阶段 1 CellMBMSCfg.MBMSSwitch 和 eMBMS 业务连续性 CellMBMSCfg.MBMSServiceSwitch, R13 版本 LTE In-band 场景下无法做到完全避开 eMBMS 的 MBSFN 子帧, 与 eMBMS 相关的特性互斥。

• 扩展循环前缀。扩展循环前缀 Cell.ULCyclicPrefix 和 Cell.DlCyclicPrefix, R13 版本 LTE In-band 场景下 NBIoT 小区不支持扩展 CP, 因此对应的 LTE FDD 小区也不能配置扩展 CP。

• 小区半径大于 100km。在 LTE In-band 场景下, 要求 NB-IoT 小区和对应的 LTE FDD 小区共天线, 一个天线无法同时支持超远覆盖和普通覆盖。由于 NB-IoT 小区的最大覆盖为 35km, 因此对应 LTE FDD 小区无法支持超过 100km 小区半径的特性。

• 超级合并小区。超级合并小区 CellAlgoSwitch.SfnAlgoSwitch 中子开关 "SuperComb CellSwith" 主要应用于高速移动场景, 与 NB-IoT 当前不支持高速移动场景冲突。

• 射频通道智能关断 CellRfShutdown.RfShutdownSwitch。

• 载频智能关断 InterRatCellShutdo wn.ForceShutdownSwitch。

• 同覆盖载波智能关断 CellShutdown.CellShutdownSwitch。

• 低功耗模式 CellLowPower.LowPwrSwitch。

• 多制式联合智能关断节能 ( eNodeB )InterRatCellShutdown.ForceShutdownSwitch。在 LTE In-band 部署场景下, LTE FDD 小区不可用会导致 NB-IoT 小区不可用, 所以 In-band 部署 UMTS 同覆盖与相关节能特性之间互斥。

• 增强型符号关断。增强型符号关断 ENodeBAlgoSwitchPowerSaveSwitch 的子开关 "MBSFNShutDownSwitch" 是基于 MBSFN 子帧配置, 本版本 LTE In-band 部署场景无法做到完全避开 MBSFN 子帧, 因此与特性符号关断中增强型符号关断功能互斥。

• 组网要求。在 LTE In-band 部署场景中, NB-IoT 必须和 LTE FDD 共主控、共射频和共天线。

## 3.2.4  实际部署举例: 中国移动的方案

### 1. 部署方案概述

NB-IoT 组网方案分为 GSM 升级、新建两种方式, 组网方案比较。

## （1）GSM 升级方式的优劣

● 优势：可以利旧现网多载波设备，可以共用天线。

● 劣势：现网多载波设备比例较低；现网设备对于 NB-IoT 的多载波支持能力不足；升级后容易产生功率或 GSM 载波数受限；现网设备后续难以支持多模升级；NB-IoT 同频组网与 GSM 的特性不一致，共天线性能不能最优。

## （2）新建 NB-IoT 方式的优劣

● 优势：新建设备能力强，后续可以升级支持多系统；对 GSM 现网影响小；从整个生命周期来看，并不增加成本。

● 劣势：设备完全新建；天馈新建；前期投入较大。

若考虑后续系统演进可采用方案 1；短期内（试验网阶段）建议采用方案 2；考虑国家"互联网+"及万物互联的大环境及公司"大连接"战略，不建议采用方案 3。NB-IoT 覆盖方案比较见表 3-18。

**表3-18　NB-IoT覆盖方案比较**

| 方案 | 方案描述 | 优势 | 劣势 |
|---|---|---|---|
| 方案 1 | 建一张普遍的网，重点覆盖城市，农村按需覆盖；按照 GSM 网覆盖水平进行规模测算，提供相对普遍的接入业务 | 以终为始的规划，同频干扰问题较小；对于推动 NB-IoT 产业链发展及万物互联有较大优势；提供普遍服务，有利于提升第三曲线内容应用发展数字化服务 | 投资较大，短期内成本回收风险大；第三曲线业务尚不全面，大量小区可能会长期空载 |
| 方案 2 | 分区域建设，同政府及企业合作，如智慧城市建设、大型企业厂区覆盖等 | 按需建设，投资准确性相对较强；投资回报比相对较高；对于城市建网，网络结构可以保证 | 建设规模不容易确定，对市场谈判要求较高；存在企业用户可能会选择自建物联网应用的可能；受限于不同城市政府积极性，造成不同城市发展程度不一，集团业务统一性较差 |
| 方案 3 | 分小区按需建设 | 精确投资 | 无法以终为始的规划 |

考虑物联网发展策略及产业演进等因素，NB-IoT 网络可以采用以下覆盖方案：重用站点基础设施，降低部署成本；支持接口优化，优化 30% 以上信令开销，支持终端节电和降成本；基于 CloudEdge 平台优化的 CIoT 专用核心网，可与现网组 pool，降低每连接成本。

根据主流运营商要求：NB-IoT 基站分布要与传统核心网、虚拟核心网对接；NB-IoT 基站要与同站址的 TDD 基站或者 GSM 基站进行对比测试，包含速率、覆盖、时延等；选择的试点区域必须是连片的。

所以就有两种向 NB 演进的方式：GSM 升级改造和 TDD 升级扩容方式。

● GSM 升级改造：在 BBU 框里面新增一块 NB 的主控和基带板，利旧或者替换，天面利旧或者替换。伴随 GSM 组网结构示意如图 3-16 所示。

● TDD 升级扩容：在 BBU 框里面新增一块 NB 的基带板，主控利旧，天面新增。

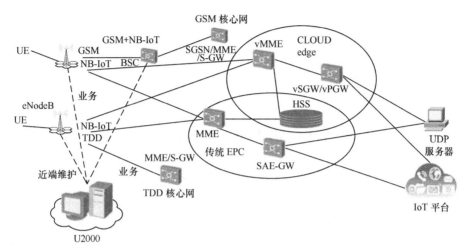

图3-16　伴随GSM组网结构示意

由于受天面的制约，第一次选择的站点大部分站需要天馈合路，但天馈合路会导致整网性能下降 3～4dB，不满足系统部和研发等对站点选择的诉求，需要重新规划试点区域。但从实际施工考虑，天馈不合路而且又连片的站点是十分难找的，要么天馈合路，要么提出新的解决方案来解决天面的问题。

为了解决天馈不合路的问题，可以尝试三模共 BBU 框开通 NB 的方式，也就是把 2G 和 4G 放在同一个 BBU 框里面，新增 NB 的基带板，但利旧 2G 的天馈。

中国移动 NB-IoT 频率规划：将 NB-IoT 置于频段的高端，避免与 GSM-R 潜在的相互影响，占用 3 个 200kHz 频点，与 GSM 及联通之间各留一个频点的保护间隔。GSM 需要清除 4 个频点，基本可以忽略对 GSM 网络的影响。目前，中国移动 NB-IoT 新建站使用 GSM 900M 频段 91-94 号频点（原 GSM 频点退频），中心频率可以与原 GSM 的中心频率保持一致，上 / 下行频率见表 3-19。

表3-19　频点与频率对应关系

| GSM 频点 | 下行频率（MHz） | 上行频率（MHz） |
| --- | --- | --- |
| 91 | 953.2 | 908.2 |
| 92 | 953.4 | 908.4 |
| 93 | 953.6 | 908.6 |
| 94 | 953.8 | 908.8 |

NB-IoT 占用 GSM900MHz 频点示意如图 3-17 所示。

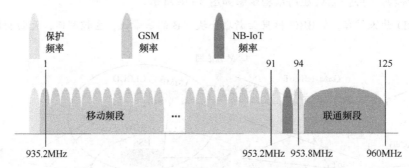

图3-17　NB-IoT占用GSM900MHz频点示意

某工程 NB-IoT 频点示例如图 3-18 所示。

| ECGI | 基站编号 | 场景 | eNodeBH | eNodeBID | LocalCell ID | SectorID | CellID | TAC | *频带 | EARFCN | PCI | *根序列索引(PRACH) |
|---|---|---|---|---|---|---|---|---|---|---|---|---|
| 1028074-129 | 958888 | NB-IOT | H758888 | 1028074 | 129 | 129 | 129 | 22361 | 8 | 3738 | 444 | 12 |
| 1028074-130 | 958888 | NB-IOT | H758888 | 1028074 | 130 | 130 | 130 | 22361 | 8 | 3738 | 445 | 18 |
| 1027976-129 | 956454 | NB-IOT | H956454 | 1027976 | 129 | 129 | 129 | 26196 | 8 | 3738 | 369 | 12 |
| 1027976-130 | 956454 | NB-IOT | H956454 | 1027976 | 130 | 130 | 130 | 26196 | 8 | 3738 | 370 | 24 |
| 1027976-131 | 956454 | NB-IOT | H956454 | 1027976 | 131 | 131 | 131 | 26196 | 8 | 3738 | 371 | 36 |
| 1027993-129 | 956079 | NB-IOT | H956079 | 1027993 | 129 | 129 | 129 | 26196 | 8 | 3738 | 222 | 24 |
| 1027993-130 | 956079 | NB-IOT | H956079 | 1027993 | 130 | 130 | 130 | 26196 | 8 | 3738 | 223 | 12 |
| 1027998-129 | 956476 | NB-IOT | H956476 | 1027998 | 129 | 129 | 129 | 26196 | 8 | 3738 | 150 | 12 |
| 1027998-130 | 956476 | NB-IOT | H956476 | 1027998 | 130 | 130 | 130 | 26196 | 8 | 3738 | 151 | 18 |
| 1027998-131 | 956476 | NB-IOT | H956476 | 1027998 | 131 | 131 | 131 | 26196 | 8 | 3738 | 152 | 34 |
| 1027968-129 | 956352 | NB-IOT | H956352 | 1027968 | 129 | 129 | 129 | 26196 | 8 | 3738 | 330 | 18 |
| 1027968-130 | 956352 | NB-IOT | H956352 | 1027968 | 130 | 130 | 130 | 26196 | 8 | 3738 | 331 | 36 |
| 1027968-131 | 956352 | NB-IOT | H956352 | 1027968 | 131 | 131 | 131 | 26196 | 8 | 3738 | 332 | 34 |
| 1027980-129 | 956977 | NB-IOT | H956977 | 1027980 | 129 | 129 | 129 | 26196 | 8 | 3738 | 321 | 18 |
| 1027980-130 | 956977 | NB-IOT | H956977 | 1027980 | 130 | 130 | 130 | 26196 | 8 | 3738 | 322 | 34 |
| 1027980-131 | 956977 | NB-IOT | H956977 | 1027980 | 131 | 131 | 131 | 26196 | 8 | 3738 | 323 | 24 |
| 1027969-129 | 956488 | NB-IOT | H956488 | 1027969 | 129 | 129 | 129 | 26196 | 8 | 3738 | 423 | 24 |
| 1027969-130 | 956488 | NB-IOT | H956488 | 1027969 | 130 | 130 | 130 | 26196 | 8 | 3738 | 424 | 34 |
| 1027969-131 | 956488 | NB-IOT | H956488 | 1027969 | 131 | 131 | 131 | 26196 | 8 | 3738 | 425 | 12 |
| 1027973-129 | 956009 | NB-IOT | H956009 | 1027973 | 129 | 129 | 129 | 26196 | 8 | 3738 | 96 | 36 |

图3-18　某工程NB-IoT频点示例

## 2. GSM 绑定部署 NB-IoT

基于 GSM 站点部署 NB-IoT 时,基于单载波型号 GSM 站型部署 NB-IoT 如图 3-19 所示,基于高集成度 GSM 站型部署 NB-IoT 如图 3-20 所示。

该演进方式的物理环境变更点如下:

① 新增一块 NB-IoT 的主控板;

② 新增一块 NB-IoT 的基带板;

③ 如果是旧型号单载波 GSM 站型,射频利旧或者替换,射频将采用双星形组网;

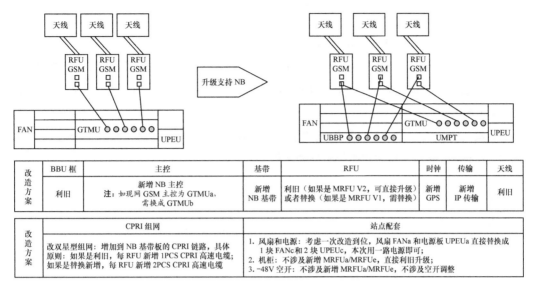

| 改造方案 | BBU 框 | 主控 | | 基带 | RFU | 时钟 | 传输 | 天线 |
|---|---|---|---|---|---|---|---|---|
| | 利旧 | 新增 NB 主控<br>**注**：如现网 GSM 主控为 GTMUa，需换成 GTMUb | | 新增<br>NB 基带 | 利旧（如果是 MRFU V2，可直接升级）<br>或者替换（如果是 MRFU V1，需替换） | 新增<br>GPS | 新增<br>IP 传输 | 利旧 |

| 改造方案 | CPRI 组网 | 站点配套 |
|---|---|---|
| | 改双星型组网：增加到 NB 基带板的 CPRI 链路，具体原则：如果是利旧，每 RFU 新增 1PCS CPRI 高速电缆；如果是替换新增，每 RFU 新增 2PCS CPRI 高速电缆 | 1. 风扇和电源：考虑一次改造到位，风扇 FANa 和电源板 UPEUa 直接替换成 1 块 FANc 和 2 块 UPEUc，本次用一路电源即可；<br>2. 机柜：不涉及新增 MRFUa/MRFUe，直接利旧升级；<br>3. -48V 空开：不涉及新增 MRFUa/MRFUe，不涉及空开调整 |

**图3-19　基于单载波型号GSM站型部署NB-IoT**

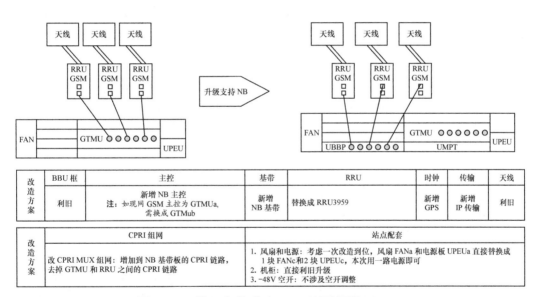

| 改造方案 | BBU 框 | 主控 | | 基带 | RRU | 时钟 | 传输 | 天线 |
|---|---|---|---|---|---|---|---|---|
| | 利旧 | 新增 NB 主控<br>**注**：如现网 GSM 主控为 GTMUa，需换成 GTMUb | | 新增<br>NB 基带 | 替换成 RRU3959 | 新增<br>GPS | 新增<br>IP 传输 | 利旧 |

| 改造方案 | CPRI 组网 | 站点配套 |
|---|---|---|
| | 改 CPRI MUX 组网：增加到 NB 基带板的 CPRI 链路，去掉 GTMU 和 RRU 之间的 CPRI 链路 | 1. 风扇和电源：考虑一次改造到位，风扇 FANa 和电源板 UPEUa 直接替换成 1 块 FANc 和 2 块 UPEUc，本次用一路电源即可<br>2. 机柜：直接利旧升级<br>3. -48V 空开：不涉及空开调整 |

**图3-20　基于高集成度GSM站型部署NB-IoT**

④ 如果是新型号高集成载波 GSM 站型，射频需要替换为支持双通道类型组网；

⑤ 风扇和电源的升级改造；

⑥ 利旧 GSM 主控板；

⑦ 新增卫星定位系统。

该演进方式的逻辑环境变更点如下：

① 升级 GSM 基站到 R13 以及以后版本；

② 新增 NB 站点；

③ 把 GSM 站点的射频模式由 GSM 单模修改为 GN 双模；

④ 如果是旧型号单载波站型，需要把 GSM 小区配置在 A 通道上面，B 通道配置 NB 小区。

该演进方式的优点如下：利旧 GSM 原有天馈；开通方式简单，可以直接使用升级添加 NB 模板方式开通。

该演进方式的缺点：需要新增 IP 传输端口，并不是所有 GSM 站点都有空余的 IP 传输端口；新增硬件较多，给客户带来额外的费用。

### 3. FDD LTE 绑定部署 NB-IoT

基于 L1800 完成 NB-IoT 连续覆盖，L900 进行 NB 深度覆盖和补盲。

在 900MHz 部署 NB-IoT，需要新建站支持 LTE+NB 双模，天馈可以利用旧的 LTE 天馈或新建双模天馈，RRU 设备需要新增支持 900MHz 频段的 RRU，相应地要更新 BBU、基带板 / 主控板 / 电源 / 风扇等设备。

在 1800MHz 部署 NB-IoT，一般采用新增基带板，版本升级至支持 LTE+NB 双模，天馈利旧共用 1800MHz 天馈，共用 1800MRRU/ 主控板 / 电源 / 风扇等，但要新建基带板，升级 NB 组网设备示意如图 3-21 所示。

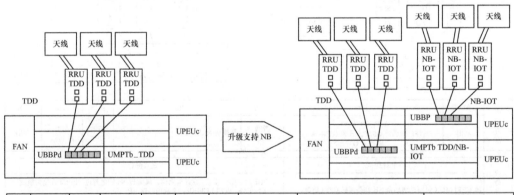

| 改造方案 | BBU 框 | 主控 | 基带 | RRU | 时钟 | 传输 | 天线 | 站点配套 | CPRI 组网 |
|---|---|---|---|---|---|---|---|---|---|
| | 利旧 | 利旧 | 新增 | 新增 RRU3959 | 利旧 | 利旧 | 替换或新增 | 同 TDD 站点方案要求；BBU3900 电源：改造达到 1 块；FANc+2 块 UPEUc；BBU3910：不涉及电源和风扇改造 | 每个 NB RRU 新增一路到 NB 基带板的 CPRI 链路：光模块 + 光纤 |

天线新增 / 替换：1) 如果站点有无面空间，可新增无面；
2) 如站点缺少天面空间，替换 GSM 的天线为多端口天线—本次试点采用方案：8 端口（9004 端口 H8004 端口）演进到 FDD 的改造；软件升级

**图3-21　升级NB组网设备示意**

该演进方式的物理环境变更点如下：

① 新增一块 NB-IoT 的基带板；

② 新增 NB-IoT 的 RRU；

③ 替换天线。

该演进方式的逻辑环境变更点如下：升级 TDD 基站到 R13 以及以后版本；直接在 TDD 基站上面扩容 NB 小区。

该演进方式的优点如下：利旧 TDD 主控板，硬件替换或者新增较少；利旧 TDD 传输 IP 地址，不需要额外分配 IP 地址；改造较为简单。

该演进方式的缺点如下：需要替换或新增天面；需要注意更换新增天面后额外引入的告警和增加操作维护的复杂度。

### 4. 三模共 BBU 框部署 NB-IoT

三模共 BBU 框改造方案示意如图 3-22 所示。

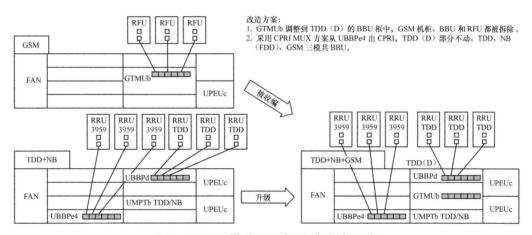

**图3-22 三模共BBU框改造方案示意**

该演进方式无论是从物理硬件改动，还是从逻辑环境配置都是最复杂的，要求也是最高的。

该演进方式的物理环境变更点如下：

① 新增一块 NB-IoT 的基带板；

② 射频需要替换为支持 NB 型号的 RRU，射频将采用星形组网；

③ 对风扇和电源替换升级；

④ 利旧 GSM 主控板；

⑤ TDD 和 FDD 不共槽的处理。

该演进方式的逻辑环境变更点如下：

① 分别升级 2G 和 LTE 基站到 R13 以及以后版本；

② TDD 主控板槽位的变换；

③ 基站版本的升级；

④ RRU 工作制式由 G/TL 单模 改为 GNL 三模；

⑤ 把 GSM 小区配置在 A 通道上面，B 通道配置 NB 小区；

⑥ GSM 侧时钟修改为自由时钟，同步类型为时间同步，帧同步开关关闭；

⑦ 开通 NB 小区。

该演进方式的优点如下：天面可以利旧 GSM 900MHz 的，可以不用天馈合路；操作维护可同步开展。

该演进方式的缺点如下：物理环境改造复杂，需要把 2G 和 4G 糅合到一个 BBU 框里；逻辑环境改造复杂，必须严格按照顺序改造，容易出错。

## 3.2.5 实际部署举例：中国电信的方案

### 1. 部署方案概述

中国电信通过 800MHz Refarming（800MHz 频点重耕），后续部署 NB-IoT 业务。800MHz Refarming 指通过退出一段 CDMA 占用的频谱，在全网或局部区域部署 LTE。

800MHz 频段是解决覆盖问题的优质频段，也是后续 VoLTE 业务部署的基础，VoLTE 快速演进的基础是网络全覆盖，在 800MHz 上建设 LTE 势在必行。

当前，LTE 800MHz 采用 825 ~ 835MHz 电信 C 网频段内部署 LTE 的频谱策略；乡镇农村基本为三频点以下站点部署，无需"清频"只需要少量"三频点"站点"翻频"即可；从终端来看，部分终端射频支持 Band 5，800MHz CDMA 翻频对终端没有影响，不需要更新 PRL 列表。目前，中国电信采用 NB-IoT 基站与 LTE 800MHz 基站共传输端口、共 BBU 基带处理单元、共 RRU 射频模块单元（含天馈）、软件参数独立的"三共一独立"策略，实现了 NB-IoT 的 800MHz 网络开通一步到位。

NB-IoT 小区的工作频段（频带）应设置为 band 5；下行载波的中心频点应设置为 879.6 MHz，频点号为 2506；上行载波的中心频点应设置为 834.6MHz，频点号为 20506。

NB-IoT 系统支持 STAND_ALONE、GUARD_BAND、IN_BAND 三种工作模式，当前中国电信的 NB-IoT 系统在 800MHz 频段上属于独立部署，工作模式统一配置为 STAND_ALONE。

### 2. 主要改造方案注意点

#### （1）基站基带硬件资源

NB-IoT 小区与 LTE 小区共用 BBU 基带处理单元，规模部署前应及时评估 LTE 基站的 BBU 硬件板卡容量能否满足 NB-IoT 小区的开通运行需求。评估对象包括基带板的处理能力与负荷、CPRI 带宽、供电能力等，必要时应增扩相应板件。

**（2）多模射频部件发射功率**

部分场景存在基站需同时开通 CDMA、LTE 以及 NB-IoT 三个模块的情况，RRU 的额定发射功率有可能不足，开通 NB-IoT 小区前应对射频模块功率进行评估和科学规划。

当多模基站射频模块不足以支持 C/L/N 三个模块同时满功率运行时，应更换更高额定发射功率的 RRU 部件。如暂时来不及更换 RRU 部件，原则上应优先保障 CDMA 模块的射频功率和覆盖不受影响，适当调节 LTE 与 NB-IoT 间的功率分配比例以临时满足 NB-IoT 开通需求。

**（3）基带板工作模式**

部分厂商 800MHz 频段的 RRU 可支持 CDMA、LTE、NB-IoT 三种制式的发射信号，故射频模块工作模式包含"NB 单模"、"LTE 与 NB 双模"以及"CDMA/LTE/NB 三模"（华为设置对应"MO""LM""CLM"）三种配置选项。

NB-IoT 与 LTE 800M 小区共基带板时，如单独开通 NB-IoT 小区（LTE 800MHz 小区未创建），则基带板工作模式应配置为"NB 单模"（华为设置为"MO"）；如 NB-IoT 与 LTE 800M 小区均创建开通，基带板工作模式应配置为"LTE 与 NB 双模"（华为设置为"LM"）。

**（4）天线端口**

NB-IoT 的天线端口一般支持 1T1R、2T2R 和 2T4R 三种配置模式。建议默认配置为 2T2R，如受天线端口和射频发射功率限制，可根据实际情况调整。NB-IoT 小区功率设置为 2×10W 时，有条件的情况下天线端口可配置为 2T4R 以增强反向覆盖。

**（5）参考信号功率**

NB-IoT 小区 RS 的发射功率建议默认配置为 29.2dBm（对应 STAND_ALONE 模式 2×5W 基站发射功率），特殊场景配置 32.2dBm（对应 STAND_ALONE 模式 2×10W 基站发射功率）。

### 3. LTE 800MHz（NB-IoT）建设方案

LTE 800MHz 的无线网络结构与 LTE 1.8GHz 一致，射频部分采用了重耕后的 800MHz 频段进行收发。支持 LTE 800MHz 的 RRU 分为双模 RRU 和单模 RRU，双模 RRU 同时支持 LTE 800MHz、NB-IoT 和 CDMA，单模 RRU 仅支持 LTE 800MHz、NB-IoT。

总体原则如下：

① BBU 放置原则。BBU 原则上集中放置，在不具备条件的站点可以下沉到基站。

② 功分站裂化原则。功分站原则上需进行裂化，并按原扇区数量配置 RRU 数量。

③ 级联原则如下：

同系统级联：目前厂商都支持同系统 RRU 之间的级联，即同一站点 LTE 800MHz RRU 之间可以进行级联，再接入 BBU。

不同系统级联：中兴 / 华为 / 诺基亚支持同厂商、不同系统 RRU 之间的级联，即 LTE 1.8GHz 与 LTE 800MHz 同厂商且共用一个 BBU 时，新增的 LTE 800M RRU 可以直接与原 LTE 1.8GHz RRU 或 LTE 2.1GHz RRU 级联，级联不超过 3 级。

LTE 800MHz 基站建设方案按主设备厂商与 CDMA 主设备厂商是否相同，分为同厂商方案和异厂商方案。

（1）同厂商方案

主设备：用支持 LTE 800MHz 和 CDMA 的双模设备替换原 CDMA 设备。

BBU 设备：原则上 LTE 800MHz BBU 在原 CDMA BBU 上进行升级，或新增 LTE 800MHz BBU 同时支持 LTE 800MHz 和 CDMA。

RRU 设备：如果基站内已有 CDMA 的单模设备，则更换为 LTE800M+CDMA 双模 RRU；如果基站内已有 CDMA 的支持 CDMA&LTE 双模 RRU，则不做更换；如果基站内无 CDMA 的 RRU 设备，则新增 LTE 800M+CDMA 双模 RRU；功分站原则上需裂化，按需新增 LTE 800M+CDMA 双模 RRU。

（2）异厂商方案

主设备：新增 LTE 800MHz 设备。

BBU 设备：如果 LTE 800MHz 与 LTE 1.8GHz 主设备同厂商，则直接升级 LTE 1.8GHz BBU。

RRU 设备：新增 LTE 800MHz RRU；新增 LTE 800MHz RRU 数量按原 CDMA 扇区数量配置，原则上不考虑功分。

### 4. 各种场景天线实施方案

**（1）天面场景一：单 F 天线**

实施方案 1：新增 4 口 L800 天线，L800 RRU 为 2T4R 模式。

实施方案 2：将原 L1800 的 4 端口天线替换为 L800+L1800 的 8 端口天线，L800RRU 为 2T4R 模式。L1800RRU 使用 4 个天线端口 RRU 为 2T4R 模式，L800 使用 4 个天线端口 RRU 为 2T4R 模式。

单 F 天线实施方案示意如图 3-23 所示。

**（2）天面场景二：CF 天线**

实施方案 1：新增 4 口 L800 天线，L800 RRU 为 2T4R 模式。

实施方案 2：将原 6 端口 CF 天线替换为 C+L1800+L800 的 8 端口天线，C800 使用 2 个天线端口，L1800 使用 4 个天线端口 RRU 为 2T4R 模式，L800 使用 2 个天线端口 RRU 为 2T2R 模式。

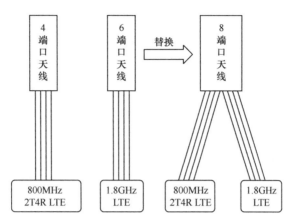

图3-23　单F天线实施方案示意

CF 天线实施方案示意如图 3-24 所示。

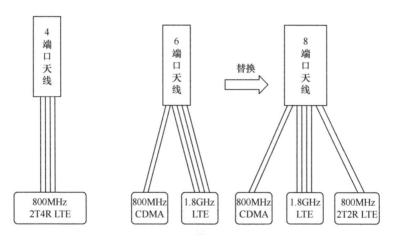

图3-24　CF天线实施方案示意

（3）天面场景三：FT 天线

实施方案 1：新增 4 口 L800 天线，L800RRU 为 2T4R 模式。

实施方案 2：将原 6 端口 FT 天线替换为 L1800+T2600+L800 的 8 端口天线，L1800 使用 4 个天线端口 RRU 为 2T4R 模式，TDD 使用 2 个天线端口，L800 使用 2 个天线端口 RRU 为 2T2R 模式。

FT 天线实施方案示意如图 3-25 所示。

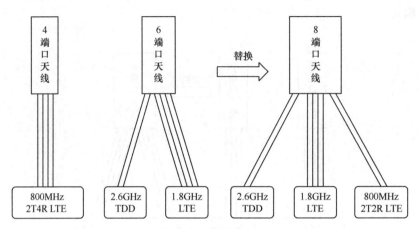

图3-25　FT天线实施方案示意

（4）天面场景四：CFT 天线

实施方案：新增 4 口 L800 天线，L800 RRU 为 2T4R 模式，如图 3-26 所示。

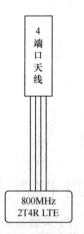

图3-26　CFT天线实施方案示意

（5）天面场景五：无 LTE 天线

实施方案 1：新增 4 口 L800 天线，L800RRU 为 2T4R 模式。

实施方案 2：将原 2 端口 C800 天线替换为 C800+L800 的 4 端口天线，C800 使用 2 个天线端口，L800 使用 2 个天线端口 RRU 为 2T2R 模式。

无 LTE 天线实施方案示意如图 3-27 所示。

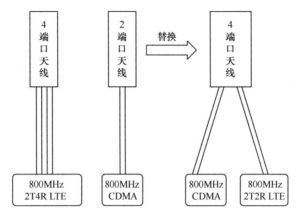

**图3-27 无LTE天线实施方案示意**

# NB-IoT 基站施工

## 第 4 章

导读

　　施工是 NB-IoT 网络建设过程中的一个关键环节。在考虑时间成本的基础上，如何确保施工质量，是施工单位面临的一个重要问题。本章从项目管理角度出发，分三部分介绍了 NB-IoT 网络建设中基站的施工技术。第一部分：施工概述详细阐述了基站施工的内容、流程、施工各阶段划分、技术要点、风险分析等。第二部分：从施工准备、施工技术要点及各设备施工具体步骤对施工方案进行了详细的阐述。第三部分：讲解中邮建特色施工工艺，具体分析已经取得了外观设计专利证书和实用新型专利证书的 RRU 吊装盘施工工法和 BBU-RRU 光缆施工方法。本章采用图文并茂的形式，深入浅出地进行讲解。旨在给从事 NB-IoT 基站施工的管理者和参与者提供经验和借鉴。

# ●●4.1　施工概述

## 4.1.1　施工的内容

NB-IoT 基站工程施工涉及无线设备安装、有线设备安装和电源设备安装。根据各专业的施工特点以及相关的技术规范,主要施工内容见表 4-1。

**表 4-1　主要施工内容**

| 专业 | 主要内容 |
|---|---|
| 设备、电源施工 | <ul><li>现场勘查,设计审核施工图;</li><li>基站铁件安装;</li><li>无线主设备的安装,包括室内主设备,室外天馈系统、室外射频设备、室外供电系统的设备安装、布线及加电调测;</li><li>交流屏、开关电源、电池等配套电源设备的安装及调测;</li><li>综合柜、ODF 架等传输配套设备的安装;电缆的布放、成端及配合加电调试;网线、光纤、架间线的布放、成端、跳纤及网络割接</li></ul> |

NB-IoT 无线工程主要工作量集中在 RRU 的替换上,其中 RRU 硬件设备的安装以及 RRU—天馈的连接是整个工程实施的重点。

## 4.1.2　施工流程

施工流程如图 4-1 所示。

## 4.1.3　施工阶段划分及各阶段的具体内容

从工程准备阶段、实施阶段、验收阶段和保修阶段的各个环节入手开展工作,现将具体工作分工见表 4-2。

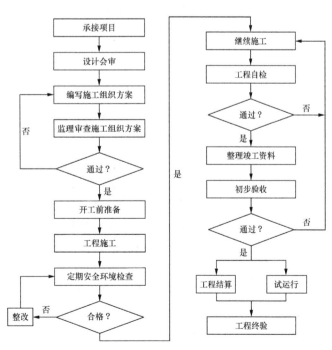

**图 4-1　施工流程**

表4-2　施工阶段划分及各阶段的具体内容

| 阶段 | 工作内容 | | 负责人 | 配合人员 |
|---|---|---|---|---|
| 准备阶段 | 参加开工动员会领取施工任务 | | 项目总负责人 | 技术负责人 |
| | 工程前期准备会：讨论施工方案、施工条件、工程界面和各地区的具体要求 | | 技术负责人 | 项目经理 |
| | 工程复勘 | | 技术负责人 | 项目经理 |
| | 确定具体施工组织方案 | | 技术负责人 | 项目经理 |
| | 工程前期动员会 | 工程介绍及总体要求 | 项目经理 | 项目经理 |
| | | 工程质量考核标准 | 质量负责人 | 项目经理 |
| | | 各地区的施工要求和注意事项 | 项目经理 | 技术负责人 |
| | | 工程文件的准备 | 文档管理员 | 项目经理 |
| | | 施工安装规范宣贯 | 质量负责人 | 项目经理 |
| | | 文明施工、安全生产规范宣贯 | 安全负责人 | 项目经理 |
| | | 技术培训、技术交底 | 技术负责人 | 项目经理 |
| | 提交开工报告、承诺书、保证书等 | | 项目经理 | 技术负责人 |
| | 办理出入机房手续 | | 项目经理 | |
| | 确认到货情况（主材、配套、辅材） | | 项目经理 | |
| | 确认工具、仪表、车辆到位情况 | | 后勤管理员 | 项目经理 |
| | 提交物料使用计划表 | | 材料管理员 | 项目经理 |
| 实施阶段 | 开箱验货 | | 施工班组长 | 项目经理 |
| | 示范站的安装 | | 施工班组长 | 项目经理 |
| | 硬件安装 | | 施工班组长 | 项目经理 |
| | 硬件质量确认 | 施工班组自检 | 施工班组长 | |
| | | 地区质量主管检查 | 质量负责人 | 施工班组长 |
| | | 质量负责人检查 | 质量负责人 | 项目经理 |
| | 测试 | 本机测试 | 测试班组长 | |
| | | 系统测试 | 测试班组长 | |
| | 资料收集：签署各类报告 | | 测试班组长 | |
| 验收阶段 | 编制竣工技术文件与结算文件 | | 文档管理员 | 项目经理 |
| | 提交验收申请 | | 项目经理 | 项目经理 |
| | 配合验收 | 验收测试 | 项目经理 | 测试班组长 |
| | | 验收检查 | 项目经理 | 技术负责人 |
| | 遗留问题的跟踪、处理 | | 项目经理 | |
| 保修阶段 | 施工合同付款、决算 | | 项目经理 | 项目经理 |
| | 保修 | | 项目经理 | 项目经理 |

## 4.1.4 实施过程中的技术要点

实施过程中的技术要点见表 4-3。

表4-3 实施过程中的技术要点

| 网络层次 | 施工层面 | | 项目施工内容 | 项目施工特点及难点 |
|---|---|---|---|---|
| 核心网 | B 设备 | | B 设备（新建、扩容）安装、加电、调试、开通 | 1. 施工地点较为集中，一般在模块局机房或汇聚机房内安装；<br>2. 涉及与在网设备的链接及割接；<br>3. 涉及在网设备端口和电源设备端子的扩容；<br>4. 要保证各在网设备的运行正常 |
| | 传输配套设备 | | ODF 架、安装尾缆、架间跳纤 | |
| | 电源配套设备 | | 配电屏、蓄电池组安装、调试、加电和电源线布放 | |
| 接入网 | A 设备 | A 设备 | A 设备（新建、扩容）安装、加电、调试 | 1. A 设备施工地点一般分散在模块局、汇聚局机房、一体化机柜宏站或各种机房宏基站内，采用机房原有直流电源系统或新增直流配电柜供电，要求连接二次下电端子；<br>2. 多个站点之间的 A 设备通常组成一个双向环路，通过尾缆或接入光缆、中继光缆与 B 设备相连，为设备提供数据传输；<br>3. 设备安装点对通风要求较高，否则容易出现故障；<br>4. 涉及在网设备端口和电源设备端子的扩容；<br>5. 要保证各在网设备的运行正常 |
| | | 传输配套设备 | ODF 架、安装尾缆布放、架间跳纤 | |
| | 基站 | 宏站 | 机房配套、传输配套设备、BBU 设备、RRU 设备、天馈系统的安装、加电、调试、开通 | 1. NB-IoT 宏站有别于 3G 宏站的安装，设备分为 BBU 和射频 RRU 单元，一般 BBU 装在综合集装架内或一体化机柜内，而 RRU 则在塔上或天馈系统附近，两者之间以铠装光纤相连，需要分别供电；<br>2. 分布式基站 BBU 设备集中安装在附近机房内，通过接入光缆与 RRU 相连，RRU 装在天馈系统旁。两者之间的光通信，易受光路好坏的干扰；<br>3. 施工地点分散，距离跨度大；<br>4. 涉及登高等特种作业；<br>5. 施工进度易受外界影响，有时协调难度大 |
| | | 分布式基站 — 射频拉远站 | 集中式 BBU 设备、射频拉远 RRU 设备的安装开通及天馈系统的安装 | |
| | | 分布式基站 — 直放站 | 直放站近端和远端的安装开通及天馈系统的安装 | |
| | | 室内分布覆盖 | 室内覆盖系统的安装开通 | |
| | 动环系统 | 电源系统 | 开关电源柜、交直流配电箱、蓄电池组的安装调试和电源线的布放及外电引入施工 | 1. 因蓄电池组比较沉重，楼顶机房安装时要关注楼面的承重能力；<br>2. 布放电源线时要注意电源线的型号和色谱；<br>3. 接电时要注意电源的正负极是否正确；<br>4. 涉及涉电等特种作业；<br>5. 上电时应逐级测试、逐级上电 |
| | | 环境监控系统 | 电源监控模块、环境监控模块、门禁等检控管模块的安装及开通 | |

## 4.1.5 施工风险分析及预警措施

NB-IoT 基站工程施工遇到的风险主要分为安全管控类风险、质量管控类风险、进度管控类风险及其他风险。

### 1. 安全管控类风险分析

#### （1）网络安全风险

网络安全风险分析见表 4-4。

**表4-4 网络安全风险分析**

| 风险来源 | 风险名称 | 风险描述 | 预警措施及解决方案 |
|---|---|---|---|
| 日常施工作业 | 网络中断 | 分析施工现场的危险源和风险因素不透彻，导致造成网络中断 | • 实行"项目交底"制度，作业前由施工班组长对施工现场危险源及风险因素进行识别并向班组成员进行交底；<br>• 严格按照安全生产操作规程作业，日常工作中加强检查和考核力度 |
| 割接作业 | 操作失误 | 对网络现有情况了解和熟悉不够，会产生误操作 | • 作业前对割接设备和传输线路仔细摸查，核对割接线路情况是否和方案一致 |
| | | 割接人员技能不够，导致误操作和质量问题 | • 割接作业操作人员经认证方可作业，加强人员培训 |
| | | 未按割接流程操作，导致产生差错 | • 逐级宣贯《在网设备和线路割接禁令》要求，并严格遵守割接作业流程。割接方案由专人制订，制订后报建设相关部门审核并报备，经批准后方可实施割接作业 |
| | 设备仪表准备不足 | 设备及仪表事先准备不充分，现场操作时发现不能满足割接需求 | • 割接用设备、仪器仪表要提前按照割接方案准备，以满足割接需求为基准，同时准备备用仪表，保证割接顺利进行 |
| | 网络中断 | 割接误操作，导致在网设备和网络中断事故 | • 在施工过程中，强调准确、迅速、安全，把故障发生概率降到最小，制订割接应急预案和网络恢复方案 |

#### （2）人员安全风险

人员安全风险分析见表 4-5。

#### （3）车辆安全风险

车辆安全风险分析见表 4-6。

表4-5 人员安全风险分析

| 风险来源 | 风险名称 | 风险描述 | 预警措施及解决方案 |
|---|---|---|---|
| 现场施工过程 | 违章作业 | 人员培训不能及时到位，没有持证，违章上岗作业，发生安全人身伤害事故 | • 实行岗前教育培训，增强员工风险防范意识，提高施工人员的专业技能，做到特种作业持证上岗 |
| | | 没有及时进行安全交底，作业人员没有配备合格的劳保用品，导致人身伤害事故的发生 | • 建立健全各级安全管理制度和安全管理机构，明确岗位责任制；<br>• 在各项目部配备专职安全员，加强施工作业现场安全检查和处罚力度；<br>• 督促施工作业人员使用劳动保护用品；<br>• 严格执行建设方及公司各项安全管理规定，落实预防机制，加强过程管理，发现隐患及时整改关闭 |

表4-6 车辆安全风险分析

| 风险来源 | 风险名称 | 风险描述 | 预警措施及解决方案 |
|---|---|---|---|
| 施工车辆行驶过程中 | 交通事故 | 驾驶员长期疲劳驾驶、带病驾驶或酒后驾驶，无公司准驾证人员违章代驾导致交通事故 | • 严格遵守《驾驶员十项禁令》，特别是不开疲劳车、不带病行车、不酒后驾驶，不边开车边打电话；<br>• 严格遵守公司《驾驶员准驾管理规定》，不得擅自由不具备公司准驾资格证人员代驾 |
| | | 车辆没有定期按时检查保养，导致器件老化失灵，发生交通事故 | • 建立车辆使用管理制度和安全检查制度；<br>• 项目部组织人员定期对车辆自检并填写检查记录；<br>• 项目部建立车辆信息台账 |

（4）仓库、驻地安全风险

仓库、驻地安全风险分析见表4-7。

表4-7 仓库、驻地安全风险分析

| 风险来源 | 风险名称 | 风险描述 | 预警措施及解决方案 |
|---|---|---|---|
| 电源线老化、员工吸烟、违规使用电器等 | 火灾 | 仓库、驻地没有制定严格的消防制度、没有配备完善的消防设备导致发生火灾 | • 根据公司消防应急预案制定项目部预案并定期组织员工进行演练，提高员工的安全防范意识；<br>• 在仓库、驻地加装消防报警设施，配备灭火器材；<br>• 在办公区和仓储区范围内禁烟，对违反者进行处罚 |
| 社会流动人员、项目部内部人员等 | 盗窃 | 仓库、驻地没有安装安防系统导致仓库被盗 | • 在仓库驻地安装安防系统，减少盗窃风险；<br>• 加强员工教育管理 |

### 2. 质量管控类风险分析

质量管控类风险分析见表4-8。

**表4-8　质量管控类风险分析**

| 风险来源 | 风险名称 | 风险描述 | 预警措施及解决方案 |
|---|---|---|---|
| 人员分工 | 人员技能与岗位要求不符 | 管理或施工人员不能达到岗位要求，造成施工质量不高 | • 施工前编制作业指导书，建立培训和认证上岗机制；<br>• 公司调派相应专业的技术人员和有经验的施工人员；加强人员岗位培训和考核认证上岗制度，发现出行人员不能符合岗位要求时，尽快更换人员 |
| 室内主设备安装 | 安装位置不符合设计要求 | 设计不符合现场实际或交底不清 | • 强化设计前的现场勘查；<br>• 强化设计交底 |
| 尾纤布放 | 尾纤布放不规范 | 尾纤布放不符合规范，导致光衰耗较大 | • 与业主和施工班组明确验收标准；<br>• 通过技术培训使施工人员掌握尾纤布放的注意事项；<br>• 加强现场质量检查；<br>• 奖优罚劣，将施工人员收入和施工质量挂钩 |
| 线缆布放 | 线缆布放不规范 | 缆线布放不符合规范，现场缆线走线散乱 | • 与业主和施工班组明确验收标准；<br>• 通过技术培训使施工人员掌握线缆布放的注意事项；<br>• 加强现场质量检查；<br>• 奖优罚劣，将施工人员收入和施工质量挂钩 |
| 基站天馈系统安装 | 安装位置不符合设计要求 | 设计不符合现场实际或交底不清 | • 强化设计前的现场勘查；<br>• 强化设计交底 |
| | 天馈系统驻波比高 | 馈线接头制作、防水处理不符合标准，馈线布放没有做好防护，导致损伤，造成驻波比高影响通话质量，增加掉话率 | • 与业主和施工班组明确验收标准；<br>• 通过技术培训使施工人员掌握天馈系统安装要点，提高馈线头制作成品优良率；<br>• 加强现场质量检查；<br>• 奖优罚劣，将施工人员收入和施工质量挂钩 |
| | 卫星定位系统信号异常 | 卫星定位系统天线安装位置不对、接头制作和防水处理不符合标准、卫星定位系统缆线布放时没有做好防护措施，导致损伤，造成卫星定位系统信号异常 | • 与业主和施工班组明确验收标准；<br>• 通过技术培训使施工人员掌握卫星定位系统施工要点；<br>• 加强现场质量检查；<br>• 奖优罚劣，将施工人员收入和施工质量挂钩 |

（续表）

| 风险来源 | 风险名称 | 风险描述 | 预警措施及解决方案 |
|---|---|---|---|
| 仪表设备使用 | 测试数据不准 | 仪表使用前没有经过精确的校准，导致测试结果不准 | • 定期检验校准仪器仪表，使用前专人负责设备及仪表检验是否符合作业要求 |

### 3. 进度管控类风险分析

**（1）施工资源准备不足导致的风险分析**

施工资源准备不足导致的风险分析见表 4-9。

表4-9　施工资源准备不足导致的风险分析

| 风险来源 | 风险名称 | 风险描述 | 预警措施及解决方案 |
|---|---|---|---|
| 施工资源准备 | 项目开工但未到货 | 到货不及时导致不能按时开工 | • 项目开工前及时与建设方代表和厂商代表沟通了解到货进度；<br>• 项目开工后不等不靠，积极主动跟踪到货情况，根据到货情况动态调整资源配置，及时将施工进度及剩余物资情况反馈给建设方代表和厂商代表 |
| | 到场材料与设计不符 | 材料到场后发现与设计不符，影响施工 | • 设立专门联络员负责协调 |

**（2）施工过程中协调导致的风险分析**

施工过程中协调导致的风险分析见表 4-10。

表4-10　施工过程中协调导致的风险分析

| 风险来源 | 风险名称 | 风险描述 | 预警措施及解决方案 |
|---|---|---|---|
| 施工过程中沟通协调 | 沟通协调不到位 | 未及时了解建设方项目计划，造成人员不能合理调配 | • 由专人及时和建设方联系，了解配套资源情况，第一时间拿到配套工程的施工通知 |
| | | 各专业沟通不畅，导致施工效率降低 | • 各个专业之间有明确的工作流程，从施工队伍内部强调与各方面协调的重要性，规范协调接口、界面及用语等 |
| | | 与建设方各部门未建立沟通协调机制，导致沟通不畅，影响施工顺利开展 | • 深入了解、确实把握工程中需要与各方协调的内容与对方主要的负责部门、负责人；<br>• 反复沟通，留存签字确认痕迹，项目部分析讨论和把关需求 |

**（3）外部纷争处理导致的风险分析**

外部纷争处理导致的风险分析见表 4-11。

表4-11　外部纷争处理导致的风险分析

| 风险来源 | 风险名称 | 风险描述 | 预警措施及解决方案 |
|---|---|---|---|
| 外部纷争处理 | 业主阻挠施工 | 小区物业阻挠，造成进度滞后 | • 建立社会资源库，融入当地小区物业圈 |
| | | 居民阻挠，造成进度滞后 | • 施工前张贴通知，消除居民顾虑，做到文明施工 |
| | 管线资源紧张 | 网络资源缺乏导致无法开展施工 | • 加强与建设方、设计方沟通机制，及时参与设计勘察工作，合理利用现有管线资源 |
| | 办理建设手续困难 | 现场施工遇到阻挠或手续不全，影响施工进度 | • 建立当地社会资源库，特别注意加强和建设主管部门的沟通 |
| | 车辆限行 | 车辆限行给施工车辆安排造成不便 | • 统一梳理施工的机动车尾号，保证每日施工队伍的用车需求，必要时与当地机动车租赁公司合作 |

## 4.1.6　施工质量信息化监控手段

利用互联网平台建立的安全质量管理群，打造实时有效的沟通交流平台，要求施工班组上传开工、关键工序及完工照片，及时发现并解决现场问题，使每一个项目的施工质量监控过程在群中都有迹可寻，检查情况一目了然，从而实现了质量监控的信息化管理，提高了质量监控管理的效率。通过中邮建 E 路查系统监控关键工序的自查。施工质量信息化监控手段如图 4-2 所示。

易信安全质量管理群　　　　　　　E路查班组质量自查

图4-2　施工质量信息化监控手段示意

### 4.1.7　安全生产管理

从事前预防、事中控制、事后处理三方面入手，根据安全质量标准化管理要求及相关文件，建立严密的安全生产控制体系并遵照执行。

**（1）事前预防**

事前预防主要是在项目开始实施前做好安全生产准备工作见表 4-12。

**表4-12　事前预防的主要工作**

| 事前预防内容 | 措施 |
| --- | --- |
| 人力资源 | ● 建立安全生产组织架构；<br>● 规范用工；<br>● 体检；<br>● 施工安全生产培训；<br>● 持证上岗 |
| 劳动防护用品 | ● 采购调配；<br>● 进场前的检验 |
| 工器具、仪表、车辆 | ● 采购调配；<br>● 进场前的检验 |
| 危险源及安全隐患 | ● 对危险源、安全隐患进行辨识、排查和治理工作；<br>● 汇总辨识、排查情况进行安全技术交底 |

事前预防还应做好以下工作，如图 4-3 所示。

**岗前安全教育**

**签订安全生产责任书**

**特种作业100%培训持证上岗**

**图4-3　事前预防还应做好的工作**

危险源辨识清单　　　　　　　　　重要危险源及控制措施清单

安全技术交底

每月定期组织一次安全教育培训　　　　每季度组织一次安全分析会

图4-3　事前预防还应做好的工作（续）

**（2）事中控制**

事中控制主要是指在项目实施过程中需要做好的防范处理措施。基本安全生产流程如图 4-4 所示。

**注：** 在危险源辨识和隐患排查过程中确保人身安全，避免触发危险源引发事故。

安全生产控制要点如图 4-4 所示。

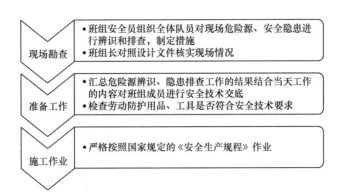

**图4-4 基本安全生产流程**

（3）事后处理

事后处理主要是指发生安全生产事故后的救援及调查处理事故。安全生产控制点如图4-5所示。事后处理流程如图4-6所示。

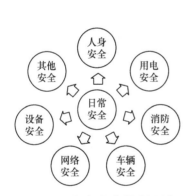

**图4-5 安全生产控制要点**

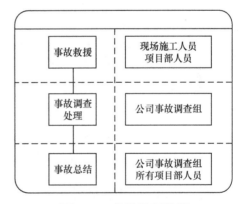

**图4-6 事后处理流程**

- 发生安全生产事故后的救援。施工现场发生安全生产事故后应立即启动相应的应急预案。安全生产事故应急预案包括以下内容：应急预案的启动条件；应急期间的负责人及其他人员的职责、权限和义务；采取的措施；处理流程；与外部应急服务机构的联系及沟通方法；人员保护措施。

- 事故调查处理。公司在安全生产事故发生后将组织事故调查组调查现场，处理相关责任人，总结事故经验。在事故处理过程中，坚持"四不放过"的原则：事故原因未查清不放过；责任人未受到处理不放过；事故责任人和周围群众未接受教育不放过；事故整改措施未落实不放过。

## ●● 4.2 施工方案

### 4.2.1 施工准备

#### 1. 开工前期的准备工作

开工前期的准备工作是保证项目顺利实施的重要措施。准备工作的针对性和完整性直接影响工程的安全、质量和进度。开工前期的准备工作见表4-13。

表4-13 开工前期的准备工作

| 序号 | 阶段 | 具体工作内容 |
|---|---|---|
| 1 | 前期沟通 | 了解建设单位更具体或特殊的施工需求；与建设单位、设计单位、监理单位、厂商等沟通，确认分工界面，签订工程备忘录 |
| 2 | 设计确认 | 参加设计会审，接受设计单位的技术交底；组织项目部管理层认真学习施工设计文件，掌握设计的要求，确保工程顺利实施 |
| 3 | 工程复勘 | 同监理一起对所有站点进行复勘，了解现场情况，配合建设单位做好开工前的准备工作；依据施工设计，确认现场的施工条件，为工程的实施做好充分的准备 |
| 4 | 方案编制 | 根据建设单位需求、设计文件、复勘情况，及时掌握本工程的重点和难点，并编制本工程切实可行的实施方案 |
| 5 | 资源配置 | 根据工程实施计划，及时做好资源的合理配置；督促工程相关的人、机、料等及时到位；办理施工必须的手续，准备各类相关的资料等 |
| 6 | 班组交底 | 根据以上信息，安全负责人对施工班组做好安全交底，技术负责人对施工班组做好技术质量交底，必要地进行适当的技术培训工作，做好施工前的充分准备。班组长根据现场环境对班组成员进行二次交底 |

#### 2. 施工班组开工前要做好安全自检工作

##### （1）现场安全警示围挡

要求：作业现场围挡半径应满足要求。特殊现场应考虑塔上坠物不伤及行人。抛物高度与坠落范围半径的关系见表4-14。

表4-14 抛物高度与坠落范围半径的关系

| 抛物高度 h（m） | 坠落范围半径 R（m） |
|---|---|
| 2<h<5 | R=3 |
| 5<h<15 | R=4 |
| 15<h<30 | R=5 |
| h>30 | R=6 |

现场安全警示围档示意如图 4-7 所示。

**图4-7 现场安全警示围档示意**

车辆如紧靠公路侧停放时，前后应设置安全警示围档，如图 4-8 所示。

**图4-8 车辆的安全警示围档示意**

（2）**全员穿戴劳保用品**

要求：查看是否正确穿戴安全帽、绝缘鞋、安全带、兼职安全员袖标等，如图 4-9 所示（无线登高人员必须配备使用双背双扣全身式安全带；攀登独杆塔时，必须配备使用高空防坠落自锁装置；特殊场景需使用安全绳）。

（3）**特种作业人员持证上岗要求**

根据安全生产相关法律要求，从事特种作业人员必须持证上岗，如图 4-10 所示。

（4）**检查工器具和仪表**

要求：工器具齐全，涉电工具绝缘处理完好，如图 4-11 所示。

图4-9 全员穿戴劳保用品

图4-10 特种作业人员持证上岗

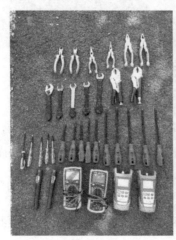

图4-11 检查工器具和仪表

## 4.2.2　施工要求

### 1. 室内设备安装

**（1）一般要求**

① 设备可维护方向上不应有障碍物，确保可正常打开设备门，可安全插拔设备板卡，满足调测、维护和散热的需要。

② 设备安装位置应符合设计要求，各种选择开关应按设备技术说明书置于指定位置。

③ 室外基站设备及其辅助设备应从下方进出线，接头连接部位必须经过严密的防水处理，未接线的出线孔必须用防水塞堵住。

④ BBU 与 RRU 设备之间的铠装光缆或尾纤，在与 BBU 连接时必须按各设备厂商要求与扇区的关系对应正确。

⑤ 必须分开布放直流电源线、交流电源线、信号线，应避免在同一线束内。

⑥ 安装完设备后清理施工现场，不应遗留工具或杂物。

**（2）机架设备安装**

① 机房机架设备安装位置正确，符合安装工程设计要求。

② 机架安装垂直度偏差应不大于机架高度的 1.0‰。

③ 列主走道侧必须对齐成直线，误差不得大于 5mm；相邻机架应紧密靠拢，缝隙不得大于 3mm（有特殊约定的除外），整列机架正面应在同一平面上，无凹凸现象。

④ 安装齐全并拧紧各种螺丝、螺钉，各类螺栓露出螺帽的长度应一致，约 3～5 扣。

⑤ 机架上的各种零件不得脱落或碰坏，漆面若有脱落应予补漆。

⑥ 设备接口必须有明确的标志，便于理解，标识标志要清楚；电源系统应设立醒目的警示标志；要翻译设备上有英文的警示标志并贴于醒目处；各种文字和符号标志应正确、清晰、齐全。

⑦ 设备安装必须按工程设计的抗震要求加固，各紧固部分应牢固无松动，各种零件不得脱落或碰坏，机内不应有线头等杂物。

⑧ 告警显示单元安装位置端正合理，告警标识清楚。

⑨ 机架应可靠接地，接地电阻及地线路由应符合工程设计要求。

⑩ 设备在预防意外撞击部位、可接触至布线的部位和危险电压的部位，均应提供覆盖，在高电压等危险部位应有明显标志。

⑪ 机柜未用模板插槽应装上假面板。

**（3）壁挂设备安装**

① 设备挂墙安装时，安装墙体应为水泥墙或砖（非空心砖）墙，且具有足够的强度。

② 设备安装位置应便于线缆布放及维护操作且不影响机房的整体美观，建议 BBU 底部距地 1.2m 或与室内其他壁挂设备底部距地保持一致，上端不超过 1.8m; RRU 设备下沿距楼面的最小距离应不小于 500mm。条件不具备时可适度放宽，但要注意 RRU 进线端线缆的平直和弯曲半径，同时要便于施工维护并防止雪埋或雨水浸泡。

③ 设备安装可以采用水平安装方式或竖直安装方式。无论采用哪种安装方式都应保证水平和竖直方向偏差均小于 ±1°，设备正面面板朝向宜便于接线及维护。

④ BBU 机柜前面必须预留空间不小于 700mm，以便于维护，两侧预留不小于 200mm 空间便于散热。

⑤ 挂墙安装件的安装应符合相关设备供应商的安装及固定技术要求，安装完设备后，所有配件必须紧密固定，无松动现象。

⑥ 防震和接地等其他安装要求同落地安装的方式和要求。

⑦ 设备的各种线缆宜通过走线架、线槽、保护管等布放，注意线缆的布放绑扎应整齐、规范和美观。

**（4）走线架布置及安装**

① 线缆走道（走线架或槽道，以下同）的位置、高度应符合工程设计要求。

② 线缆走道的组装应符合下列要求：

● 线缆走道扁钢平直，无明显扭曲和歪斜；

● 组装好的线缆走道应平直，横铁规格一致，两端紧贴走道扁钢和横铁卡子，横铁与走道扁钢相互垂直，横铁卡子螺钉紧固；

● 横铁安装位置应满足电缆下线和做弯要求，横铁排列均匀，当横铁影响下电缆时，可作适当调整。

③ 线缆走道应符合下列要求：

● 线缆走道与墙壁或机列应保持平行，水平偏差不得大于 ±2mm；

● 线缆走道吊挂应符合工程设计要求，吊挂安装应垂直、整齐、牢固，吊挂构件与线缆走道漆色一致；

● 线缆走道的地面支柱安装应垂直稳固，垂直偏差不得大于 ±5mm，同一方向的立柱应在同一条直线上，当立柱妨碍设备安装时，可适当移动位置；

● 线缆走道的侧旁支撑、终端加固角钢的安装应牢固、端正、平直；

● 沿墙水平线缆走道应与地面平行，沿墙垂直线缆走道应与地面垂直；

● 线缆走道穿过楼板孔洞或墙洞处应有加装保护框，电缆放绑完毕应有盖板封住洞口，保护框和盖板均应刷漆，其颜色应与地板或墙壁一致。

④ 槽道安装应平直、端正、牢固。列槽道应成一直线，两槽并接处水平偏差不得大于 ±2mm；所有支撑加固用的膨胀螺栓余留长度应一致，螺帽紧固后余留 5mm 左右。

⑤ 机房内所有油漆铁件的漆色应一致，刷漆、补漆均匀，不留痕，不起泡。

⑥ 安装爬梯应垂直。

### 2. 室外设备安装

#### （1）RRU 抱杆安装

① 设备安装位置应符合工程设计要求，安装应牢固、稳定，应考虑抗风、防雨、防震及散热的要求。

② 抱杆的直径选择、加固方式及抱杆的荷载应以土建的相关规范和设计为准。

③ 应采用相关设备提供商配置的 RRU 专用卡具与抱杆进行牢固连接。

④ 设备下沿距楼面最小距离应大于 500mm，条件不具备时可适度放宽，但要注意 RRU 进线端线缆的平直和弯曲半径的要求，同时要便于施工维护并防止雪埋或雨水浸泡。

⑤ 当 RRU 与天线同抱杆安装时，原则上要求中间保持不小于 300mm 的间距，以便于施工和维护。

⑥ RRU 远端供电一般采用直流供电方式，当采用交流供电时，宜加绝缘套管保护，以防止漏电。直流（交流）电源线缆应带有金属屏蔽层，且金属屏蔽层宜做两点防雷接地保护。

⑥ 设备的防雷接地系统应满足 GB 50689—2011《通信局（站）防雷与接地工程设计规范》要求。

⑧ 各种外部接线端子均应做防水密封处理。目前，常见的外部接线端子防水密封方案有传统胶泥胶带、热缩、冷缩、接头盒 4 种，应根据基站实际情况选择合适的防水密封方案。

#### （2）RRU 塔上安装

① 塔身及平台的强度要求应满足土建结构、铁塔塔身核算的荷载要求。

② 在塔上安装 RRU 设备时，根据塔的具体条件，可采用直接安装于塔上平台的护栏上；在现有平台抱杆或支架不够的情况下，应在现有平台上加装支架抱杆、平台上特制的安装装置等多种方式实现 RRU 设备的安装。

③ 当现有平台完全无空间时，应在塔上新增平台实现 RRU 设备的安装；只有当塔身位置便于维护操作时，RRU 设备才可直接安装于塔身的支架（利旧或新增）。

④ 塔上用于安装 RRU 而选用新增的支架、抱杆和安装装置应以土建相关规范和工程设计为准。

#### （3）天线布置及安装

① 天线、天线共用器、馈线的安装及加固应符合工程设计要求，安装应稳定、牢固、可靠，天线安装挂高与工程设计一致。

② 天线方位角和俯仰角应符合工程设计要求，方位角偏差不得大于 ±5°，俯仰角偏差不得大于 ±1°，俯仰角（机械下倾角）应符合设计要求。

③ 天线的防雷保护接地系统应良好，接地电阻阻值应符合工程设计要求。

④ 射频天线和卫星定位系统天线应在避雷针保护区域内，避雷针保护区域为避雷针顶点下倾 ±45° 夹角范围内：

• 要求避雷针的电气性能良好，接地良好；

• 避雷针要有足够的高度，能保护铁塔上或杆上的所有天线，即所有室外设施都应在避雷针的 ±45° 保护角之内；

• 避雷针或与避雷针有电气连接的金属抱杆，应采用直径不小于95mm²，多股铜导线或 40mm×4mm 的镀锌扁钢可靠接地，镀锌扁钢接地时，推荐焊接长度不小于100mm，以确保搭接电阻小于 0.1Ω；

• 建筑物有避雷带时，直接将避雷针引下线焊接在避雷带上；无避雷带时，将引下线连接到新做的地网上。

⑤ 对于全向天线，要求天线与铁塔塔身之间距离不小于 2m；对于定向天线，要求不小于 0.5m。

⑥ 安装天线与其他通信系统天线的空间隔离距离应符合工程设计要求。

⑦ 天线共用器与收发信机和馈线的匹配良好。

⑧ 天线的美化应符合工程设计要求，美化方案应与周围环境协调。

⑨ 卫星定位系统系统检查应符合下列要求：

• 卫星定位系统天线安装角度符合工程设计要求，且误差不超过 ±2°；

• 卫星定位系统天线在水平 45° 以上空间无遮挡；

• 卫星定位系统天线与其他移动通信系统发射天线在水平及垂直方向上至少保持 3m 的距离；

• 尽量远离周围尺寸大于200mm 的金属物 1.5m 以上，在条件许可时尽量大于 2m；

• 卫星定位系统天线安装在楼顶时，应在抱杆上安装避雷针，抱杆与接地线焊接使整个抱杆处于接地状态；

• 卫星定位系统天线不得处于区域内最高点，在保证能稳定接收卫星信号的情况下，尽可能降低安装高度；

• 卫星定位系统系统能稳定收到至少 6 颗卫星的定位信号；

• 利旧已有卫星定位系统系统进行同步时，要充分考虑分路器带来的插损，确保卫星定位系统信号强度能够满足各使用系统的接收灵敏度要求。

### 3. 线缆布放要求

#### （1）一般要求

① 线缆的规格型号、数量应符合工程设计的要求。

②　应分开布放在线缆走道上的信号线、控制线和交流电源线，间距宜为 150mm 到 200mm。

③　所放线缆应顺直、整齐，应避免线缆交叉纠缠，下线按顺序布放，线缆余留长度应统一，同时考虑预留出设备扩容的布线位置。

④　线缆在线缆走道的第一根横铁上均应绑扎或用尼龙锁紧扣卡固，电缆应绑扎牢固，绑扎线或绑扎带的间隔均匀且相互平行，松紧适中，不得勒伤电缆。

⑤　线缆拐弯应均匀、圆滑一致。

⑥　线缆走道穿过楼板孔或墙洞的地方，应用防火材料封堵洞口。

⑦　线缆两端应有明确的标志。

（2）信号线布放

①　同类型线缆按次序排放，便于识别。

②　机架间软的射频同轴电缆必须顺线缆走道布放，进入设备后应紧贴机框内壁两侧，拐弯圆滑均匀，弯曲半径大于等于电缆外径 6 倍，并适当绑扎。

③　光缆连接线应布放于架内的两侧，布放尾纤时，要注意做好尾纤头及尾纤的保护，无死弯、绷直现象，盘留的尾纤要顺序整齐，曲率半径要符合要求，捆绑力量适中。

④　光缆缠绕的最小半径应大于 30mm，光缆接头应保持清洁。

⑤　光缆连接线应用活扣扎带绑扎，无明显扭绞，光缆用线夹固定时，在每个转角也应用线夹固定。

⑥　整条光缆在进机架前均应加防护套管，防止啮齿类动物破坏。

（3）电源线布放

①　采用电力电缆的电源馈电母线，必须是整条电缆线料，严禁中间有接头；馈电母线外皮应完整，芯线对地（或金属隔离层）的绝缘电阻应符合国家的相关技术要求；当馈电母线采用铜汇流条时，其表面应光洁平整，无锈蚀、裂纹和气孔。

②　电力电缆拐弯应圆滑均匀，铠装电力电缆弯曲半径应大于等于 12 倍电缆外径；塑包电力电缆及其他软电缆的弯曲半径应大于等于 6 倍电缆外径。

③　设备电源引入线的布放要求：

● 根据实际情况尽量利用设备自带的电源线；当设备电源引入线孔在机顶时，电源线可以沿机架顶上顺直成把布放。

● 直接馈电母线为铜、铝汇流条时，设备电源引入线应从铜、铝汇流条的背面引下，其连接螺栓应从设备面板方向穿向背面，连接紧固，电源引入线两端线鼻子的焊接（或压接）应牢固、端正、可靠，电气接触良好，电源引入线两端的颜色标志明确，宜与铜汇流条颜色一致。

● 电力电缆颜色标志识别：直流电源线正极应为红色电缆，负极应为蓝色电缆，接地线应为黄绿双色电缆，详见表 4-15。

**表4-15　电力电缆颜色标志识别表**

| 直流电缆 | | 交流电缆 | | 接地线 | |
|---|---|---|---|---|---|
| 正极 | 红色 | A 相 | 黄色 | 设备保护线 | 双色（黄绿） |
| | | B 相 | 绿色 | | |
| 负极 | 蓝色 | C 相 | 红色 | 接地引下线 | 黑色 |
| | | 中性线 | 浅蓝 | 设备工作地 | 黑色 |

### 4. 接地系统安装

#### （1）室内接地系统

基站的直流工作地、保护地应接入同一地线排，地线系统采用联合接地的方式。接地电阻要求小于 10W。

从机房所在楼房的地网单独拉一根截面积 ≥ 95mm² 的总地线进机房，接到机房的室内地线排上。室内地线排应尽量靠近地线进口，拉进机房的母地线必须直接连到室内地线排上，不能再经过任何设备（如交流屏）才下地，必须直接落地。

设备子架接地线应与机架接端子可靠连接。室内设备要求用截面积 35mm² 的接地线与母地线连接，并用绝缘盒将连接点盖上。接地线缆颜色为黄绿色。设备与母地线相接方向要求顺着地线排的方向。走线梯上母地线的每个接点只能接一个设备，不能两个或多个设备同接在母地线的同一点上。

所有接地连接件要求有两点压接。不同类型的设备要单独接入地线排（如集装架、电源架、AC 屏等），并在地线排处标明。

#### （2）室外接地系统

基站铁塔、天线支撑杆、走线梯等室外设施都应与防雷地网良好接触，并做好防氧化处理，要求接地电阻小于 10W。

基站室外天线不论被安装在铁塔上还是在天面支撑杆上，都应设避雷针，避雷针要求电气性能良好，接地良好，避雷针要有足够的高度，能保护铁塔上或杆上的所有天线，即所有室外设施都应在避雷针的 45° 保护角之内。

天线铁塔应设避雷针，塔上的天馈线和其他设施都应在其保护范围内，避雷针的雷电流下引线应专门设置，下引线应与避雷针及总接地网相互焊接连通。下引线材料为 40mm×1mm 的镀锌扁钢。

当通信铁塔位于机房旁边时，铁塔地网应延伸到塔基四脚外 1.5m，网格尺寸不应大于 3m×3m，其周边为封闭式，同时还要利用塔基地桩内两根以上主钢筋作为铁塔地网的垂直接地体,铁塔地网与机房地网之间应每隔 3 ~ 5m 相互焊接连通一次,连接点不应少于两点。当通信铁塔位于机房屋顶时,铁塔四脚应与楼避雷带就近不少于两处焊接连通,同时宜在机房地网四角设置辐射式接地体,以利雷电流散流。

接地体宜采用热镀锌钢材,其规格要求如下:钢管 50mm,壁厚不应小于 3.5mm,角钢不应小于 50mm×50mm×5mm,扁钢不应小于 40mm×4mm。垂直接地体长度不宜小于 2.5m,垂直接地体间距为其自身长度的 1.5 ~ 2 倍,当埋设垂直接地体有困难时,可设多根环形水平接地体,彼此间隔为 1 ~ 1.5m,且应每隔 3 ~ 5m 相互焊接连通一次。接地体上端距地面的距离应小于 0.7m。

## 4.2.3  施工步骤

### 1. 安装室内 BBU

#### (1) BBU 的固定
可支持的安装方式有机柜内安装、对地安装和挂墙安装。

以安装某厂商 BBU 为例:

● 机柜内安装。松开 BBU 两侧挂耳的螺丝;将 BBU 送至 19 英寸机柜预设计位置,并将两侧挂耳螺丝轻拧进去;调整 BBU 合适位置后将两侧挂耳螺丝锁紧固定。

● 对地安装方式。BBU 采用对地安装时,需要使用可选安装配件 BBU 底座;将 BBU 底座摆放于设计安装位置;使用记号笔透过 4 个固定螺丝孔,在地板上做标记;移开 BBU 底座,使用电钻按照标记位置打 4 个孔;在孔内插入 4 个膨胀螺栓,并将 BBU 底座固定在上面;将 BBU 平放于底座上,在 BBU 一侧将两个螺丝与底座紧密连接。

● 挂墙安装方式。BBU 采用挂墙安装时,需要使用可选安装配件 BBU 底座;将 BBU 摆放于设计安装位置,并使用记号笔透过 4 个固定螺丝孔,在地板上做标记;移开 BBU 底座,使用电钻按照标记位置打 4 个孔;在孔内插入 4 个膨胀螺栓,并将 BBU 底座固定在上面;将 BBU 侧放于底座上,在 BBU 一侧将两个螺丝与底座紧密连接;在挂墙安装时,BBU 前面板应朝向侧面。

#### (2) BBU 外部电缆连线
某厂商 BBU 必须要使用以下线缆连接:

DCDU 电源主模块→直流电源柜;

DCDU 电源输出模块→ FSMF 电源模块;

DCDU 电源输出模块→ RRU 电源模块;

接地端子→接地排;

FDD-LTE 传输接口→传输设备;

FDD-LTE S1 接口→ E/O 光电转换模块→传输设备；

FDD-CPRI 接口→ RRU；

FDD-OBSAI 接口之 FDD → CPRI 接口；

卫星定位系统天线接口→卫星定位系统避雷器；

卫星定位系统避雷器→卫星定位系统天线；

RRU 射频接口→天线射频接口。

以下是连接外部电缆的其他信息：首先要将地线从地线接头处连到室内最近的地线排，之后方可安装其他的线缆，机柜直流电源线外部保护层必须在馈线窗附近接地。

**（3）BBU 接地和直流电源线的连接**

在连接 -48V 主供电电缆之前，BBU 必须连接站点的指定接地系统。

一根外部接地线（35mm²，铜导体）接到接地螺栓和接地排之间，如图 4-12 所示。

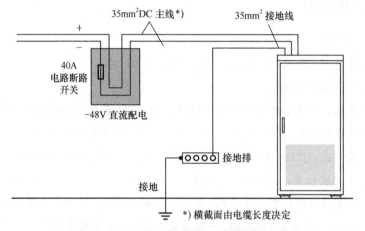

**图4-12　机柜直流电源和接地连接**

BBU 和接地系统的连接过程如下：使用站上最近的接地排；测量接地排连接点和 BBU 接地螺栓的距离；切割需要的电缆长度；除去电缆两端的绝缘材料（长度大约为 12mm），压上合适的接线端子；连接电缆末端到接地螺栓；紧固螺栓；在地线两端做好明确标签，标签捆扎在接头下 10 ～ 15cm 处。接地线和电源线的固定如图 4-13 所示。

BBU 和 -48V 直流电源线的连接过程如下：确定 BBU 与电源单元或电源分配面板间的实际距离。

剪切所需长度的电线；两头贴上电源线标签；除去电缆两端的绝缘材料（长度大约 10mm），一头压上 25mm² 的接线端子；另一头则根据电源柜实际情况选择接头方式；将制做好的接头接入 DCDU 电源输入端口；

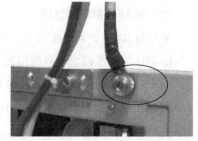

**图4-13　接地线和电源线的固定**

用热缩管或绝缘胶带对电源端子做绝缘保护，确保没有电源线金属导体外露；检查从 DCDU 到电源柜的直流输出口正确的极性；在电源线两端做好明确标签，标签捆扎在接头下 10～15cm 处；根据基站指定的电源配置（直流 -48V），25mm$^2$ 电源线直接连接到 DCDU 上，每个 DCDU 应配 63 A 保护短路器。

（4）**传输接口**

对于 FDD 来说，传输接口分为 GE 电口和 GE 光口两种形式。

- 传输设备提供 GE 电口的情况，应使用网线连接。按照实际长度，剪切所需长度的网线。两端制作好 RJ45 头后，分别接入传输设备和 BBU。

- 传输设备提供 GE 光口的情况，需使用电光（E/O）转换模块，由 GE 电口转换为 GE 光口后连入传输设备。在 19 英寸机柜内部有空间的情况下，可将电光（E/O）转换模块安装于机柜内部；对于没有空间的情况，可以酌情将电光（E/O）转换模块安装于走线架之上。按照实际长度，剪切所需长度的网线。两端制作好 RJ45 头后，分别接入电光（E/O）转换模块和 BBU。布放尾纤，有电光（E/O）转换模块连入传输网。

（5）**BBU 与 RRU 之间相关的电缆连接**

RRU 和 BBU 之间的连接包括 RRU 直流电源线和野战光缆。

- RRU 直流电源线的连接。RRU 直流电源线负责为 RRU 提供 -48V 直流供电，电缆连接到 DCDU 模块使用的是 OT 端子，与 RRU 连接使用压接方式无接头。RRU 直流电源线做好后两端需做明确标签，标签捆扎在接头下 5～10cm 处。

- 光缆的连接。BBU 和 RRU 之间的连接通过野战光缆来实现信号的传递。可以使用的光缆有多种类型，根据配置方式的不同可采用不同的类型。光缆在从 BBU 后出线孔送出后，应和 RRU 直流电源线一同做走线处理，并且要在光缆两端做标签，标签捆扎在后走线孔外 5～10cm 处。

（6）**电缆 / 光缆的布放规格要求**

安装完毕的 BBU 外部电缆 / 光缆在布放时要遵循以下规则：电缆 / 光缆布放规范合理，在走线架上平整不得交叉；建议将电源线、保护地线、RRU 直流电源线绑扎在一起，卫星定位系统线缆与光缆绑扎在一起走线，即电源线和信号线分开走线；线缆捆扎整齐，扎带间距相等，方向一致；所有线扣应齐根剪平，无刃口。布放完好后如图 4-14 所示。

**图4-14　BBU外部电缆/光缆布放安装实景**

### 2. 安装室外 RRU

#### （1）利用吊臂吊装

利用吊臂吊装的示意如图 4-15 所示。

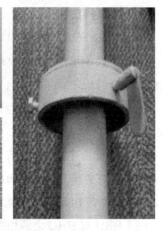

吊臂正视图　　　　　　　　吊臂弧顶滑轮及锁扣　　　　　　吊臂加固盘

**图4-15　利用吊臂吊装的示意**

吊臂总重量约 4 ～ 5kg，可承受 150kg 的吊装工作。下面介绍天线吊臂的安装流程。

① 检查抱杆：塔上和塔下的施工人员配合将天线吊臂吊至铁塔平台，如图 4-16 所示；塔上施工人员检查铁塔抱杆的情况后准备安装吊臂。

② 安装吊臂：施工人员将吊臂下端的圆柱销对准抱杆上端的孔眼并安置好；尝试转动吊臂检查是否安装稳固，如图 4-17 所示。

**图4-16　将天线吊臂吊至铁塔平台**　　　　　**图4-17　安装天线吊臂**

③ 固定吊臂：施工人员利用活动扳手拧紧吊臂加固盘上的固定螺母，如图 4-18 所示，检查吊臂是否与抱杆固定牢固。

④ 吊装安装完毕：吊装安装天线吊臂后，施工人员检查吊臂各零部件是否可以安全灵活使用，如图 4-19 所示。

图4-18　拧紧吊臂加固盘上的固定螺母

图4-19　检验吊臂的使用情况

（2）**抱杆安装 RRU 步骤**

下面介绍以固定抱杆组件安装某厂商 RRU 的流程。

① 将 M10 螺杆穿入固定夹的安装孔，依次穿过安装架、平垫、弹垫和螺母，如图 4-20 所示。

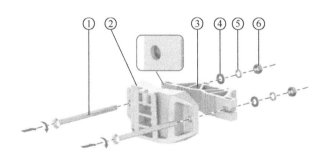

1. 螺杆　2. 固定夹　3. 安装架　4. 平垫　5. 弹垫　6. 螺母

图4-20　组装抱杆组件

② 从安装架 U 型开口侧将抱杆组件卡在圆杆上，并将螺杆推入 U 型卡槽内，如图 4-21 所示。

③ 用活动扳手交替拧紧抱杆组件两侧的螺母，力矩值为 40 N·m，如图 4-22 所示，将抱杆组件固定在圆杆上。

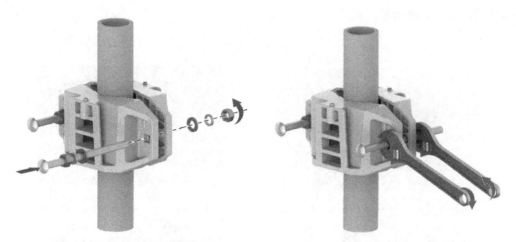

图4-21 安装抱杆组件（1）　　　　图4-22 安装抱杆组件（2）

④ 安装 RRU 支座，将 RRU 支座用 4 颗 M6 螺钉安装到 RRU 背面，力矩值为 8 N·m，如图 4-23 所示。

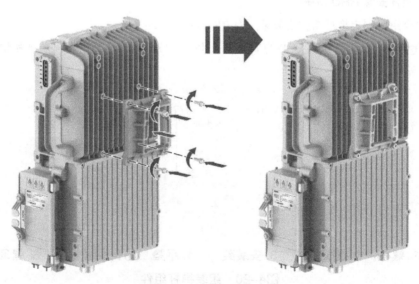

图4-23 安装RRU支座

⑤ 固定 RRU，将 RRU 沿着固定夹的导轨挂装到抱杆组件上，如图 4-24 所示。

图4-24　挂装RRU

⑥ 使用 M6 内六角扳手拧紧 RRU 支座上方的松不脱螺钉，将 RRU 固定，如图 4-25 所示。

图4-25　固定RRU

⑦ 安装 RRU 防雷盒，只有在室外安装 RRU 时才安装防雷盒。

RRU 和室外防雷盒连接的线缆如图 4-26 所示。其中：1 号线为交流电输入；2 号线为接地线；3 号线 RRU 接地线；4 号线为 RRU 电源线；5 号线为室外监控线。

防雷盒内部的连线如图 4-27 所示，注意需要把进线和出线用卡子卡紧。

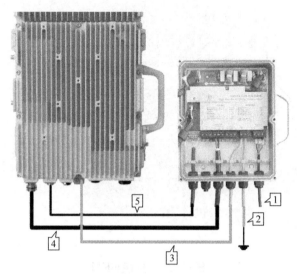

图4-26　RRU和室外防雷盒连接的线缆

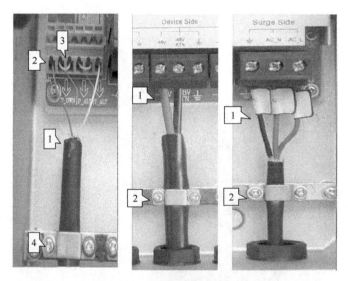

图4-27　防雷盒内部的连线

### 3. 平板天线阵的安装

为支持扇形小区，平板天线子系统需配置一个平板天线阵。平板天线阵设计为带 2 或 4 个天线单元的均匀直线阵（ULA）。从理论上分析，它形成覆盖 120° 扇区的波束，因此为了支持 360° 覆盖，共需要 3 个平板天线阵。

平板天线机械结构如图 4-28 所示。

2通路平板天线机械结构示意　　　　　4通路平板天线机械结构示意

图4-28　平板天线机械结构示意

（1）安装平板天线的配件

安装平板天线时所需的配件如图 4-29 所示，具体详见表 4-16。

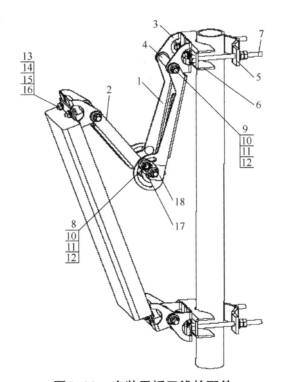

图4-29　安装平板天线的配件

**191**

表4-16　安装平板天线的配件

| 序号 | 名称规格 | 数量 |
|---|---|---|
| 1 | 长角臂 | 1 |
| 2 | 内角臂 | 1 |
| 3 | 角臂座 | 4 |
| 4 | 隔离管 | 4 |
| 5 | 夹板 | 2 |
| 6 | U 型槽夹板 | 2 |
| 7 | M10×150 六角螺栓 | 4 |
| 8 | M10×30 方颈螺栓 | 2 |
| 9 | M10×110 螺栓 | 4 |
| 10 | M10 螺栓 | 4 |
| 11 | 平垫 10 | 10 |
| 12 | 弹垫 10 | 6 |
| 13 | M8×20 螺栓 | 8 |
| 14 | 平垫 8 | 8 |
| 15 | 弹垫 8 | 8 |
| 16 | M8 螺母 | 8 |
| 17 | 角度显示盘 | 1 |
| 18 | 角度标签 | 1 |

安装支架适用于直径范围为 50～115mm 的抱杆。

（2）组装支架

先将零件按图 4-30 所示组装成上支架和下支架。

用 M10×110 螺栓和平垫、弹垫、螺母将角臂座、隔离管固定在长角臂上；用 M8×20 螺栓和平垫、弹垫、螺母将 U 型槽夹板安装在角臂座上；用 M10×150 螺栓和平垫、弹垫、螺母将夹板连接在 U 型槽夹板上，螺母拧至螺栓的中间位置。

如图 4-31 所示，用 M8×20 螺栓和平垫、弹垫、螺母将上支架、下支架安装在天线安装板上。

（3）安装天线

如图 4-32 所示，使上支架、下支架的夹板和 U 型槽夹板抱住抱杆，将 M10×150 螺栓穿过上述夹板的安装孔，然后套入平垫和 2 个螺母。

摆正夹板和 U 型槽夹板，使其互相平行，然后拧紧 2 个 M10×150 螺栓上的螺母。

调整好天线在抱杆上的位置后，拧紧双螺母，参考扭距为 25N·m。

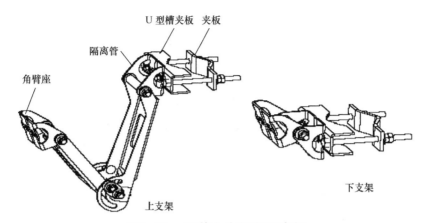

图4-30　组装上支架和下支架

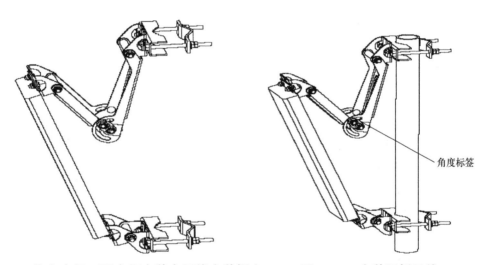

图4-31　将上支架、下支架安装在天线安装板上　　图4-32　安装平板天线

（4）调整天线角度

根据上支架上的角度标签，使用量角器合理调整平板天线的倾角，根据无线规划设计的要求，使用罗盘调整平板天线的方位角，然后拧紧上、下支架上的所有螺母。参考扭距：M8 螺母 18N · m，M10 螺母 25N · m。

卸下天线接头上的保护帽，接上馈线接头并拧紧接头螺母，然后用防水胶带缠紧以密封防水。

**注**：天线方位角与下倾角必须严格按照无线规划设计的要求，误差需小于1°。

（5）其他安装需求

对于采用 3 扇区的天线阵，扇区编号方式如图 4-33 所示。从天线顶部俯视，由 0°方位角顺时针旋转，第 1 个波束中心线靠近 0°的扇区为扇区 0，顺时针方向的下一个扇区为扇区 1。

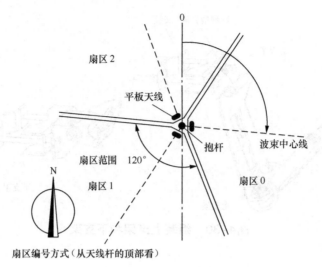

图4-33　平板天线扇区规划示意

考虑到平板天线本身的特性以及避免和其他天线的互扰，因此在安装时特别需要注意与其他系统天线保持一定的隔离度，具体要求见表 4-17。

表4-17　FDD系统与其他无线通信系统天线隔离度要求

| 天线系统名称 | 水平隔离度（m） | 垂直隔离度（m） |
|---|---|---|
| GSM900 | ≥ 1 | ≥ 0.2 |
| DCS1800 | ≥ 1 | ≥ 0.2 |
| PHS | ≥ 2.4 | ≥ 0.4 |
| WCDMA | ≥ 3.7 | ≥ 0.17 |
| CDMA2000 | ≥ 1.9 | ≥ 0.12 |

### 4. 电调天线的安装

在某运营商 LTE CP1 项目中，某运营商要求各个厂商均要实施 RRU 连接电调天线，通过网管可以实现远程调整天线下倾角的功能。

电调天线有效克服机械调下倾角的缺点，如在大角度下倾时水平面覆盖产生畸变，且伴随交叉极化和主极化特性变差、水平面前后比与无下倾时趋势不一致，邻扇区抗干扰性能变差，覆盖性能变差，这时调整下倾角比较困难，不适合优化覆盖。

电调天线在结构上可垂直安装，安装件更简单、更可靠，便于美化。

目前，在某运营商 LTE 项目上使用的某运营商电调天线，均采用了外置驱动电机的方式。电机整合在外置的 RCU（远程电调天线驱动器）内，RCU 通过控制线和 RRU/RRH 上的 RET 口连接，如图 4-34 所示。

通常是一个 RRU/RRH 对应一个小区和一副天线。

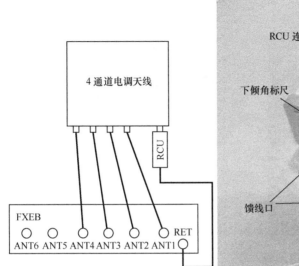

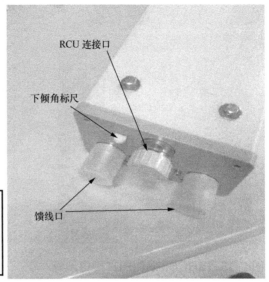

**图4-34　RCU示意**

RRU/RRH 侧 RET 接口示意如图 4-35 所示。

电调线（一头公口、一头母口）示意如图 4-36 所示。

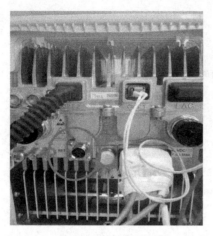 

图4-35　RRU/RRH侧RET接口示意　　　　图4-36　电调线示意

电调天线的安装步骤如下：

① 将 RCU 安装至天线上，如图 4-37 所示。

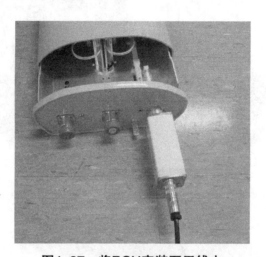

图4-37　将RCU安装至天线上

**注**：部分型号的天线有下倾角标尺，安装 RCU 时需要注意安装 RCU 的角度不要顶住标尺，否则可调行程将被卡死，如图 4-38 所示。

② 用电调线将 RRU/RRH 上的 RET 口和 RCU 连接。每个 RRU/RRH 上只有一个 RET 口，若遇到 1 个 /2 个 RRU 开多个小区时，需要将 RCU 级联。RCU 级联示意如图 4-39 所示。

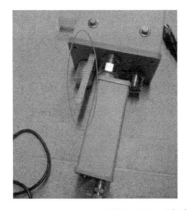

图4-38  注意安装RCU的角度

### 5. 卫星定位系统天线系统的安装

#### （1）卫星定位系统天线的配置要求

在使用卫星定位系统天线时，可以每个基站配置一个天线。也就是说，卫星定位系统天线可以直接通过卫星定位系统电缆与卫星定位系统模块相连。每种配置方式都要保证符合以下原则：最终到达卫星定位系统接收模块的信号增益为 18dB ～ 35dB。

考虑卫星定位系统天线有多种规格，按照衰减增益的不同可以分为 25dB、26dB、35dB、38dB 和 40dB 共 5 种。因此，直接采用卫星定位系统电缆连接时，要达到在卫星定位系统接收模块的信号增益为 18dB ～ 35dB 的要求，在使用不同的卫星定位系统天线时对应卫星定位系统电缆的长度要求也有所不同。

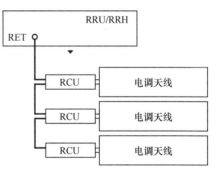

图4-39  RCU级联示意

#### （2）卫星定位系统天线的安装

在安装卫星定位系统天线时，要根据设计文件确定安装卫星定位系统天线的位置。卫星定位系统天线将使用 2 个夹具固定在抱杆上，其连接电缆末端需配备用于连接卫星定位系统天线的 N 型公头，如图 4-40 所示。

卫星定位系统天线的安装示意如图 4-41 所示。选择卫星定位系统天线的位置，可遵循以下原则：可将卫星定位系统天线安装在走线架、铁塔或立墙上；安装位置上方的天空应视野开阔，周围没有高大建筑物阻挡，距离屋顶小型附属建筑物应尽量远，安装卫星定位系统天线的平面的可使用面积越大越好；天线竖直向上的视角应大于 90°；安装位置不能受移动通信天线正面主瓣的近距离辐射，不要位于微波天线的微波信号下方、高压电缆下方以及电视发射塔的强辐射下；从防雷的角度考虑，安装位置应尽量选择屋顶的中央，不要安装在四角，因为屋顶的四角最易遭到雷击。安装位置附近应有专门的或类似的设施，如通信铁塔；天线应处在避雷针的保护范围内，即避雷针顶端与卫星定位系统天线的连线与竖直方向的夹角应小于 45°；若无铁塔或避雷针，应安装专门的避雷针，以满足建筑防雷设计的要求；避雷针与卫星定位系统天线的水平距离在 2 ~ 3m 为宜，并且应高于卫星定位系统天线接收头 0.5m 以上。

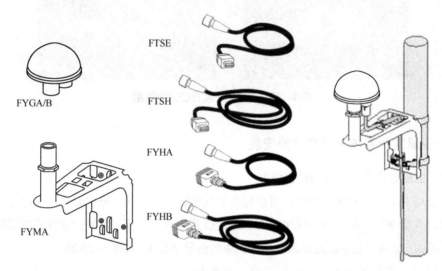

图4-40　卫星定位系统天线的安装位置和连接电缆

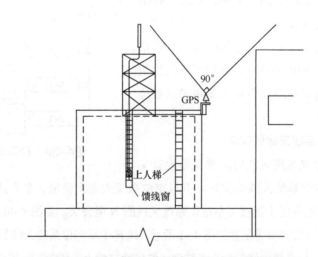

图4-41　卫星定位系统天线的安装示意

（3）卫星定位系统电缆的安装

卫星定位系统电缆布放应依据室外线缆布放标准，进机房前做好"滴水弯"，同时做好室外接地保护并涂抹防锈黄油。

### 6. 室外设备连接电缆的防水处理

对于 RRU 底部和 BBU、天线阵的连接电缆来说，考虑到室外自然环境的变化，需要做防水保护处理。通常我们采用的防水处理方法是做防水胶泥（胶带）保护。

对于 RRU 直流电源线接头、光缆接头和 100m 到 200m 加粗跳线的接头来说，需要采用三层防水胶泥密封，即 PVC ＋胶泥＋ PVC，如图 4-42 所示。

**图4-42　防水胶泥保护处理**

### 7. BBU 和 RRU 设备的开通

**（1）BBU 开通的基本流程**

① 确认 BBU 的开通条件（设备安装、传输、市电）；

② 确认申请规划数据、工单申请；

③ 根据规划的传输端口现场连接，连通后通知后台配置数据并开通。

**（2）RRU 开通的基本流程**

① 确认 RRU 的开通条件（设备安装、市电、开通 BBU）；

② 确认申请规划数据、工单申请；

③ 根据规划的光路现场跳纤，跳通后通知后台配置数据并开通。

**（3）开通注意事项**

① 室外 RRU 连接好天馈线后需进行驻波比测试，测试合格后方可进行防水处理；

② 跳纤时需用光功率计测试，测试合格后方可连接；

③ 开通前检查设备电源接线是否正常、熔丝是否满足设备加电要求；

④ 加电后安排基站厂商督导进行设备升级、数据配置，同时检查 BBU 与 RRU 连接端口、联线是否正确，RRU 光模块型号是否正确以及 BBU 上联光模块型号是否正确。

（4）驻波比测试

① 参数设置（频率、幅度、测试起始距离）；

② 仪表校准；

③ 将被测馈线接到仪器测试口后开始测试；

④ 故障定位，测试结果以连续曲线显示，可以调节 Marker 位置得到准备的测试结果值。

（5）光功率计的测试

① 仪表设置（设置波长、测试结果单位）；

② 清洁被测光纤；

③ 清洁后把光纤连接到光功率计的测试口，读出读数即可。

测试光功率时，眼睛不能直视光源，以免视觉损伤。

## 8.5G 网络及设备安装

（1）5G 站点组网方案 NSA（ 以某运营商某厂商的设备为例 ）

无线组网关键点包含以下内容。

① 射频：5G 是 AAU、64T64R。

② 传输接入：5G 基站接口 10GE。

③ NSA：X2 通过传输互联。

④ 新建网管。

⑤ NSA 的 LTE。

承载网组网关键点包含以下内容。

① 接入环：5G 初期原则上 A 设备均采用 10GE 组环，环上 A 设备为 3 ～ 8 个，重点区域 50GE 接入环环上所带 5G 基站不超过 10 个。

② 汇聚环：每对 B 下挂的 A 节点数平均 60，最多 200（10×20）。

③ 核心层：核心层 100Gbit/s。

核心网组网关键点包含以下内容。

① 传统核心网：通过现网 EPC 升级支持 NSA 组网架构。

② 新建云化核心网：一套实验核心网支持 SA 组网架构。

关键技术：NSA、云化。

（2）无线站点技术方案介绍

无线站点技术方案如图 4-43 所示。

（3）某运营商 NSA 到 SA 演进关键点

某运营商 NSA 到 SA 演进关键点如图 4-44 所示。

① 不涉及硬件的改动；

② 核心网升级到支持 SA 的版本；

③ 5G 基站数据配置修改，删除 X2 链路，增加与核心网的信令链路。

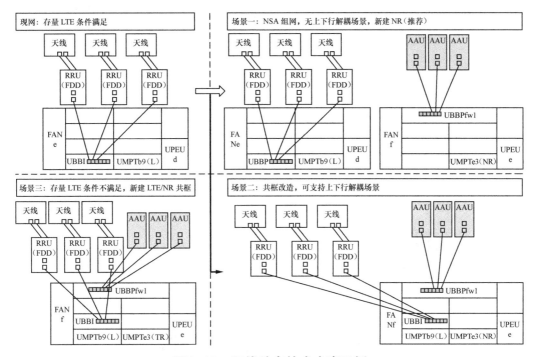

**图4-43　无线站点技术方案示例**

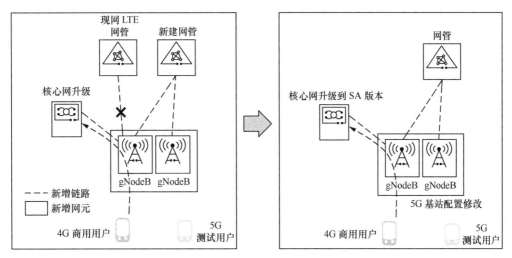

**图4-44　某运营商NSA到SA演进的关键点**

**（4）AAU 的支架安装及抱杆安装（以某厂商 AAU 为例）**

AAU 支架安装示意如图 4-45 所示。

① 组装抱杆组件。抱杆组件安装示意如图 4-46 所示。抱杆直径≤90 mm 时，使用垫块；

抱杆直径＞ 90 mm 时，拆除垫块。

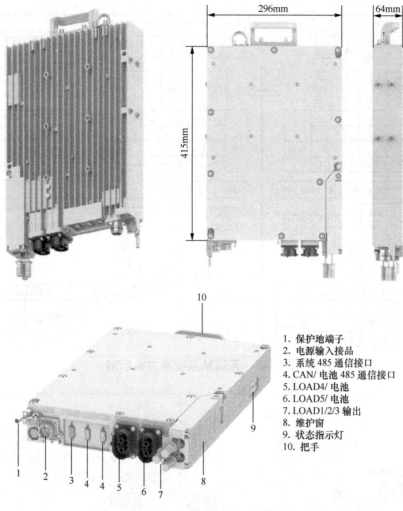

1. 保护地端子
2. 电源输入接品
3. 系统 485 通信接口
4. CAN/ 电池 485 通信接口
5. LOAD4/ 电池
6. LOAD5/ 电池
7. LOAD1/2/3 输出
8. 维护窗
9. 状态指示灯
10. 把手

图4-45　AAU支架安装示意

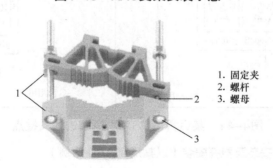

1. 固定夹
2. 螺杆
3. 螺母

图4-46　抱杆组件安装示意

② 将螺栓从侧面卡入抱杆组件的 U 型卡槽中，用活动扳手交替拧紧抱杆组件两侧的螺母，力矩值为 40 N·m，将抱杆组件固定在圆杆上，如图 4-47 所示。

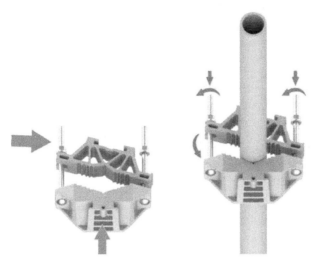

**图4-47　抱杆组件固定示意**

③ 使用 4 颗 M6 内六角螺钉将支座固定在 P1500 的背面，力矩值为 4.8 N·m，如图 4-48 所示。

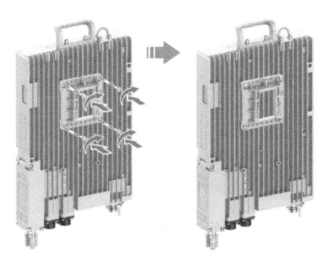

**图4-48　六角螺钉支座固定示意**

④ 将 P1500 沿着固定夹的导轨挂装到抱杆组件上，锁紧支座中间的固定螺钉，将 P1500 固定，紧固力矩为 4.8 N·m。

安装完成。

（5）AAU 接线步骤

① 确认外部供电处于断开状态。

② 拆下线缆插头的底盖和外壳，对交流电源线缆进行剥线后（预留 2 cm 左右），穿过插头的外壳和底盖，将线缆的屏蔽层拧成股，如图 4-49 所示。

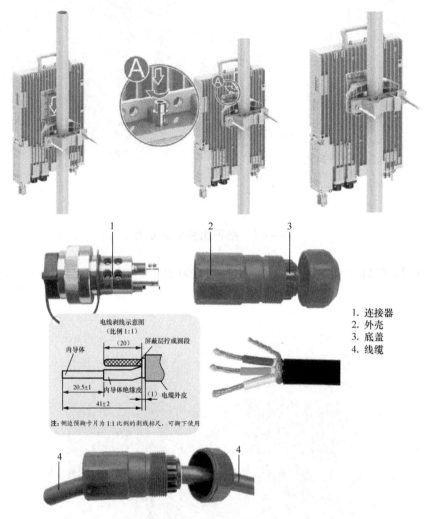

1. 连接器
2. 外壳
3. 底盖
4. 线缆

图4-49　AAU接线示意

③ 将线缆插入端子孔内并使用螺钉进行紧固。用螺丝刀拧松线缆和屏蔽层端子孔的压紧螺钉，如图 4-50 所示；将线缆插入对应的端子孔内，根据线缆端子孔的丝印标识插入对应颜色的线缆，棕色线缆为火线（L）、蓝色线缆为零线（N）、黄绿线缆为地线（PE）；用螺丝刀旋紧每个端子的压紧螺钉，先拧紧靠近接口的 2 颗螺钉，再拧紧靠近线缆的 2 颗螺钉，如图 4-51 所示；将拧成股的屏蔽层插入屏蔽装置上的压紧孔内，并通过螺钉旋紧固定，如图 4-52 所示；5 颗螺钉全部拧紧后，应保证使用 2 kg 的拉力电源线不松脱。

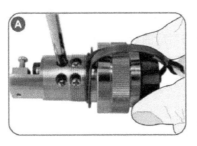

图4-50 线缆固定示意

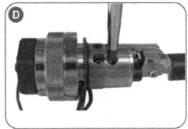

图4-51 线缆在端子上的安装示意

图4-52 屏蔽层安装示意

④ 右旋密封组件将其拧紧在插头，再拧紧尾螺母固定线缆。使用扳手夹紧接头保护盖，用另一个扳手紧固外壳，紧固力矩不小于1.2N·m。使用扳手夹紧外壳，用另一个扳手紧固底盖，紧固力矩不小于1.2N·m，如图4-53所示。

图4-53 密封组件安装示意

⑤ 用万用表检查接头的电气性能；接头插孔之间不短路；接头外壳与插孔之间不短路；电源线屏蔽层与接头金属外壳导通；电源线芯与对应的连接器插孔导通。

⑥ 对准电源线缆连接器端的定位筋和设备电源接口的限位槽，插入并拧紧连接器，如图 4-54 所示。

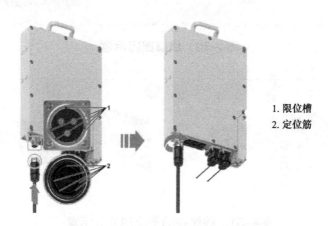

1. 限位槽
2. 定位筋

图4-54　定位筋与限位槽安装示意

⑦ 对 P1500 交流电源输入线缆接头进行防水处理；按照接头旋紧的方向依次缠绕两层防水胶带，第一层应自上而下缠绕，第二层自下而上缠绕；使用黑色线扣扎紧防水胶带两端，用斜口钳剪去多余扎带时，注意保留 3mm，防止高温天气回扣，如图 4-55 所示。

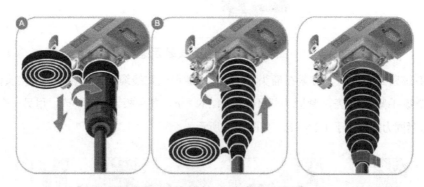

图4-55　线缆接头防水处理示意

⑧ 将交流电源线缆另一端接至外部供电设备，绑扎固定线缆，并粘贴标签。

⑨ 参照 4.1.1 章节 接线步骤 8~ 步骤 10 的说明，制作 AAU 的直流电源线接头（两端接头一样），将该电源线一端接入 P1500 的 LOAD4 或 LOAD5 输出端口，另一端接入 AAU 电源输入端口，如图 4-56 所示。

**图4-56 AAU直流电源线接头制作示意**

⑩ 绑扎固定线缆，并挂上标签，电源线接线完成。

（6）机柜内 BBU 安装

① 在机柜内指定位置安装 BBU，用 M6 螺钉进行紧固，紧固力矩 4.8 N·m，如图 4-57 所示。

**图4-57 BBU安装位置示意**

② 在机柜内指定位置安装 DCPD10B，用 M6 螺钉进行紧固，紧固力矩 4.8N·m，如图 4-58 所示。

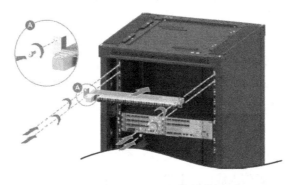

**图4-58 DCPD10B安装位置示意**

③ 安装功分单元；用卫星定位系统避雷器、功分器和走线导风插箱组装功分单元，如图4-59所示；在机柜内安装功分单元，用M6螺钉进行紧固，紧固力矩4.8N·m，如图4-60所示；

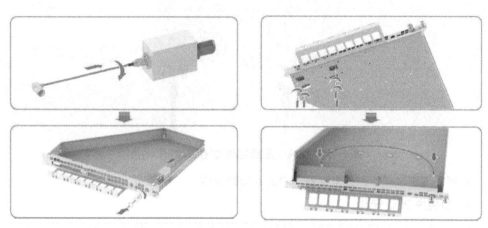

**图4-59　功分单元安装示意**

**图4-60　功分单元紧固示意**

④ 在机柜内安装BBU间的走线导风插箱，用M6螺钉进行紧固，紧固力矩4.8 N·m。

安装注意点：一是安装好直流配电单元后（标签贴好，尾纤插好）；二是现场机柜封堵，三是包裹要严实；四是两头用黑扎带扎好；五是要涂黄油做防锈处理。

（7）卫星定位系统安装

1）选择安装位置

① 根据设计文件确定卫星定位系统安装位置。

② 注意不要受移动通信天线正面主瓣近距离辐射，不要位于微波天线的微波信号下方，

高压电缆下方以及电视发射塔的强辐射下。屋顶上装卫星定位系统蘑菇头时，安装位置应高于屋面 30cm。从防雷的角度考虑，安装位置应尽量选择楼顶的中央，尽量不要安装在楼顶四周的矮墙上，一定不要安装在楼顶的角上，楼顶的角最易遭到雷击。当站型为铁塔站时，应将天线安装在机房屋顶上，若屋顶上没有合理安装位置而要将卫星定位系统天线在铁塔上时，应选择将卫星定位系统天线安装在塔南面并距离塔底 5 ～ 10m 处，不能将卫星定位系统天线安装在铁塔平台上；卫星定位系统抱杆离塔身不小于 1.5m，具体如图 4-61 所示。

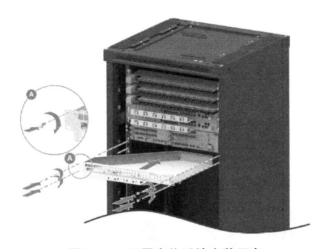

图4-61 卫星定位系统安装示意

③ 卫星定位系统馈线推荐选用 1/4 英寸馈线，最长可支持 120m；卫星定位系统馈线长度大于 120m 时，按长度增配功率放大器。确定安装位置时，需考虑卫星定位系统馈线的长度。

2）卫星定位系统拉远距离

1/4 英寸馈线支持距离见表 4-18。

表4-18 1/4英寸馈线支持距离

| 卫星定位系统馈线长度（单位：m） | 卫星定位系统天线 MBGPS-38-001 | 中继放大器 MBGPS-22-zh | 备注 |
| --- | --- | --- | --- |
| $L<120m$ | 1 | 0 | 采用衰减 20dB/100m 的 1/4 英寸馈线；第一个中继放大器安装在天线后 65m，第二个中继放大器在第一个后 100m |
| $120m<L<230m$ | 1 | 1 | |
| $230m<L<340m$ | 1 | 2 | |

同一机柜中的多台 B8300 可以通过功分器共享一个卫星定位系统天线，具体见表 4-19。

表4-19　多台B8300共享一个卫星定位系统天线

| 外部增益 | 馈线长度（单位：m） | 四功分器 | 备注 |
|---|---|---|---|
| 23dB | 120 | 0 | 4 功分器：差损 6.5 dB（考虑接头损耗）<br>1/4 英寸馈线损耗：20dB/@1.5GHz |
| 23dB | 70 | 1 | |

3）安装卫星定位系统天线

① 将馈线穿进不锈钢抱杆；

② 在卫星定位系统馈线天线端安装 N 型直式公头（1/2 英寸馈线时采用 1/2 英寸 N 形直式公头，1/4 英寸馈线时采用 1/4 英寸 N 形直式公头）；

③ 将 N 形直式公头拧紧到卫星定位系统天线上；

④ 对 N 形直式公头接头处做"1＋1＋1"防水处理，保证接头金属裸露部位的防腐蚀防锈防水（现场视不锈钢抱杆的直径，若直径太小，不得已则采取直接缠绕 5 层绝缘胶带的方式），如图 4-62 所示；

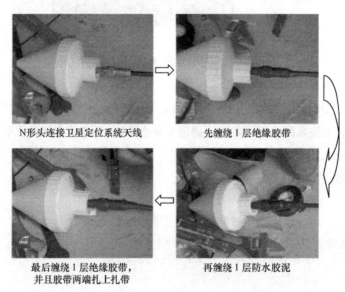

N形头连接卫星定位系统天线　　　　先缠绕 1 层绝缘胶带

最后缠绕 1 层绝缘胶带，　　　　再缠绕 1 层防水胶泥
并且胶带两端扎上扎带

图4-62　卫星定位系统馈线安装直式公头示意

⑤将不锈钢抱杆拧紧至卫星定位系统蘑菇头，连接处必须做"1＋3＋3"防水处理，在防水处最外层绝缘胶带上下两端用黑色扎带绑扎，如图 4-63 所示；

⑥通过安装件将卫星定位系统天线进行抱杆安装或挂墙安装，不锈钢抱杆下部管口与馈线连接处严禁做防水处理，如图 4-64 所示；

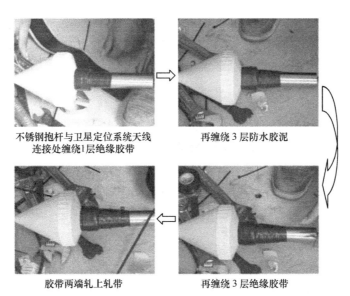

不锈钢抱杆与卫星定位系统天线
连接处缠绕1层绝缘胶带

再缠绕 3 层防水胶泥

胶带两端轧上轧带

再缠绕 3 层绝缘胶带

**图4-63　卫星定位系统蘑菇头防水处理示意**

此处严禁做任
何防水处理！

**图4-64　不锈钢抱杆防水处理示意**

⑦ 卫星定位系统馈线在室外走线架走线时要求走线平直、无交叉，采用卫星定位系统馈线 2 联固定卡固定；无走线架时用膨胀螺丝打入墙体，用馈线卡固定或用金属卡固定。

4）安装卫星定位系统馈线

卫星定位系统避雷器以及功分器（若有）已经安装到位。

① 在卫星定位系统馈线 BBU 端安装 N 形弯式公头，馈线接头套黑色热缩套管 5cm，并热缩；卫星定位系统避雷器以及功分器（若有）已经安装到位；

② 在卫星定位系统馈线 BBU 端安装 N 形弯式公头，馈线接头套黑色热缩套管 5cm，并热缩，如图 4-65 所示；

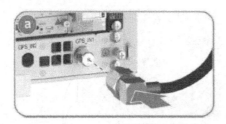

图4-65　弯式公头安装示意

③ 将卫星定位系统跳线的功分器端安装到功分器（若有）的 SMA 射频接口上（卫星定位系统功分器第 1 路必须优先连接至 BBU 单板供电），如图 4-66 所示。

图4-66　功分器端安装示意

**（8）接地系统安装**

1）机柜 BBU 接地

在机柜内部左右两侧的加强筋上都附着有导电涂层，在这些机柜内安装 BBU、DCPD、B101、B201、功分器单元以及走线导风插箱等内部组件时，组件的耳部背面与机柜加强筋接触面可靠压接，就不用给这些内部组件做柜内接地了，只需要将机柜顶部的接地点与室内接地铜排相连即可，如图 4-67 所示。

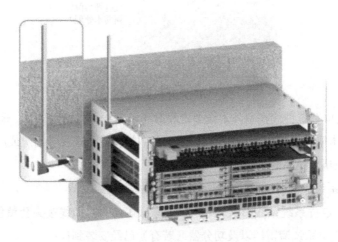

图4-67　机柜BBU接地示意

接地线采用 25mm² 以上的黄绿线，如机柜两侧无加强筋，内部组件还是需要接地的。

2）AAU 设备接地

① 在保护地线缆两端分别压接 OT 端子（成品线端子已压接则此步略过）；

② 将压接好的保护地线缆的一端套在 A9611 的接地螺钉上，并拧紧接地螺钉，紧固力矩 4.8 N·m，如图 4-68 所示；

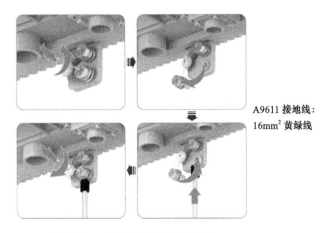

A9611 接地线：
16mm² 黄绿线

**图4-68　AAU设备接地示意**

③ 除去地排上的锈迹，将保护地线缆的另一端连接到室外地排上，用螺栓固定（或者用自攻螺钉将保护地线另一端固定在铁塔平台接地点或者楼顶地网上）；

④ 绑扎固定线缆，并粘贴标签。

3）AAU 电源线屏蔽层接地

户外电源线仅在进入馈线窗前，使用屏蔽层接地卡做一处接地。所选取的接地点应为室外接地铜排，或与大楼地网可靠连接；户外电源线的接地线不能大于 1.5m。严禁续接；接地前应先去除接地点氧化层；接地卡安装完毕后应进行防锈处理，如图 4-69 所示。

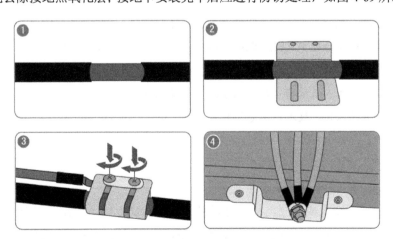

**图4-69　AAU电源线屏蔽层接地示意**

4）卫星定位系统馈线接地

卫星定位系统馈线仅在进入馈线窗前，使用馈线接地卡做一处接地。所选取的接地点应为室外接地铜排，或与大楼地网可靠连接；卫星定位系统馈线的接地线不能大于1.5m，严禁续接；接地前应先去除接地点氧化层；接地卡安装完毕后应进行防锈处理。

## ●● 4.3  特色施工工艺

### 4.3.1  RRU 吊装盘施工工法

NB-IoT 基站架构采用了 BBU（基带单元）+RRU（远端射频单元）架构。BBU 安装于机房内，RRU 安装于机房外的通信塔上，距离地面数十米，BBU 与 RRU 通过光缆连接实现通信。RRU 是 TD-SCDMA 的 BBU+RRU 模式中非常重要的组成部分，此设备包含了 8 个射频接口、一个校准线接口、RRU 电源线接口以及光纤接口，而且这些接口一般都分布在RRU 设备边缘，RRU 的重量一般也在 25kg 左右。

采用传统的大绳吊装方法来吊装 RRU，会产生了一些问题：

● 用大绳吊装 RRU 过程中，RRU 不可避免地会与塔体或墙壁发生碰撞，这就可能会损坏到 RRU 裸露在外面的元器件，比如天线接口等；

● RRU 的自重较大，如果大绳绑扎得不好，会造成 RRU 坠落，高空坠物将对人员、设备等都会带来无法预测的后果；

● RRU 作为室外设备，经历过风吹雨淋后很难保证其构件牢固，维修、更换 RRU 时，一旦大绳拴住部位器件损坏，高空坠落后果将不堪设想。

针对传统吊装方法的缺陷，某公司的工程技术人员创新了 RRU 安装的施工方法，并进行了大量的试验，最终确定了如下施工步骤，用于指导施工：

● 第一步，开箱检验 RRU，安装 RRU 外部接口以及安装用抱箍；

● 第二步，检查 RRU 吊装专用托盘；

● 第三步，施工人员登塔，塔上人员放下吊装用绳索；

● 第四步，将 RRU 放入吊装专用托盘；

● 第五步，起吊 RRU；

● 第六步，安装、固定 RRU；

● 第七步，取下 RRU 吊装工具。

作为工法的重要组成部分，某公司研制还出"RRU 专用吊装盘"用于 RRU 的吊装。RRU 专用吊装盘是由安全网兜的纬线、安全带、安全网兜的经线、托盘、防震保护层、安全扣和尼龙细线缝制紧密组成，安全网兜的经线和安全网兜的纬线依次相连，其交叉处用牢固的尼龙细线缝制紧密固定，并且安全网兜的经线与托盘相连，托盘上设置防震保护层，托盘四周包裹着安全网兜的纬线。托盘上部的安全网兜的纬线上设置有安全扣，用于按照 RRU 专用吊装盘的实际尺寸收紧纬线。

该施工方法在江苏、安徽、福建等多个地区的大量移动通信建设工程中得到广泛应用和验证，如图 4-70 所示，取得了非常好的经济和社会效益。通过该方法的实践，能完全解决原大绳吊装方法的缺陷，提高安装质量和安全系数。该方法为国内首创，在国内外同类技术水平中具有明显的先进性和实用性，已经取得了外观设计专利证书和实用新型专利证书，如图 4-71 所示。

**图4-70　安装移动通信基站RRU设备的施工方法**

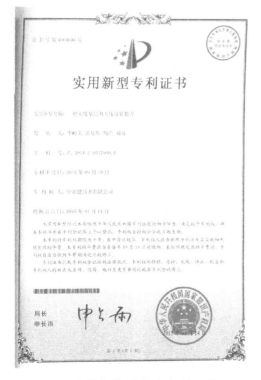

RRU吊装盘外观设计专利证书　　RRU吊装盘实用新型专利证书

**图4-71　RRU吊装盘的专利证书**

### 4.3.2 BBU-RRU 光缆施工方法

NB-IoT 基站同传统的 4G 基站一样，具有以下特点：

• 采用了 BBU（基带单元）+RRU（远端射频单元）架构，BBU 设备安装于机房内，RRU 设备安装于机房外通信铁塔（独杆塔）的顶部，BBU 与 RRU 通过光缆进行连接实现通信；

• 独杆塔设备安装平台距离地面四十多米，塔顶的直径较小，人不能进入且无法固定线缆；

• 一个基站室外通常情况下有 3 个扇区，每个扇区都有一副天线和一个 RRU。每个 RRU 都有一根光缆和一根电源线分别与室内 BBU 和电源设备相连；

• 从塔上平台到塔体的进线口处对 TD 线缆来说没有任何防护措施，且光缆呈直角状——由于自身重量的原因，在没有任何保护的情况下任线缆自然下垂，出线孔处光缆承受全部的自身重量，光缆在此处受力很大，弯度很高。

针对基站的特点，以及在工程安装和维护中遇到的问题，工程技术人员大胆创新，经过大量实验，归纳出如下步骤，用于指导施工：

• 第一步，开箱检验光缆；

• 第二步，理顺光缆，做好临时标签；

• 第三步，架设光缆盘支架；

• 第四步，塔上施工人员登塔；

• 第五步，对光缆的 A 端口进行必要的保护；

• 第六步，安装弧形线托；

• 第七步，起吊光缆；

• 第八步，固定光缆；

• 第九步，将光缆与 BBU、RRU 分别连接。

技术人员并独创性地设计出"弧形线托"，用以保护光缆。

在基站实验和初建阶段，BBU 与 RRU 相连接的光缆因为弯曲半径过小造成光缆在施工过程中容易损害，经统计，损坏率达到 15%。并且，由于室外恶劣的环境因素，光缆使用半年左右就会在未采取任何保护措施的弯曲处损坏，影响基站的正常使用。

该方法在大量基站建设的工程中得到应用，如图 4-72 所示。实践证明，该方法能指导光缆的安装，

**图4-72　移动通信基站独杆塔BBU-RRU光缆施工方法**

提高安装效率，并能有效保护光缆和电源线，具有很高的经济效益和社会效益，并已经取得了实用新型专利证书和外观设计专利证书，如图 4-73 所示。

弧形线托实用新型专利证书

弧形线托外观设计专利证书

**图4-73　弧形线长的专利证书**

# NB-IoT 网络维护

## 第 5 章

**导读**

自 2017 年国内运营商开始规模部署 NB-IoT 网络至今，NB-IoT 已经广泛应用于我们日常生活相关的诸多不同领域中，不同程度地影响着我们的生活方式。为保证 NB-IoT 网络稳定、高效地提供服务，维护工作成为其中的一个重要环节。本章中，编者根据维护需求的不同，分别介绍了日常维护、应急维护的内容、原则和注意事项。同时依托编者服务的实际项目，从处理流程、分析方法等角度对维护过程中的作业进行了指导说明。其间大量列举了 NB-IoT 网络维护过程中的常见故障，从定义、定位流程、处理建议等较多方面进行了详细的介绍。

## ●● 5.1 NB-IoT 系统维护规则

NB-IoT 整体网络构架主要分为终端侧、无线网侧、核心网侧、物理网支撑平台及应用服务器 5 个部分。维护的目标就是保证网络处于良好的运行状态，使其运行服务质量能够满足用户使用业务的需求，网管可以进行正常的维护作业和集中监控。其中，无线网的维护主要是保证网管、eNodeB 设备的良好运行，使之满足用户数据业务接入和上传 / 下载的需求。

### 5.1.1 日常维护

#### 5.1.1.1 日常维护概述

（1）日常维护的目的

为确保设备在无人值守的环境下可靠运行，NB-IoT 在硬件、软件设计中采用了各种提高系统可靠性的措施。防患于未然，及时发现问题并妥善解决问题，使各种可靠措施发挥最大作用。

（2）日常维护的分类

日常维护分类的标准较多，目前业内一般可按实施方法、维护方式、维护周期等来进行划分。

按实施方法可分为正常维护和非正常维护两类：正常维护是指通过正常的维护手段，观察、测试和分析设备的性能和运行情况；非正常维护是指人为制造一些特殊条件，检测设备的性能是否下降或系统功能是否老化。如为防止告警系统出现故障，可适当制造一些故障，检查告警系统是否能正确上报信息。

按维护方式可分为被动式维护和主动式维护：被动式维护是当设备有问题时才进行维护，例如处理设备的突发性故障和告警；主动式维护主要是一些例行维护，定时检测设备的运行状况，主动对网络进行分析，并提出相应的解决措施，做到"防患于未然"。

按维护周期可分为突发性维护和周期性例行维护：突发性维护是指因为设备故障、网络调整等带来的维护任务，如用户投诉、设备损坏、线路故障时进行的维护，在例行维护中发现的问题也是突发性维护的来源之一；周期性例行维护是指定期进行的维护，通过周期性维护，及时了解设备平时的运行情况，做到主动发现和解决问题。例行维护分为日维护、月维护、季度维护和年度维护。例行维护需详细记录例行维护和突发性维护中发现的问题，包括故障发生的物理位置和故障现象，为及时正确地排除故障和隐患提供参考。

**（3）维护建议**

为了确保 NB-IoT 网络稳定运行，日常维护中应注意几点。

① 保持机房、机柜清洁干净，防尘防潮，防止鼠虫进入。

② 日常维护时请参照日常维护操作指导的相关内容，并做好记录。

③ 发现问题请及时处理，有问题不知如何处理请及时与相关技术人员联系。

④ 维护时应按产品的相应规范，遵守相关的安全注意事项，避免因人为因素造成事故。

⑤ 出现重大故障时，请按照重大故障处理流程处理。

⑥ 已经损坏的单板、器件等，请不要遗留在机柜内，应装入防静电袋内，妥善保管，以避免引起其他故障。

⑦ 对设备硬件进行操作时请先戴好防静电手腕。

⑧ 杜绝随意地对设备进行复位、加载或数据修改。更改数据前和修改后要做好数据备份，更改后要进行运行观察和测试，改动数据后机器稳定运行一段时间方可删除备份数据。

⑨ 严禁使用未经授权的软件直接查询和修改数据库，以免导致不良后果。

⑩ OMC 终端操作维护系统要按级别划分权限，只向相关维护责任人发放权限并定期更改密码，管理级口令只有维护负责人掌握，做到严格管理、责权分明。

⑪ 请将有关部门的电话和其他的各种必要联系信息贴于机房内，便于机房维护人员在重大故障时及时联系。

### 5.1.1.2　日常维护操作

**（1）日维护操作**

日维护操作内容可分为以下五类。

① 实时查看和处理设备故障告警。查看设备的状态信息，记录告警现象和原因及处理措施。

② 实时查看和处理环境告警。查看环境信息，记录告警现象和原因及处理措施。

③ 实时查看和处理中继告警。查看传输状态信息，记录告警现象和原因及处理措施。

④ 实时查看和处理电源告警。查看电源状态信息，记录告警现象和原因及处理措施。

⑤ 实施处理其他告警和用户投诉。详细记录原因和处理过程。

**（2）周维护操作**

周维护操作内容可分为以下六类。

① 机房环境状况。查看机房的防盗网、门、窗等设施是否完好。

② 机房温度状况。记录机房内温度计的指示。

③ 机房湿度状况。记录机房内湿度计的指示。

④ 机房防尘状况。观察设备外壳、设备内部、地板和桌面的尘土情况。

⑤ 室内空调运行情况。空调是否正常运行，能否制冷。

⑥ 电路板运行情况。检查各电路板指示灯是否正常。

（3）**月维护操作**

月维护操作可分为以下四类。

① 备份基站数据文件。在基站安装和升级后进行完全备份，在以后的例行维护中只备份数据文件。

② 检查电源模块的运行状态。检查电源模块的运行状态，检查电源模块指示灯是否正常，备份电源模块倒换正常。

③ 检查机柜风扇。检查机柜风扇框、NLPA 中的风扇运转情况，包括面板指示灯是否正常，风扇转动的声音是否正常。

④ 检查备品备件。按登记表检查备品备件，确保备品备件完好和管理有序。

（4）**季度维护操作**

季度维护操作可分为以下九类。

① 清洁机柜。需要工具有吸尘器、酒精、毛巾等。

② 维护防尘网。清洗防尘网，清洗前准备好清水、毛刷和吹风机；清洗时先拆卸防尘网，再将防尘网放在清水中用毛刷刷洗。洗净后，用吹风机吹干，并重新安装。

③ 检查供电系统和一次电源。检查供电系统是否正常工作。

④ 测量基站电源输入电压、电流。使用万用表测量输入机柜的电压和电流。

⑤ DT、CQT。用软件在站点覆盖范围进行测试。

⑥ 检查告警采集设备。检测湿度、温度、火警、防盗等告警信息是否采集正常。

⑦ 检查天馈部分工作情况。观察天线支架是否偏离方向，观察馈线防水是否正常，观察馈线接口是否有松动现象。

⑧ 检查接地、防雷。观察接地系统、防雷系统的工作情况，连接是否可靠，避雷器有无烧焦现象。

⑨ 检查室外基站外部环境、室外基站及其配套设施。观察室外基站外部环境是否正常，观察室外基站是否完好，空调工作是否正常。检查一体化工作箱、UPS、蓄电池等配套设备的工作是否正常。

（5）**年度维护操作**

年度维护操作可分为以下五类。

① 检查地线、测量接地电阻阻值。用地阻仪测量接地电阻，检查每个接地线接头老化程度以及是否松动。

② 检查天馈线接头、避雷接地卡防水。检查外部或打开绝缘胶带检查。

③ 检查天线、塔放牢固程度及定向天线倾角。用扳手再次拧紧螺母，用角度仪检查

倾角。

④ 核对工程参数。查询系统记录的工程参数。在近端——核对工程参数中的数据与现场实际情况是否相符。根据实际情况修改工程参数，然后在系统中更新工程参数。

⑤ 本基站运行情况、常见故障分析与对策。分析本基站常见故障，指导以后的日常维护。

## 5.1.2 应急维护

### 1. 应急维护概述

#### （1）应急维护适用场合

在出现 eNodeB 故障、小区业务中断、主要单板告警等情况时，需要对 NB-IoT 站点进行应急维护。

#### （2）应急维护基本原则

应急维护故障设备之前，遵循以下应急维护的基本原则。

① 为快速恢复设备的正常运行与业务的提供，维护人员应参考相关设备的应急维护资料，及时制定各种紧急事故的处理预案。

② 当系统或设备发生紧急事故时，维护人员应首先保持镇静，然后检查 eNodeB 的硬件、传输等是否正常，判断事故的起因是否由 eNodeB 引起。若是由 eNodeB 引起的，请按照建议相关流程处理事故。

③ 当维护人员完成紧急事故的处理以后，请及时采集与本次事故有关的设备故障告警信息，输出事故处理报告。

#### （3）应急维护注意事项

应急维护操作中需要注意的事项如下。

① 应急维护操作一般都会对系统的运行产生重大影响，因此需要具有一定维护经验的操作者来完成，或者需要在具有一定维护经验的操作者的指导下完成。

② 如果故障对网络运行的影响很大，无论维护人员当时判断是否可以排除故障，均应在第一时间内联系设备厂商的技术支持。

### 2. 应急维护流程

应急维护包含以下 7 个步骤，如图 5-1 所示。

图5-1 应急维护的操作步骤

（1）**检查网络业务**

按照紧急故障的现象，通过操作维护中心（Operation and Maintenance Center，OMC）客户端的拓扑图和上报的告警等信息，判断故障是否属于 eNodeB，同时初步判断是个别 eNodeB 故障还是大量 eNodeB 故障。

（2）**初步确定原因**

根据现场有关情况，初步定位原因，并记录以下内容：

① 紧急情况发生时间；

② 紧急情况发生范围；

③ 上报的严重告警项；

④ 异常性能测量指标；

⑤ 指示灯不正常单板；

⑥ eNodeB 的版本号；

⑦ 操作日志信息；

⑧ 状态查询信息；

⑨ 信令跟踪信息。

（3）**紧急求助**

在到场人员发现问题无法得到及时定位及处理时，需联系相关的技术支持人员，通过电话指导或至现场配合处理。

（4）**恢复业务**

到场人员通过技术支持人员电话指导或现场支持，定位故障原因并迅速恢复业务。若不能迅速定位故障原因，必要时尝试倒换、复位和更换单板来解决问题。

**注**：恢复业务之前应该先备份系统数据，如果要改变硬件配置，如连线、单板插槽等，请先记录其当前的情况，现场一定要记录恢复业务的任何步骤和遇到的现象。

（5）**业务状态监控**

恢复业务后，请注意确认系统是否已正常运行。安排人员再值守 2 ～ 4h，确保如有问题第一时间处理解决。业务状态监控关键内容如下：确认现场业务测试正常；核查 eNodeB 单板指示灯是否正常；检查是否存在异常告警；OMC 维护台检查站点状态是否正常；话统指标分析是否存在异常指标项。

（6）**收集信息**

恢复业务以后，需要收集基站运行信息、环境信息和工程信息，整理和填写维护操作记录。

（7）**输出报告**

处理紧急情况结束后，及时输出完整的问题处理报告，方便后续类似问题的处理，同时也能起到预警的作用。

## ●● 5.2  NB-IoT 接入网设备常见的故障分析与处理

### 5.2.1  故障处理流程

在 NB-IoT 网络投入正常运行后，会因为各种情况出现问题，如收到投诉、例行维护时发现故障、设备突发故障、出现告警，这时候就需要对以上问题进行定位及排障工作。在一般情况下，故障处理需经过"信息收集→故障判断→故障定位→故障排除"4 个阶段，如图 5-2 所示。

**图5-2  故障处理的"4个阶段"**

**（1）信息收集**

出现故障后，首先需要对故障的情况有基本的了解，一般可以通过以下途径了解相关情况。

① 询问申告故障的用户/客户中心的工作人员，了解具体的故障现象、故障发生时间、地点和频率。

② 询问设备操作维护人员了解设备日常的运行状况、故障现象、故障发生前的操作、故障发生后采取的措施及效果。

③ 观察单板指示灯，观察操作维护系统以及告警管理系统以了解设备软、硬件的运行状况。

④ 通过业务演示、性能测量、接口/信令跟踪等方式了解故障发生的范围和影响。

在处理故障前，一般需要收集以下信息：

① 故障现象；

② 故障发生的时间；

③ 故障发生的地点；

④ 故障发生的频率；

⑤ 故障的范围；

⑥ 故障发生时设备是否有告警；

⑦ 故障发生时是否有单板指示灯异常；

⑧ 故障发生前设备的运行状况；

⑨ 设备版本信息和补丁信息；

⑩ 故障发生前的操作日志；

⑪ 故障发生后采取的措施以及结果。

另外，在信息收集时应注意以下两点：一是应具有收集相关信息的强烈意识，在遇到故障特别是重大故障时，一定要先清楚相关情况后再决定下一步的工作，切忌盲目处理；二是应加强横向、纵向的业务联系，建立与其他局所或相关业务部门维护人员的良好业务关系，这对于信息交流、技术求助等都有很大的帮助。

（2）**故障判断**

在获取故障信息后，需要对故障现象有一个大致的定义，确定故障的范围与种类，即需要判断故障发生在哪个范围，是属于哪一类的问题。NB-IoT 故障主要分为业务类和设备类故障。

业务类故障包括以下三种：

- 接入类故障，即用户无法接入，接入成功率低；

- 掉话类故障，即异常释放；

- 速率类故障，即速率低或者无速率，速率波动。

设备类故障包括以下 6 种：

- 小区类故障，即小区建立失败或小区激活失败；

- 维护通道类故障，即 OMCH 断链、闪断，CPRI 链路异常，S1/X2/SCTP/IP Path 链路异常，IP 传输异常；

- 时钟类故障，即时钟参考源故障、IP 时钟链路故障、系统时钟失锁故障；

- 安全类故障，即 IPSec 隧道异常、SSL 协商异常、数字证书处理异常；

- 射频类故障，即驻波异常、接收通道 RTWP 异常、ALD 链路异常；

- License 类故障，即 License 安装／调整失败。

根据以上分类，处理人员能够根据现象很方便地对故障属性做出判断，确定故障的类别。当然，各故障类别之间并不是完全割裂的，如业务类故障的原因很可能是设备类的问题。所以处理各类故障时，可相互参考。

（3）**故障定位**

故障定位是"从众多可能原因中找出故障原因"的过程，通过一定的方法或手段，分析、比较各种可能的故障成因，不断排除干扰，最终确定故障发生的具体原因。

设备类故障原因相对业务类故障简单，虽然故障种类多，但是故障范围较窄，系统会有单板指示灯异常、告警和错误提示等信息。用户根据指示灯信息、告警处理建议或者错误提示，可以排除大多数的故障。

业务类故障定位主要包括以下两种：

① 接入类故障，即一般通过依次检查 S1 接口、UU 接口，逐段定位，根据接口现象判断是否为无线接入网故障。如果是无线接入网内部问题，再继续定位。

② 速率类故障，即一般先查看是否有接入类故障，若有接入类故障先按照接入类故障进行排查，然后再通过查看 IP Path 流量，最终确定故障点。

**（4）故障排除**

故障排除是指采取适当的措施或步骤清除故障、恢复系统的过程，如检修线路、更换单板、修改配置数据、倒换系统、复位单板等。根据不同的故障按照不同的操作规程操作，排除故障。

排除故障之后，需要重点关注以下三点：

① 排除故障后需要进行检测，确保故障真正被排除；

② 排除故障后需要进行备案，记录故障处理过程及处理要点；

③ 排除故障后需要进行总结，整理此类故障的防范和改进措施，避免再次发生同类故障。

## 5.2.2　故障分析与定位的常用方法

故障分析与定位的常用方法可总结为以下七种。

**（1）告警分析**

告警是故障或者事件发生的重要提示信息。如果系统出现故障，在告警管理系统中能够看到相关的告警。OMC 为每一条告警提供了丰富的告警处理的操作步骤，按照告警处理的详细操作步骤可以排除大部分故障。因此，查看告警是定位故障和排除故障的重要手段。

操作维护人员可以设置有关参数，通过短信、电话等手段及时获得告警的上报信息。还可以通过设置告警箱，将特定的告警通过告警箱的声、光信息通知维护人员。

**（2）用户跟踪**

用户跟踪基于用户号码，可以按照发生时序完整地跟踪用户的标准接口、内部接口消息和内部状态信息，并显示在屏幕上。

用户跟踪的优点如下：实时性强，可以即时看到跟踪的结果；内容丰富，可以跟踪所有标准接口；大话务量情况下可以使用；应用场景广泛，可用于分析呼叫流程、跟踪 VIP 客户等。

用户跟踪定位手段经常用于定位能重现的呼叫类问题。用户跟踪工具的使用说明请参见操作维护系统的联机帮助。

**（3）接口和协议跟踪**

接口跟踪基于某个标准（或内部）接口，可以按照发生时序完整地跟踪该接口上的所有消息，并显示在屏幕上。

接口跟踪的优点如下：实时性强；接口消息完备，可以跟踪一定时间段内该接口上的所有消息；能跟踪链路管理消息。

用户不确定类呼叫问题适合接口跟踪定位手段处理，例如某站点 RRC 建立成功率低。

（4）**业务演示**

业务演示辅助分析是指通过进行业务演示（上传、下载）判断故障的范围和种类，故障是否恢复等。

设备故障往往会影响业务的顺利进行，根据业务演示的效果能大致判断故障的范围和种类。此外，在排除故障后，往往也是通过业务演示来判断故障是否被彻底排除。

（5）**仪器、仪表辅助分析**

应用仪器、仪表分析与定位故障，是处理故障常用的技术手段。它以直观、量化的数据直接反映故障的本质，在电源测试、信令分析、误码检测等方面有着广泛的应用。

（6）**性能测量辅助分析**

性能测量辅助分析是指利用 OMC 的性能管理系统，创建性能测量任务，通过性能测量结果分析故障可能的原因和范围，性能测量结果往往也是处理故障时重要的原始信息来源之一。

（7）**测试辅助分析**

测试辅助分析是指通过测试管理系统，测试与业务相关的整个通路上的各个单板连接的好坏，一般不需要额外的测试仪器，可以把故障定位到单板级。测试管理系统的测试范围包括测试单板、DSP、时钟、链路和 IPC 通道环回等。

## 5.2.3  NB-IoT 网络常见故障处理

### 1. 接入类故障

（1）**接入类故障定义**

接入类故障是指 RRC 连接建立失败或 RRC 连接恢复失败导致用户接入困难或者无法接入的故障。

在 NB-IoT 网络中，接入类故障涵盖 RRC 连接建立和 RRC 连接恢复两个阶段。网络接入成功率是量化 NB-IoT 网络终端用户感知的 KPI 之一，如果接入成功率过低，数据上报就会困难，严重影响用户的感知。

（2）**处理接入类故障的思路和方法**

接入类故障可细分为 RRC 连接建立失败和 RRC 连接恢复失败两种情况：RRC 连接建

立失败会出现终端无法搜索小区、空口接入类故障、部分用户问题等故障现象，这些一般是从无线接入网侧（包括 UE）参数配置问题、信道环境问题、终端异常角度进行分析；RRC 连接恢复失败会出现资源类问题、空口接入类故障、核心网侧异常、部分用户问题等故障，这些一般是从无线接入网侧（包括 UE）参数配置问题、信道环境问题、核心网侧配置问题、终端异常角度进行分析。

参数配置异常的故障现象有以下 7 种：

① 终端无法收到小区的广播信息；

② 终端无法搜索到小区的信号；

③ 终端无法驻留到小区；

④ 终端无法接入，eNodeB 侧 RRC 建立请求指标 L.RRC.ConnReq.Att 为 0；

⑤ eNodeB 侧标准接口跟踪显示 RRC 建立成功后，终端与 MME 之间鉴权流程失败，MME 释放终端；

⑥ 终端可搜索到小区信号，但无法接入；

⑦ KPI 显示 RRC 连接恢复成功率较低。

以上现象可能原因有以下 5 个方面：

① 小区参数配置错误，主要包括频点设置错误、PLMN 配置错误、驻留门限设置错误、导频功率设置错误和接入类别设置错误等；

② 终端对鉴权加密有特殊要求；

③ SIM 卡或 HSS 开户参数配置错误；

④ 核心网鉴权加密算法配置错误；

⑤ IP Path 或 IPRT 配置错误。

处理步骤如下：

① 检查小区参数配置是否错误，常见错误包括频点、PLMN、驻留门限、导频功率和接入类别等；

② 检查终端类型和版本，判断是否需要打开鉴权加密功能；

③ 检查 SIM 卡的 K 值、OPC 值、IMSI 烧录是否错误，是否使用 USIM 卡，HSS 开户参数是否错误；

④ 检查核心网侧鉴权加密算法配置是否错误，鉴权加密开关是否关闭；

⑤ 检查 IP Path 和 IPRT 配置是否错误；

⑥ 跟踪接入信令流程，定位故障具体环节。

信道环境异常的故障现象有以下 5 种：

① 随机接入流程，UE 收不到随机接入响应；

② RRC 建立过程，eNodeB 等待 RRC 连接建立完成消息超时；

③ RRC 连接恢复阶段，响应超时；

④ eNodeB 等待重配置完成消息超时等；

⑤ eNodeB 侧 KPI RRC 建立成功率低，RRC 恢复成功率低。

针对以上分析信道环境异常的可能原因有：小区覆盖较差；终端未达到最大发射功率；存在互调干扰；终端处于小区边缘。

导致接入困难的空口因素主要包括干扰、上下行不平衡、弱覆盖、天馈互调、基站硬件故障等，主要的排查手段如下。

**干扰因素**：收集现场干扰信息，通过频谱扫描仪查看下行是否存在邻区干扰和外部系统干扰等；通过 eNodeB 小区干扰检测查看是否存在上行干扰。

**覆盖因素**：统计用户接入时上报的 RSRP，如果大部分接入集中在电平较低的部分，则可判断小区因弱覆盖而导致接入失败。路测检测小区的实际覆盖半径和信号质量的变化情况，检查是否存在广覆盖和过覆盖现象。

**上下行不平衡因素**：上下行不平衡问题包括上行受限和下行受限，需要核查 RRU 发射功率和 UE 发射功率是否符合链路预算要求。路测检测实际的上行覆盖半径和下行覆盖半径。

**天馈系统**：如果天线为双发天线，需检查两副天线的下倾角和方位角是否一致，如果不一致，需进行校正，使其保持一致。检查天线跳线是否有接反的情况（可以通过分析路测数据发现），如果接反会造成小区内上行信号比下行信号电平差很多，在距离基站较远处容易产生接入失败，需重新正确连接跳线。如果天馈线损伤、进水、打折、接头处接触不良均会降低发射功率和收信灵敏度，从而产生严重的掉话。可通过驻波比告警发现此问题，如果发现天馈线故障须及时更换。

处理空口因素接入故障，主要思路还是解决干扰和覆盖问题。对干扰和覆盖问题排查处理思路简单描述如下：检查是否有相关告警；检查是否存在干扰，通过频谱扫描仪查看下行是否存在邻区干扰、外部系统干扰，通过 eNodeB 小区干扰检测分析是否存在上行干扰；检查 eNodeB RRU 发射功率和 UE 发射功率是否不符合链路预算要求；检查小区覆盖是否有问题，可通过统计用户接入 RSRP 分布、路测手段进行覆盖、干扰、上下行不平衡排查并处理。

### 2. 掉话类故障

#### （1）掉话类故障定义

掉话率是 NB-IoT 网络中最重要的 KPI 之一，反映了正常接入网络的终端没有正常结束业务的比率，掉话率过高会直接影响用户的感知。

NB-IoT 网络中掉话的定义为：当终端用户采用 CP 模式传输业务时，以 UE 上下文异常释放来衡量这部分业务的掉话。

当终端用户采用 UP 模式传输业务时，以 E-RAB 异常释放来衡量这部分业务的掉话。当用户成功建立 E-RAB 连接后，eNodeB 向 MME 发送 E-RAB RELEASE INDICATION/UE CONTEXT RELEASE COMMAND 消息，且释放原因不为"Normal Release""Detach""User Inactivity"。E-RAB 是用户业务数据的接入层承载，E-RAB 释放过程是用户接入层业务承载资源的释放过程，反映了小区为用户释放接入层业务数据承载资源的能力。此类性能指标在统计时以 E-RAB 的个数为单位，一个 E-RAB 的释放统计为一次。

掉话率 KPI 是针对业务而非用户的。例如一个用户建立了多个 DRB 业务，这些业务分别掉话时，会统计为多次异常掉话。

（2）**掉话类故障定位思路和流程**

当发现掉话率 KPI 指标下降或者出现剧烈波动时，首先要隔离故障，定位故障原因和故障发生范围，然后有针对性地解决故障。

掉话类故障的处理首先需要判断掉话是整网故障还是单点故障：整网故障的现象为全网掉话率指标异常、OMC 存在相关告警信息，可能的原因有传输异常、网络规划不合理、核心网异常；单点故障的现象为小区掉话率指标异常、OMC 存在相关告警信息，可能的原因有传输异常、网络规划不合理、资源不足，存在弱覆盖、干扰、核心网异常等现象。

针对整网故障，分析关键点如下：检查全网是否做过重大动作，如割切、搬迁、版本升级、打补丁等操作；检查 eRAN 侧的参数是否被更改（如定时器、算法开关等）；检查是否由于话务量突然增加影响到掉话率上升，全网话务量趋势可通过 e-RAB 尝试建立的次数及成功次数的分布判断；检查核心网侧的版本是否变更，参数是否被更改。

针对单点故障，分析关键点如下：小区是否做过重大动作，如割切、搬迁等操作；小区是否做过 OM 操作，如去激活小区、重启单板等操作；检查是否由于话务量突然增加影响到掉话率上升，小区话务量趋势可通过 e-RAB 尝试建立的次数及成功次数的分布来判断；检查小区参数是否被更改（如 UE 侧 AM PDU 最大重传次数、eNodeB 侧 AM PDU 最大重传次数、UE 不活动定时器长度等）；检查小区所在的核心网版本是否变更，参数是否被更改。

1）处理无线类故障

在 eNodeB 侧性能指标定义中，如果在 L.E-RAB.AbnormRel.Radio 统计异常释放，则可以判定为该掉话是由于无线侧空口问题导致的掉话，且是属于非切换场景下引起的掉话。

针对原因值为 Radio 的掉话，主要是由于弱覆盖、上行干扰、终端异常等导致的 RLC 达到最大重传次数、失步、信令流程交互失败等。

无线类故障处理关键点如下：检查该站点用户是否多集中于弱覆盖区域，一般观察 CQI 的分布情况，判断整体分布情况是否都处于上行 RSRP 和上行 SINR 是否较差，并通过路测进行确认；检查是否存在上行干扰。

2）处理传输类故障

在 eNodeB 侧性能指标定义中，如果在 L.E-RAB.AbnormRel.TNL 统计异常释放，则可以判定该掉话是传输层问题导致的掉话。

针对原因值为 TNL 的掉话，主要是由于 eNodeB 与 MME 之间传输异常，如 S1 接口传输闪断导致的。需要注意的是，部分基站站型不支持 SCTPLNK6 的功能。

传输故障处理关键点如下：通过排查告警，核查是否存在传输方面的告警，再通过排查传输告警后观察掉话类指标是否恢复。

3）处理拥塞类故障

由于参数配置异常的故障现象在 eNodeB 侧的性能指标定义中，如果在 L.E-RAB.AbnormRel.Cong 统计异常释放，则可以判定为该掉话是资源拥塞问题导致的掉话。

针对原因值为 Congestion 的掉话，主要是 eNodeB 侧无线资源拥塞导致的异常释放，如达到最大用户数等。

拥塞类故障处理关键点如下：一旦某小区出现长时间的拥塞导致的掉话，短期内可考虑在应用层调整终端数据的上报时间周期处理，从长期来看，需要通过新增站点等方法解决，并在通过解决拥塞问题后观察掉话类指标是否被恢复。

4）处理核心网络类故障

在 eNodeB 侧性能指标定义中，L.E-RAB.AbnormRel.MMETot 统计的是没有数据传输时 MME 主动释放的请求数量，L.E-RAB.AbnormRel.MME 统计的是有数据传输时 MME 主动释放的请求数量，L.E-RAB.AbnormRel 统计的是基站主动发起的释放请求数量。因此，当承载有数据传输时被异常释放且在 L.E-RAB.AbnormRel.MME 中进行了统计，则可以判定该异常释放是核心网主动发起释放导致的。该类异常释放并不在 L.E-RAB.AbnormRel 统计。

针对原因值为 MME 引起的异常释放，主要是核心网在用户业务保持过程中主动发起的释放。由于这是非 E-RAB 侧原因引起的，需要通过核心网侧相关信息进行定位，关键点如下：获取小区 S1 接口的跟踪消息，分析核心网主动发起释放的原因值分布；将统计结果及相关信令流程与核心网相关工程师沟通调整。

### 3. 速率类异常故障

#### （1）速率异常类故障定义

用户遇到的速率异常类故障可定义为以下 7 种情况：

① 无法数传：指用户接入后无法进行数据业务。

② 单用户下行速率低：指用户进行下行业务，包括 UDP 和 TCP，用户实际观察到的速率低于基线值 10% 以上。

③ 单用户下行速率波动：指用户进行下行业务，包括 UDP 和 TCP，用户实际观察到的速率出现超过 50% 的波动。

④ 单用户上行速率低：指用户进行上行业务，包括 UDP 和 TCP，用户实际观察到的速率低于基线值 10% 以上。

⑤ 单用户上行速率波动：指用户进行上行业务，包括 UDP 和 TCP，用户实际观察到的速率出现超过 50% 的波动。

⑥ 多用户速率异常：指从 KPI 级观察到的速率异常或者接到大面积的用户对速率的投诉，一部分最终归结到单用户速率异常的某种情况，另一部分是多个用户整体的速率出现问题。

⑦ 用户认为的速率异常：指用户进行数据业务，实际观察到的速率较前一天或者某个时期出现明显下降，或者与同等设备的速率相比显著偏低等用户定义的速率异常场景。

需要注意的是，用户进行数据业务时的速率统计可以通过以下多种方式：在服务器和客户端用 Dumeter（或其他类似软件）统计 ETH 层速率；在 eNodeB 侧统计 RLC/MAC 等各层速率；使用测试软件统计 UE RLC/MAC 等各层速率。

同时，各层速率统计的区别主要在于各层数据包的头不一样，如图 5-3 所示，具体分析时要注意其差别。

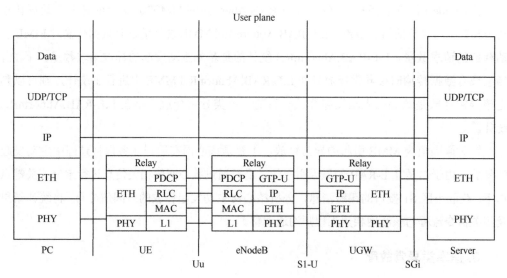

**图5-3　NB-IoT用户面协议栈**

（2）速率类故障定位思路和流程

总结速率类问题的故障类型，可将速率异常类故障分为如下 4 类：

① 无法传输数据；

② 单用户速率低，含下行 / 上行 UDP/TCP 速率低；

③ 单用户速率波动，含下行 / 上行 UDP/TCP 速率波动；

④ 多用户速率异常。

1）处理单用户上下行速率异常故障

UDP 是一个简单的面向数据包的传输层协议。UDP 不提供可靠性，它只是把应用程序传给 IP 层的数据包发送出去，但是并不能保证它们能到达目的地。由于 UDP 在传输数据包前不用在用户和服务器之间建立一个连接，且没有超时重发等机制，故传输速率很快。

TCP 提供的是面向连接、可靠的字节流服务。当用户和服务器彼此交换数据前，必须先在双方之间建立一个 TCP 连接，之后才能传输数据。TCP 提供超时重发、丢弃重复数据、检验数据、流量控制等功能，保证数据能从一端传到另一端。由于 TCP 的控制机制较 UDP 要复杂得多，一般说来，TCP 正常的链路 UDP 也是正常的，但是反之则不然，所以在出现定位速率异常类故障时，一般要求先保证 UDP 速率正常再来考虑 TCP 业务。

单用户上下行速率异常故障现象为：用户观察到的速率较为平稳，但是较基线值低 10% 以上。

该类问题处理的一般思路为：首先，判断该数据传输业务是 UDP 的还是 TCP 的，如果当前是 TCP 流量不足，则先用单线程 UDP 上下行灌包"探路"，看 UDP 上下行流量能否达到峰值，此举是为了扫清道路上的"小石头"，比如网卡限速、空口参数配置错误等。UDP 流量问题定位采用"追根溯源"法，即从服务器到 UE 端到端排查，看"水"流到哪里被"节流"了。其次，如果 UDP 流量能够达到峰值而 TCP 不能，则将问题原因锁定 TCP 本身传输机制上。

根据数据的流向，速率异常的故障原因一般有以下几种：服务器数据源问题；传输问题导致 eNodeB 入口流量不足；空口问题，包括与空口相关的基站告警、信号质量问题、参数配置问题、多用户等；在线导致的问题、License、上行干扰（上行速率异常需检查）等问题；UE PC 侧问题；TCP 参数和传输机制导致的问题。

2）处理多用户速率异常故障

多用户速率异常故障现象为：日常 KPI 监控中观察到速率异常，或者用户对速率不满意造成大面积的投诉。与速率相关的 OMC 测试指标包括 DRB 测量、吞吐量或吞吐率测量、PDCP 测量、MAC 测量、用户数测量、Packet 测量等。

对于多个用户同时出现速率问题，可以参照单用户速率异常故障处理步骤，注意这时应该侧重于那些更容易引起大面积故障的原因，比如基站故障、传输故障、大规模配置变动、

RF 故障等。

对于日常 KPI 监控中观察到的速率异常，一般处理关键点如下：排查 KPI 计算公式是否正确；进行 TOP 小区排查，判断是否单站单小区问题；分析 KPI 异常趋势分析，分析该 KPI 与其他 KPI 趋势的联动性，找出原因或者异常点，比如流量的变化是否和用户数的变化趋势一致，流量的变化是否和 CQI 的变化趋势背离等；检查网络近期是否有关键操作，结合一线近期的关键动作，分析这些操作是否会对该 KPI 造成影响。

### 4. 小区类故障

#### （1）小区不可用故障定义

小区不可用故障是在当基站检测到小区激活失败导致小区业务不可用时，产生此告警。本节讨论的小区类故障是指整个小区下面全部用户无法进行业务。

小区的正常运行所涉及的资源主要包括传输、硬件、配置、射频等相关要素，其中任何一项资源出现问题，都有可能导致小区不可用，排查小区不可用即是从小区运行所有的硬件或软件资源着手。

小区不可用类故障的定位信息一般使用告警提示、MML 提示以及调试日志等，从整个小区建立流程和所需资源中查看建立流程或者运行流程阻塞在什么地方。

#### （2）处理小区不可用故障的思路和方法

小区不可用类故障的定位信息一般使用 OMC 告警提示、操作命令提示以及调试日志等，从整个小区建立流程和所需资源中查看建立流程或者运行流程阻塞在什么地方。具体关注以下三点：一是检查是否存在相关告警；二是查询小区故障信息；三是检查硬件是否异常。

概况小区不可用故障的可能原因有以下 5 种：

① 配置数据错误导致小区不可用；

② 传输资源故障导致小区不可用；

③ 射频相关资源导致小区不可用；

④ 规格类限制导致小区不可用；

⑤ 硬件故障导致小区不可用。

1）配置数据错误导致小区不可用

配置数据错误导致小区不可用的故障现象为小区在配置结束初始建立时即失败。小区相关参数的配置与实际射频和基带板能力或者其他参数不匹配时，会导致小区建立失败故障，也就是小区在配置结束初始建立时即失败，一般不会出现小区运行过程中再失败的现象。

配置数据错误导致的故障现象一般为：小区在配置结束初始建立时即失败。

此类故障可能原因有：小区相关的某项资源在 MML 配置与硬件资源或者相关联的软件配置不匹配，导致建立小区失败。可能涉及如下参数问题：小区功率配置错误、小区频点配置错误、小区前导格式配置错误、小区上下行循环前缀配置错误、小区带宽配置错误、小区 BF 算法开关配置错误、小区运营商信息配置错误、小区天线模式配置错误、CPRI 线速率配置错误、小区组网配置错误等。其中最常见的是小区功率配置错误、小区带宽配置错误、小区组网配置错误。

处理此类故障的关键点为：检查是否存在相关告警；根据激活小区失败的结果排查相关参数。

2）传输资源故障导致小区不可用

由于传输原因导致的小区不可用，在激活小区或者查询小区动态信息时，一般反馈结果为"小区使用的 S1 链路异常"。小区建立所需要的传输资源为 S1 链路资源，可能的问题原因有以下三种：小区所属的所有运营商的 SCTP 链路均故障或者均未配置，或者 S1 接口均故障或者均未配置（RAN Sharing 场景）；SCTP 链路故障或者未配置，或者 S1 接口故障或者未配置（非 RAN Sharing 场景）；其他传输类故障导致 SCTP 链路或者 S1 接口故障。

处理此类故障关键点为：检查是否是 S1 资源不可用；检查是否存在 SCTP 链路故障告警；检查是否存在 S1 接口故障告警。

3）射频相关资源导致小区不可用

射频相关资源导致小区不可用的故障现象为 OMC 观察到射频相关的告警。可能原因有 CPRI 链路异常、射频单元异常、射频单元版本与主控板版本不匹配、CPRI 线速率协商不正常、射频组网与配置不匹配等。

处理此类故障的关键点为：检查是否有射频单元或者射频单元维护链路相关的告警；检查射频资源项是否异常。

4）规格类限制导致小区不可用

规格类限制导致小区不可用的故障现象为软件或者硬件上对建立小区资源时做了规格限制导致小区建立失败。可能原因一般为某硬件规格或者软件规格如 License 的限制导致小区不可用。

处理此类故障关键点为：获取激活小区失败时的命令相关提示；根据提示结果排查上面相关规则。

5）硬件故障导致小区不可用

硬件故障导致小区不可用的故障现象为存在单板故障告警或者复位、掉电、插拔单板都不能恢复小区故障时则可能为硬件故障问题。可能原因有主控板、基带板、射频模块或其他硬件（比如机框等）出现某个故障时影响小区的建立。

处理此类故障关键点为：检查单板工作状态是否正常，版本是否匹配；搜集故障小区的日志;复位射频板、基带板、主控板等。

### 5. IP 传输类故障

#### (1) IP 传输类故障定义

IP 传输故障是指通信的设备之间无法正常交互报文、业务不通,并且无法 Ping 通对端设备。可能原因有 IP 物理层故障、IP 链路层故障和 IP 层故障等。

#### (2) 处理 IP 传输类故障的处理思路和方法

处理 IP 传输类故障问题就是解决 IP 通路问题,具体思路如下:在 eNodeB 的活动告警中,观察是否有以太网链路故障等告警;Ping 离本端最近的 IP 地址或者同网段 IP 地址,判断是否 IP 链路层故障。

1) IP 物理层故障

IP 物理层故障的现象为在 eNodeB 的活动告警中,可以观察到以太网链路故障等告警。IP 物理层故障多数是网线 / 光模块的物理故障。

处理此类故障关键点为:观察以太网端口灯的情况是否正常;检查线缆是否正常;检查配置是否无误;通过对换设备等操作确认故障。

2) IP 链路层故障

IP 链路层故障的现象为通信的设备之间无法正常交互报文,业务不通。在进行 Ping 操作时发现无法 Ping 通对端设备。这种故障的原因有以太网端口协商模式不一致、VLAN 配置错误等。

数据链路层不通主要考虑 ARP、VLAN 的处理是否正确。eNodeB 对数据报文的处理流程是先根据 IP Route 查询对应的下一跳的 MAC 地址(对应 ARP 表项),只有在有 ARP 表时,才直接把此报文发送出去(ICMP、SCTP、UDP 等);如果 eNodeB 上没有此 ARP 表时,则先会发一个 ARP 请求的广播报文,请求下一跳的 MAC 地址。

处理此类故障的关键点为:查看基站的收发包情况;查询 ARP 表项;检查 VLAN 配置。

3) IP 层故障

IP 层故障的现象一般是在进行 Ping 操作时,发现无法 Ping 通对端设备,但可以 Ping 通同网段其他地址。IP 层故障一般在上层有 SCTP 链路故障告警、小区不可用告警、Path 故障告警等。此类故障最可能的原因有路由配置错误或者设备异常、传输网中间链路断开。

在上面的 ARP 表项、VLAN 正常的情况下,处理此类故障的关键点为:查询路由信息;Traceroute 定位;跟踪协议。

### 6. 传输应用层类故障

#### (1) 传输应用层类故障定义

传输应用层主要包括 SCTP 链路、IP Path 链路和 OM 远程维护通道。应用层故障包括应用层链路的不通和闪断两种情况。

SCTP 是工作在 IP 层之上的一种传输协议，它与 TCP、UDP 是处于同一层次，同时又具有类似的功能。SCTP 目前的标准是 RFC 4960，是在 2000 年 10 月发布的。相对 TCP 这种被广泛采用的传输协议，SCTP 针对特定类型的应用（主要是流体应用）做了改进，同时增加了很多重要的新特性，因此在无线、多媒体和 QoS 等领域得到了广泛的应用。

OM 远程维护通道用于基站的远程操作与维护。TCP 握手通信完成 OM 的建链过程。

**（2）处理传输应用层类故障的思路和方法**

处理传输应用层类故障的思路如下：观察是否有 SCTP 链路故障等告警或者查询 SCTP 链路状态不正常；观察是否有 IP Path 链路故障等告警或者查询 IP Path 链路状态不正常；观察是否有 OMCH 链路故障等告警或者查询 OMCH 链路状态不正常。

1）SCTP 链路故障

一般出现以下现象，可以判断存在 SCTP 链路故障：OMC 出现 SCTP 链路相关告警；基站发送端发送了信令或数据，但收不到对端的响应或数据；SCTP 闪断、SCTP 链路故障等。

此类故障的成因主要有中间传输网络故障、SCTP 两端参数配置问题、网元内部故障。处理 SCTP 问题，需要使用 SCTP 消息跟踪。SCTP 消息块类型包括 INIT、INIT ACK、DATA、SACK、ABORT、SHUTDOWN、ERROR、COOKIEECHO、HEARTBEAT 等 13 种消息类型。

需要注意的是，在配置数据时，以下数据在基站侧和 MME 侧需保持一致，包括对端第一个地址、对端第二个地址（SCTP 双归属时使用）和对端端口号等。

针对 SCTP 链路中断类故障，处理的关键点为：分别在 MME 和基站侧检查 SCTP 链路的参数配置是否正确；使用 Ping 命令 Ping 对端 MME 地址，看是否可以 Ping 通，如果 Ping 不通，则检查路由和传输网络是否正常，在基站配有 VLAN 的情况下，需要将 Ping 命令的 DSCP 值配置成已有的 USERDATA 类型 VLAN 配置的 DSCP；启动 SCTP 跟踪任务，对比跟踪消息跟正常交互消息；WireShark 跟踪。

针对 SCTP 链路闪断类故障，处理的关键点为：查看传输告警；查看信令类业务的 QoS；启动 SCTP 跟踪；检查网络丢包率；WireShark 跟踪；重新配置 SCTP 链路的数据。

2）IP Path 链路故障

IP Path 链路故障的现象有：S1 接口正常，小区状态正常激活，但是 UE 无法附着网络；UE 可以正常附着网络，但不能建立某些 QCI 的承载。

造成此类故障可能原因有：IP Path 参数配置错误、IP Path 的承载链路故障、ACL 规则未包含 IP Path、用户面承载链路的底层链路故障、本端启用了包过滤功能导致用户面承载链路检测失败、网络或者对端设备配置不完整导致用户面承载链路检测失败等。

针对 IP Path 链路故障，处理的关键点为：检查是否存在 IP Path 故障告警或用户面承载链路故障告警；检查 IP Path 参数配置是否正确；查询 ACL 配置；查询 UGW 对端是否支持 GTPU 检测功能。

3）OMCH 通道故障

OMCH 通道异常的故障现象为 OMC 可观察到 OMCH 相关告警。OMCH 的问题可以归结为两类：一是 OMCH 链路不通，表现为 OMCH 通道异常等；二是异常断链，表现为 OMCH 闪断等。

此类故障可能原因有中间传输网络故障、OM 通道两端参数配置问题、中间传输网络设备禁用某些特定端口等。

当出现 OMCH 故障的情况下，可以从以下几个步骤排查问题：针对 OMCH 通道不通，重点检查配置、检查传输及进行协议跟踪；针对 OMCH 通道闪断，重点查看是否 IP 冲突、查看传输告警、查看 VLAN 配置、确认是否存在网络环回及进行协议跟踪。

### 7. 传输同步类故障

#### （1）传输同步类故障定义

目前常见的传输同步类故障有以下 5 种。

① 时钟参考源故障：指 eNodeB 外部时钟源丢失、外部时钟参考源信号质量不可用、参考源的相位与本地晶振相位偏差太大、参考源的频率与本地晶振频率偏差太大。

② IP 时钟链路故障：指 eNodeB 连接 CLOCK Server 的 IP 时钟链路无法通信。

③ 系统时钟失锁故障：指单板内某个时钟锁相环失锁。

④ 基站同步帧号故障：指输入到单板上的帧同步序号出现故障，如时钟源卫星定位系统提供的 PPS 时间源异常导致帧号跳变。

⑤ 时间同步失败故障：指 eNodeB 与时间同步服务器的时间同步失败，比如 eNodeB 和 NTP 服务器无法同步。

#### （2）传输同步类故障处理思路及流程

eNodeB 的外部时钟源主要包括卫星定位系统、SyncEth、IP Clock、BITS、E1/T1 和 TOD 等。时钟异常最终导致的结果都是无法锁定的，一般可以通过 OMC 查看状态来发现是否存在此类故障，涉及的查询内容如下。

① 当前时钟源（Current Clock Source）：未知等。

② 当前时钟源状态（Current Clock Source State）：丢失等。

③ 锁相环状态（PLL Status）：自由振荡、大频偏等。

④ 时钟同步模式（Clock Synchronization Mode）：非指定模式。

只要上述状态中有一项异常，就需要排查问题。

造成传输同步异常可能原因有以下 5 种：

① 时钟模式不是被设定为指定模式；

② 配置错误，即时钟源没有被正确添加；

③ 基站的时钟工作模式配置错误；

④ 外部参考时钟源异常，比如频偏过大；

⑤ 基站时钟源选源不正确、锁定失败。

此类故障处理流程建议如下：

① 检查基站的时钟配置；

② 检查基站的外部参考时钟源是否正常可用；

③ 检查基站是否选源成功；

④ 检查基站是否正常锁定外部时钟源。

### 5.2.3.8　传输安全类故障

**（1）传输安全类故障定义**

传输安全类故障是指基站和安全网关之间的 IPsec 链路出现异常，导致基站与核心网之间的传输通信出现异常。传输故障可分为以下三类。

① IKE 协商失败：指基站与安全网关之间的 IKE 链路建立异常。

② IPsec 链路建立失败：指基站与安全网关之间的 IKE 链路正常，但是承载在 IKE 隧道里的 IPsec 隧道建立失败。

③ 证书申请故障：指 IKE 协商失败过程是由于基站无法正常获取数字证书，通常使用数字证书协商场景。

传输安全组网中被加密的数据一般可分为三部分：基站到基站之间是基站间的数据流加密（传输模式）；基站到安全网关之间是整个连接中除了网关至 EPC 的数据流都被加密（隧道模式）；基站到核心网之间是 S1 接口上的数据流加密（传输模式）。

传输安全故障多为基站与安全网关之间的安全链路协商异常，影响这些协商的参数包括：IKE 相关参数（加密算法、验证算法、IKE 版本、身份认证模式、共享密钥）和 IPsec 相关参数（加密模式、加密算法、认证算法、鉴权方法）。

**（2）传输安全故障处理思路及流程**

存在以下三类现象时，可以判断可能存在传输安全故障。

① 基站脱管：OMC 已经无法管理到基站，所有无法下达操作指令。

② 基站未脱管，但是近端登录基站后，在 OMC 的告警台上出现传输相关告警。

③ 在基站上执行 Ping 操作等传输检测命令失败。

找出传输故障可能的原因有：安全传输参数与对端不匹配导致安全隧道协商失败、证书更新失败或证书过期失效等导致安全隧道更新失败。

目前，传输安全故障多为配置引起，因此查询基站和网关两端的配置是否匹配是安全问题定位的关键。实际处理过程中的关键点如下：

① 检查端口是否绑定 IPsec；

② 解决 IKE 协商失败；

③ 查询基站的证书链是否正确；

④ 检查 IPsec PROPOSAL 的配置是否正确；

⑤ 检查 IPsec POLICY 的配置是否正确；

⑥ 检查 ACL RULE 的配置是否正确。

### 5.2.3.9 射频单元类故障

**（1）射频单元类故障定义**

当射频单元出现故障时，射频单元的灵敏度下降，小区解调性能变差，上行覆盖变小，严重时将导致小区承载的业务中断。射频单元类故障一般都只能通过告警形式呈现，所以问题的处理是以上报的告警为基础，逐步排查射频单元类故障。

与射频单元类故障相关的内容，包括 VSWR 驻波检测、无源互调干扰、外部干扰和电调天线。

1）VSWR 驻波检测

VSWR 驻波检测一般是通过定向耦合器分别耦合出前向功率和反向功率，再由检波器测量出前向功率和反向功率的大小，然后对前向功率值和反向功率值的差值，即回波损耗（RL）进行处理，通过公式转换成相应的 VSWR（驻波比）值，判断是否满足 VSWR 告警的条件。

驻波检测主要是为了反映天馈系统的连接状况，如果驻波严重，则表明天馈系统连接和匹配状况差，输出的微波功率很大一部分没有通过天线发射出去，而是反射回来的。反射功率过大会造成模块损伤或者全反射的话有可能反向击穿。为避免上述所说的情况，需要再添加 RRU 时，需要将驻波比告警后处理开关打开；出现严重驻波告警时，软件自动将发射通道关闭，此时模块是无功率输出的。因此，出现严重驻波告警关闭通道的情形下，小区会降规格或者小区不可用，网络覆盖和性能都会变差。

2）无源互调干扰

PIM（Passive Inter-Modulation，无源互调）是由发射系统中各种无源器件的非线性特性引起的。互调的根本原因是通道存在非线性，衡量天馈非线性的指标是"互调抑制度"。对于一个线性的系统，输入两个信号，输出也是两个信号，不会有新的频率分量出现；但若系统存在非线性，则输入两个信号后在系统内会产生新的频率分量，我们把产生的新的频率分量叫做"互调产物"，这种产生新的频率分量的现象就是"互调"，若互调产物落入了接收带并导致上行干扰带抬升或 RTWP 抬升就是"互调干扰"。在大功率、多信道系统中，这些无源器件的非线性会产生相对于工作频率的更高次谐波，这些谐波与工作频率混合会产生一组新的频率，其最终结果就是在空中产生一组无用的频谱从而影响正常的通信。

一般而言，假定输入 $f1$ 和 $f2$ 两个信号，若通道存在非线性，则在通道内部会产生出 $2\times f1-f2$、$2\times f2-f1$ 这两个三阶互调产物以及 $3\times f1-2\times f2$、$3\times f2-2\times f1$ 这两个五阶互调点，依此类推，即 $m\times f2-n\times f1$ 的阶数就是 $m+n$ 阶。互调分量相对有用信号左右对称，与有用信号的间隔随阶数以及输入信号自身最大频率间隔（或带宽）相关。阶数越高，互调分量幅度越低，距离有用信号距离越远，影响也越小。

所有的无源器件都会产生互调失真。无源互调产生的原因很多，如机械接触的不可靠、虚焊和表面氧化等。

一般无源器件如合路器、双工器、滤波器都会有明确的高阶互调指标要求。当互调指标满足一定的规格要求时，可以认为其高阶产物不会对系统的使用性能带来影响。一般线缆没有明确的 PIM 抑制指标要求，如果互调抑制度很高，即为低互调电缆，但低互调电缆价格昂贵，实际安装时一般不会采用。

值得注意的是，连接不良和无源互调本身没有必然的耦合关系，在连接可靠的情况下，也可能由于线缆自身 PIM 性能不够，高阶互调分量偏高。

当互调分量正好落入接收频段，则会导致接收通道底噪抬升、灵敏度下降。对于 NB-IoT 系统，800MHz、900MHz 等频段，由于双工间隔（DL 频点和 UL 频点间距）较小，发射信号的三阶、五阶产物直接落入接收带内，因此，需要重点关注无源互调的影响。

综上所述，无源互调产生的条件如下：

源头大多是基站自身的发射信号，偶尔也会有经天线馈入的外界干扰信号，路径是无源器件（包括双工器、天线）或线缆，产物是高阶互调产物，互调分量大小取决于线缆或无源器件的互调抑制比。

PIM 干扰的典型特征如下。

● 随发射功率抬高而加倍上升。因此通过加下行模拟负载，有意抬升发射功率，观察 RTWP 是否会出现明显的整体抬升，判断是否存在严重的无源互调。

● 对于线缆的位置和接头的接触面比较敏感。因此可以通过晃动接头附近的线缆，敲击连接头，观察 RTWP 的变化，如果 RTWP 随之出现较大的跳变，则认为无源互调的可能性较大。

● 信号带宽越宽，影响越大。对于双工间隔在 30MHz 内的频段，尤其需要重点考虑。

● 产生机理相当复杂。一般而言，只有多个频率分量才会互调，但也发现，在非线性系统中，单个调幅信号也会产生新的频率分量，这是频谱扩展的原因，我们也将此作为互调产物，在连接不好情况下，即使是 CW 信号也会产生新的频率分量。

3）外部干扰

电磁波在空间传播时，具有一定的电场指向即极化方向，可分为线极化波和圆极化波，而天线的极化方向决定了对一定电场指向的线极化波具有不同的增益。

基站天线一般都是采用正交 45° 双极化天线。因此对于线极化波存在一定的主分集增益差。

干扰信号也可以分为线极化的干扰信号和圆极化的干扰信号。

● 线极化的干扰信号。由于空间传播时会经过各种负载的传输路径和多次反射折射等（城区尤其明显），因此线极化的干扰信号传播方向不断变化，电场指向也会不断变化。

因此到达基站天线口时，极化差异不明显，两个天线收到的干扰信号功率差异不大。

● 圆极化的干扰信号。圆极化的干扰信号不具备方向性，因此到达基站的任意扇区双极化天线两个端口的信号大小基本相当。

在特殊情况下，外界干扰也可能导致 RTWP 产生不平衡告警。

譬如，来自高空的雷达或导航搜救卫星等无线电信号，如果是线极化的，且未经过多次反射，直接从自由空间进入基站天线，此时正交极化天线对干扰信号的增益会出现不同程度的差异（取决于干扰信号和天线极化方向的相对夹角大小），如果干扰信号持续时间足够长，也可能触发 RTWP 不平衡告警。

确认外部干扰的方式如下。

① 排除无源互调干扰。关闭下行通道，检查当前 RTWP 是否偏高。

是：转 2）。

否：可确认为无源互调干扰。

② 确定外部干扰。断开 RRU/RFU 连接跳线，接上匹配负载或直接开路，检查 RTWP 是否恢复到正常范围。

是：存在外部空间干扰。

稳定空间干扰有如下典型特征：

● 进入接收机的两路干扰信号具有相关性，虽然功率大小会有不同程度的差异，但对 RTWP 的波动影响趋势应该是一致的；

● 具有一定带宽（单音干扰不能携带任何有用信息，实际系统存在单音的可能性几乎为 0）；

● 只能从天线馈入（现场排查可以利用这个特点）。

4）电调天线

电调天线可以进行远端控制的原因是使用了可远端控制的驱动装置，一般称为远端控制单元（RCU），一般该驱动装置安装在天线外面。RCU 由驱动马达、控制电路与传动机构组成：驱动马达一般采用数控的步进马达；控制电路的主要功能是与控制器通信并控制驱动马达；传动结构主要包括一个齿轮，该齿轮可以与传动杆咬合，齿轮在马达的驱动下转动时，就可以拉动传动杆，从而改变天线的下倾角。

**（2）射频类故障处理思路和方法**

射频类故障常见处理步骤如下：

① 在 eNodeB 的活动告警中，观察是否有驻波类故障等告警或者驻波测试结果不正常的现象；

② 在 eNodeB 的活动告警中，观察是否有 RTWP 类故障等告警；

③ 在 eNodeB 的活动告警中，观察是否有 ALD 链路故障等告警或者查询 ALD 链路状态不正常的现象。

1）射频单元驻波

射频通道出现驻波类故障时，OMC 可以观察到射频单元驻波告警。射频单元驻波类故障的可能原因有以下 4 种：

① 用户设置的驻波告警门限过低；

② 跳线安装与规划不符、天馈接口的馈线接头未被拧紧或进水、天馈接口连接的馈线存在挤压、弯折，或馈线损坏，天馈线连接松动；

③ 射频单元频段类型与天馈系统组件频段类型不一致；

④ 射频单元驻波检测电路故障 / 射频单元硬件故障。

此类故障处理关键点有以下 5 个：

① 查看告警提示上驻波值的大小；

② 查询射频单元的驻波告警门限；

③ 查询当前的驻波值；

④ 比较离线驻波测试的结果与在线驻波测试的结果；

⑤ 近端上站排查天馈线。

2）射频单元接收通道 RTWP 值异常

射频通道出现 RTWP 异常类故障时，可以看到上报 RTWP 相关的告警。射频单元接收通道 RTWP 值异常故障的可能原因有以下 7 种：

① 接收通道衰减量配置异常；

② 天馈线故障；

③ 无源互调；

④ 存在外部干扰源干扰；

⑤ 扇区天线接反；

⑥ 射频单元硬件故障；

⑦ 其他不确定因数影响。

此类故障处理过程中的关键点为：

① 排查相关告警和配置问题；

② 排查无源互调干扰；

③ 排查外部干扰；

④ 排查同站小区间的天线是否接反；

⑤ 排查随机的空间电磁干扰。

3）射频单元 ALD 链路类故障处理

射频通道出现 ALD 链路类相关故障时，一般通过告警可以看到上报的相关告警。出现 ALD 相关告警时，可能原因有：

① 配置 ALD 设备供电开关不匹配；

② ALD 设备电流告警门限配置错误；

③ ALD 链路连接异常；

④ ALD 设备硬件故障。

此类故障的处理主要是排查相关告警和配置问题。

## 5.2.4　终端常见故障处理

不同于普通移动网络的用户终端，NB-IoT 网络的终端大多是以定制的形式存在的，某一终端可能只是满足某一项应用场景的需求。以下主要概括一般情况下的几种通用的故障现象。

**（1）终端无法搜索到网络**

此故障的可能原因有：

① 终端无法读取存储的号段信息；

② 终端或终端的某些模块异常（如集成的天线模块）。

一般的解决思路如下：

① 重写号段相关数据；

② 更换终端。

**（2）终端无法注册到网络**

此故障的可能原因有：

① HSS 中未做终端对应号码的数据或数据有误；

② 终端天线模块异常，无法正常收发信号；

③ 终端和网络存在兼容性问题。

一般的解决思路如下：

① 重新在 HSS 添加号码相关的数据；

② 更换模块；

③ 升级终端软件版本或更换其他厂家的终端。

另外，部分厂商的设备和网络存在兼容性问题，也可能导致该现象。

**（3）终端上传数据时掉线严重**

此故障的可能原因有：

① 终端内置天线模块存在问题；

② 终端所处位置网络覆盖异常（弱覆盖、干扰等）。

一般的解决思路如下：

① 更换终端；

② 更改终端或终端对应天线存在的问题，排查干扰等。

**（4）终端长时间无数据上报**

此故障的可能原因有：

① 终端故障；

② 终端所处位置网络覆盖异常（无覆盖、干扰等）。

一般的解决思路如下：

① 更换终端；

② 改终端或终端对应天线存在的问题，排查干扰等。

# NB-IoT 网络优化

## 第6章

**导读**

　　网络优化是指按照一定的准则，合理地调整通信网络的规划设计，使网络运行更加可靠、经济，网络服务质量更高，资源利用率更高，这些对网络运营商和用户都有重要的意义。NB-IoT 网络同传统的 LTE 网络优化方法有着明显的不同，有着许多独特的优化方法。本章从覆盖、容量、参数等角度出发详细介绍了 NB-IoT 网络的评估方法、优化思路，并结合实际工作案例，对 NB-IoT 网络优化过程中的难点、要点进行了细致的指导性说明。

## ●● 6.1 优化综述

传统 4G 网络优化主要以覆盖优化和容量优化为主，覆盖优化主要包含信号强度和信号质量的优化。信号强度优化一般通过 RF 优化调整，新增站点补盲覆盖来完成；信号质量优化则是通过 RF 控制重叠覆盖，利用 RF 和参数调整等多种手段减小 MOD3 干扰来实现的。容量优化主要应对高话务场景，以及对速率具有较高要求的场景。

车联网、视频监控等应用对速率有较高的要求。因此针对典型业务及热点区域场景，4G 网络一般通过以下三种方法完成热点和速率优化：

① 多载频同覆盖协同组网，提供更高的容量需求；

② 载波聚合提供更高的速率需求；

③ 负载均衡使多个载频的负荷相当，均衡业务。

NB-IoT 网络优化则在优化方法上同传统 4G 网络略有不同，主要表现在以下两个方面。

### 6.1.1 覆盖优化继承 4G 网络优化的方法

目前，NB-IoT 一般采用共址现网 4G 站点建设，共用天线、射频和传输等模块，因此，NB-IoT 的覆盖优化可以直接使用传统 4G 网络覆盖优化思路。由于没有单独的射频天线，在日常优化中，可参照共站的 4G 站点进行 RF 优化（主要是弱覆盖、重叠覆盖和 MOD3 干扰），保证信号强度和信号质量。

### 6.1.2 参数个性化的优化方法

#### 1. 功率参数优化

NB-IoT 网络功率参数同 4G 网络设置略有不同，根据现网的实际情况，分别设置 $2\times2.5W$、$2\times5W$、$2\times10W$ 进行对比测试，分城区、郊区和农村三个纬度来评估最优的功率配置，如图 6-1 所示。

根据验证对比结果，建议采用如下设置：

① 平均站间距 660m 的城区环境，功率建议配置 $2\times5W$；

② 平均站间距 2010m 的郊区环境，功率建议配置 $2\times10W$；

③ 平均站间距 2880m 的农村环境，功率建议配置 $2\times10W$。

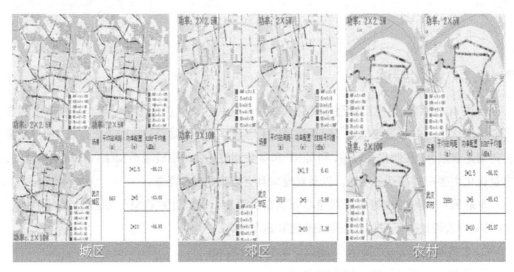

**图6-1 不同场景攻略参数设置效果**

### 2. 重选参数优化

NB-IoT 业务分为静止类（如抄表类）和低速移动类（如智能停车），这两种场景对 NB 移动性管理的要求不尽相同，低速类业务对比静止类业务拥有更强的移动性需求。因此，需要对不同场景下的重选参数分别配置，详见表 6-1。

**表6-1 不同场景重选参数设置**

| 测试项目 | 参数 | 默认值 | 配置1 | 配置2 |
|---|---|---|---|---|
| DT 测试 | 小区选择所需最少 RSRP 接收电平 | −112 | −112 | −112 |
| | 服务小区重选迟滞 | 3 | 1 | 1 |
| | 同频测量 RSRP 判决门限 | 14 | 14 | 26 |
| | 频内小区重选判决定时器时长（s） | 3 | 0 | 0 |

选取固定区域，在三种不同重选配置下分别测试，如图 6-2 所示。

可以得出：

① 提高同频测量 RSRP 判决门限，终端可以更早地重选到信号更好的小区；

② 降低服务小区重选迟滞和频内小区重选判决定时器时长，终端可以更早地重选到信号更好的小区；

③ 静态业务，例如抄表类业务，小区重选参数按照默认配置即可；

④ 低速业务，例如智能停车、共享单车等，建议适当提高重选判决门限、降低重选判决定时器时长，建议按照"配置 2"来设置。

图6-2　不同配置下的参数设置效果

### 3. 上报策略优化

针对部分难于通过优化和建设方式提升覆盖的区域进行终端上报策略优化，能快速提升上报的成功率。

① 在终端数据上报周期内适当增加数据上报次数，提升综合数据上报的成功率；

② 制定循环数据上报策略，直到数据上报成功或循环次数达到预定值；

③ 根据终端实际覆盖等级制定上报周期和上报次数，在提升上报成功率的同时尽可能兼顾节点性能，默认配置为保证最小用户流量开销，配置 2 为保证最大的上报成功率。

不同场景上报策略参数设置见表 6-2。

表6-2　不同场景上报策略参数设置

| 参数 | 参数配置 | 覆盖等级0 | 覆盖等级1 | 覆盖等级2 |
| --- | --- | --- | --- | --- |
| 上报循环次数<br>最大门限 | 默认 | 1 | 1 | 2 |
| | 配置1 | 2 | 4 | 6 |
| | 配置2 | 2 | 10 | 9999 |

### 4. 降低干扰的优化方法

由于目前全网部署 NB-IoT 网络，部分郊区以及物联业务需求薄弱区域没有太多的业务需求。因此在容量不受限的情况下，可考虑小区合并，提升 NB-IoT 网络的信号质量。

同时，在 NB 信号质量非常差的区域，可考虑多频点插花组网方式，进一步降低 NB 信号同频干扰，提升网络质量。

当前，NB-IoT 网络部署频点为 2506（中心频率 879.6），与 CDMA 283 频点间隔 395kHz，如图 6-3 所示。

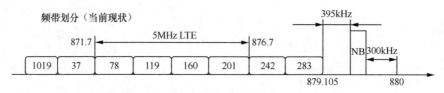

**图6-3　当前NB-IoT网络频点使用情况**

在双频点异频组网方案中，因此 NB 使用频点 2506（中心频率 879.6）、频点 2508（中心频率 879.8），与 CDMA 283 频点保持 395kHz，与 880M 间隔 100kHz，如图 6-4 所示。

**图6-4　采用双频点的NB-IoT网络频点使用情况**

现网选取站点验证，在实施多频段和 SFN 降干扰优化方法后，信号质量提升明显，如图 6-5 所示。

**图6-5　双频点优化效果**

## ●●6.2 覆盖分析优化

### 6.2.1 概述

无线覆盖问题产生的原因是各种各样的，总的来说有以下四类：一是网络规划考虑不周全或不完善的无线网络结构；二是设备缺陷；三是工程质量；四是新的覆盖需求。针对不同原因产生的覆盖问题，应该采取不同的处理方法。对于由无线网络结构不完善或客户新的覆盖需求引起的覆盖问题，主要通过新一轮的网络规划来解决，本节不做过多阐述。主要介绍了处理覆盖问题的一般流程和解决覆盖问题的典型方法，并从工程的角度总结了影响覆盖问题的各种原因，并给出相关对策。

### 6.2.2 典型覆盖问题分析优化流程

当 NB-IoT 基站工作一段时间之后，可能会由于种种原因使基站的覆盖范围缩小造成一定范围的盲区，影响网络的性能。基站的覆盖范围减小不仅与系统技术指标如系统频率、灵敏度、功率等有较大的关系，而且工程质量、地理因素、电磁环境等也直接影响到基站的覆盖范围。一般系统的指标相对比较稳定，但如果系统所处的环境比较恶劣、维护不当、工程质量不过关，则可能会减小基站的覆盖范围。

基站故障影响覆盖的因素主要有：小区参考信号功率减小；接收机的灵敏度降低；天线的方位角发生变化；天线的俯仰角发生变化；天线增益的变化；馈线损耗、耦合器损耗、工作频率的改变；传播环境的变化；分集接收的影响。

根据以上可能原因，优化处理思路总结如下。

**（1）检查基站天线的周围情况**

天线的周围是否设有其他天线或者对天线有阻挡的装饰、广告牌、树木、玻璃幕墙等。这些阻挡可能对天线的接收和发射产生影响，影响基站的覆盖效果。在出现这种现象后，调整相应天线的方位角或改变天线的挂高等，减小其影响。

**（2）检查传播环境的变化**

电磁波的传播环境改变，导致无线终端接收的信号降低。特别是在山区环境，电磁波的传播是靠许多山坡的反射，若山体的植被等发生变化，导致覆盖的减小。

气候、植被等自然因素对电磁波有着一定的影响。随着树林面积（厚度）、季节、树种和林带走向的不同，其传播损耗也不同，最大损耗可达 30dB。

另外，若新建的建筑物阻挡了电磁波的传播，信号被衰减，使远端区域不能被覆盖，用户也不能正常使用。特别是基站附近的高大建筑，对电磁波的传播影响较大。

**（3）OMC 平台检查小区是否有天馈的驻波类或分集接收类告警**

该问题可结合 OMC 平台中有关告警信息加以排查，及时检查对应天馈的相关问题。

**（4）检查基站天线的倾角和方位角等工程参数**

天线倾角的增大或方位角的偏离都会减小基站的覆盖范围，要求在工程施工中一定要注意紧固件是否连接牢固，塔上支撑件的强度是否符合要求，只有这样才可以提高抗风暴的能力，减少发生该类问题。

**（5）检查 RRU 输出功率**

应首先检查 RRU 至天线部分连线是否接触良好，其次检查 RRU 的输出功率是否正常，若不正常则使用功率计逐段检查 RRU、合路器等处的功率，确定 RRU 的输出功率以及通过合路器后的损耗情况是否正常，测试若确认 RRU 的输出功率下降、合路器损耗过大，则应更换故障硬件。

**（6）检查基站的接收灵敏度是否正常**

使用 CMD57 等测试设备检查 RRU 的接收灵敏度是否降低，减小了基站的覆盖范围。另外，也可通过 MR 消息，采用统计手段得出 RSRP 和 MCS 的关系，判断是否覆盖正常的区域，是否上行电平偏低，这种手段只能对灵敏度下降严重的情况做出判断。

**（7）检查影响覆盖的参数是否设置合理**

除了功率外，小区选择、小区重选参数的设置也会影响网络的实际性能。

**（8）检查是否存在干扰和电磁环境较差使整个区域底噪较高**

干扰的存在直接影响着基站的接收，减小覆盖范围。干扰一般可以通过话统中 NB-IoT 小区 15kHz 粒度下上行每个子载波上检测到的干扰噪声的平均值（上行）和实地路测发现（下行高 RSRP 低 SINR），可能的干扰有以下五种。

- 直放站干扰：该类干扰通常在很宽的频域内抬高底噪。

- CDMA/GSM/FDD900 基站的干扰：该干扰一般表现在对 GSM 高端的干扰，需要 CDMA 增加发射滤波器。

- 天线或各种接头的无源交调引起的干扰：该现象定位较难，采用替换方法能够发现问题。

- 雷达的干扰：其特点是不定时出现宽带干扰。

- 频率规划不当造成的网内干扰：此情况可通过路测及检查频率计划来发现。

## 6.2.3 影响覆盖的常见问题及解决方法

**（1）天线进水**

天线进水应当属于非常偶然的质量事故，以下所谓的进水是指天线内部进水（可能是外部进入或内部由气温变化产生的冷凝水）进入了射频连接内部通道。进水造成的后果是天线电压驻波比增大，明显增加损耗，减小覆盖，甚至会关闭功放。进水的原因有以下两个：

一是制造商设计或生产质量缺陷，如果有这种缺陷，在雨季将会出现较多数量的进水事故；二是工程安装错误，没有按照说明书的要求安装，如不能倒置安装的天线却被倒置安装，支持倒置安装的天线没有按照说明书中的要求正确处理上下两个排水孔。

**（2）天线无源互调**

天线或各种接头的无源交调引起的干扰。检查的方法是采用排除法，即把相邻扇区的没有干扰的天馈线接到本扇区，然后用相同的方法排除馈线故障，如发现故障应更换天线。

**（3）天线选用不当**

"塔下黑"现象。基站天线挂高超过 50m，如果天线主波束下放的第一个零深没有被填充，则容易出现"塔下黑"现象。"塔下黑"又称"塔下阴影"，是指需要覆盖的用户区处在天线辐射方向图的下方第一个零深或第二个零深及其附近区域。因此，应当选择有零点填充的天线。

广覆盖采用 3 扇区定向天线时，应当选择超过 90°半功率角的较高增益天线。半功率角过小会出现两相邻扇区方向增益过低，造成覆盖半径较小。

天线倾角过大，不宜选用全机械下倾天线，应当选用固定电下倾 + 机械下倾或连续可调电下倾（0°～ 10°）+ 机械下倾。机械下倾的角度不应超过天线垂直面半功率波束宽度。

**（4）影响覆盖的参数设置**

设置不合理的接入、重选等参数，会导致终端无法占用合适的小区，间接影响网络的覆盖，这个部分的参数主要有以下两类：

● 接入类，如 access barring、preamble 相关参数、RAR 相关参数、Msg3 相关参数、Msg4 相关参数等；

● 重选类，如重选迟滞、同频测量启动门限、最小接收电平、重选定时器等。

## 6.2.4　常用的测试方法

### 1. 常用的测试命令

目前，支持 NB-IoT 网络测试的终端和软件不多，优化过程中目前常用的是打开调试端口的 USB 测试卡，一般通过 AT 命令进行操作，常用的命令见表 6-3。

表6-3　常用的AT命令

| AT 命令 | AT 命令解释 |
| :---: | :---: |
| AT+NRB | 复位 |
| AT+CFUN=1 | 开机 |
| AT+NEARFCN=0，频点 | 锁频 |

（续表）

| AT 命令 | AT 命令解释 |
|---|---|
| AT+CIMI | 查询 ISMI 信息 |
| AT+CGMR | 查询终端版本 |
| AT+CGATT=1 | attach |
| AT+CGATT=0 | detach |
| AT+NSOCR=DGRAM，17，端口号 | 创建 SOCR 端口 |
| AT+NSOST=0，服务器 IP 地址，端口号，数据长度，要发送的数据 | 灌包命令 |
| AT+NPING= 服务器 IP 地址，包大小，次数 | Ping 包命令 |

部分常用操作示意如下：

（1）上行 UDP 灌包业务测试

AT+NSOCR=DGRAM, 17,5683// 创建 SOCR 端口 5683 端口

AT+NSOST=0,192.168.17.222,5683,10,40024678921345328790//UDP 灌包　10Bytes 20 个 16 进制数字表示 10Bytes

注：测试上行 UDP 灌包，当 attach 成功后，需要点击锁 SOCR 端口的 AT 命令后，再点击上行灌包的 AT 命令，10 表示是灌包大小，后面 20 个 16 进制数字表示 10Bytes 的数据量，若业务要求灌 100、200、300、500，则命令需要做出相应的改变。

（2）上行 Ping 包业务测试

首先需要核心网侧配置至测试 IP 的路由（以下示例为 192.168.17.222）：

AT+NPING=192.168.17.222,20,60000//Ping20Bytes 包 60000 次

AT+NPING=192.168.17.222,200,60000//Ping200Bytes 包 60000 次

AT+NPING=192.168.17.222,1000,60000//Ping1000Bytes 包 60000 次

注：测试 Ping 包业务时，当 attach 成功后，即可点击 Ping 的 AT 命令。

### 2. UeLogViewer 工具包

UELogViewer 工具包一般包含了 UELogViewer 软件、message.xml 和使用说明。

由于当前测试版本较多，不同的测试业务需要不同版本的终端，不同的测试终端需要不同的 messages。在用 UElogviewr 测试时，需要根据测试终端类型更换对应的 messages。

测试设备连接上计算机后可以依次键入以下 AT 命令，进行网络附着：

① AT+NRB；

② AT+CFUN=1；

③ AT+CFUN=1,2,"PLMN 号"；

④ AT+NEARFCN=0，频点号。

**注**：每发送一次命令，都要等串口工具出现"OK"，再点击下一条命令。执行完成后，测试终端正常接入后，会出现 attach complete。

成功接入之后，UElogviewer 里看到如图 6-6 所示的窗口。

图6-6　UElogviewer看到的窗口

① 可以看到测试终端 IP，上图显示的测试终端 IP 为 192.168.20.7（7 为图中出现的数字）。

② 当终端接入被 reject 时，可以看到被拒的原因，做简单分析。

③ 可以观察 state，看到当前的终端处于连接态还是空闲态。

④ 可以看到测试终端所在位置的覆盖信息，包括频点、PCI、RSRP、SINR 等。

当需要灌包和 Ping 包时，可以通过如图 6-7 所示的窗口看到数据包情况的统计。

| UE data | |
| --- | --- |
| dl_count | 9 |
| ul_count | 13 |
| ul_fail | 0 |
| ul_queue | 0 |

图6-7　数据包情况统计

### 3. 终端日志分析

通过 UeLogviewer 工具，可以解析终端运行日志，进而可分析整个业务的流程。以入

网流程（开机—搜网—建链—附着流程）为例，分析如下。

**（1）开机流程**

在 UeLogviewer 工具中输入 ERRC_INIT、USIM_READ 进行过滤，如图 6-8 所示。

图6-8　在UeLogviewer工具中输入ERRC_INIT、USIM_READ

可以看到如图 6-9 所示的两条日志。

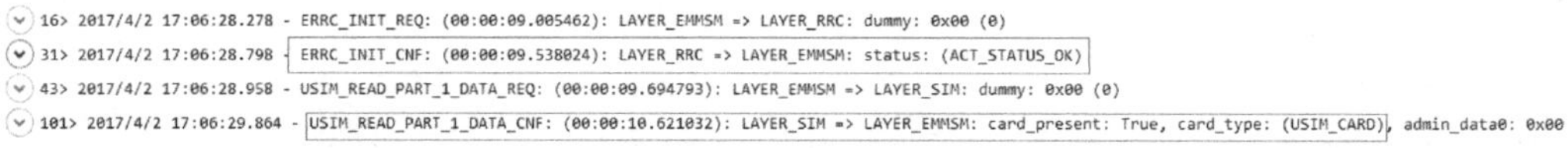

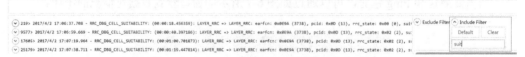

图6-9　两条日志

ERRC_INIT_CNF 消息中返回的状态是 ACT_STATUS_OK，表示成功完成终端开机初始化；

USIM_READ_PART_1_DATA_CNF 小组中信元 card_present 状态为 True，表示终端读 SIM 卡成功。

如果 log 中出现非如上状态的消息，则表示该步骤可能存在问题。

**（2）搜网流程**

在 UeLogviewer 工具中输入 SUIT 进行消息过滤，如图 6-10 所示。

图6-10　在UeLogviewer工具中输入SUIT

过滤出 RRC_DBG_CELL_SUITABILITY 消息，如图 6-11 所示。

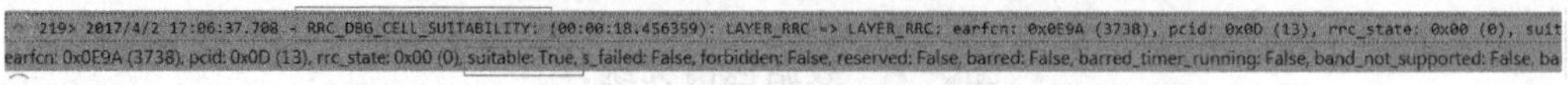

图6-11　RRC_DBG_CELL_SUITABILITY消息

该消息中 suitable 信元应该是 True，表示搜索到合适驻留的小区，如果 suitable 信元为 False 则表示存在问题。

**（3）建链流程**

在 UeLogViewer 工具中输入 ERRC_EST 进行消息过滤，如图 6-12 所示。

**图6-12 在UeLogViewer工具中输入ERRC_EST**

在消息框里存在图 6-13 所示的两条消息。

**图6-13 消息框中的消息**

图中的两条消息 ERRC_EST_REQ 和 ERRC_EST_CNF 应该成对出现，如果发现不存在该消息或者存在 ERRC_EST_REJ 消息，表示建链流程存在异常。

**（4）附着流程**

在 UeLogviewer 工具中输入 L3 进行消息过滤，如图 6-14 所示。

**图6-14 在UeLogviewer工具中输入L3**

出现的消息流程如图 6-15 所示。

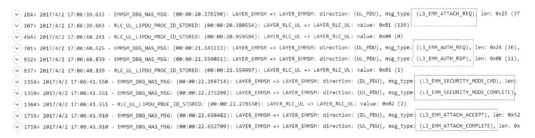

**图6-15 出现的消息流程**

其中，关键的流程如下。

L3_EMM_ATTACH_REQ：表示发起附着请求。

L3_EMM_AUTH_REQ：表示发起鉴权请求。

L3_EMM_AUTH_RSP：表示鉴权成功。

L3_EMM_SECURITY_MODE_CMD：表示发起安全模式。

L3_EMM_SECURITY_MODE_COMPLETE：表示安全模式成功。

L3_EMM_ATTACH_ACCEPT：表示附着流程被接收。

L3_EMM_ATTACH_COMPLETE：表示附着流程成功。

附着流程一定要观察到 L3_EMM_ATTACH_COMPLETE 消息，才算是成功完成附着，之后就可以进行上下行数传了，如果未观察到 L3_EMM_ATTACH_COMPLETE 消息，说明附着流程失败。

## 6.2.5 部分特殊场景下的覆盖优化思路

### 1. CDMA 共天馈组网情况下的覆盖优化

NB-IoT 目前与 L800 采用 1∶1 共 RRU、共天馈的建设方式，部分站点与 CDMA 共天线，共天馈建设带来困难在天馈调整上需要进行多网协同优化，有效利用自动工具开展高效的多网协同优化。

针对 L800\CDMA 和 NB-IoT 共天馈场景：天馈调整优先保障 CDMA 语音业务，其次在此基础上优化 L800 覆盖，再在 L800 基础上开展 NB-IoT 的功率优化。针对 L800 和 NB-IoT 共天馈场景：天馈调整优化 L800 的覆盖，在 L800 基础上开展 NB-IoT 功率优化，特殊场景优先考虑保障 NB-IoT 业务。

随着 NB-IoT 商用的快速推进，路面覆盖的 DT 测试指标相对较好，但实际 NB-IoT 发生业务的场景大部分为常规无线覆盖盲区，深度覆盖信号的好坏才决定用户的体验，针对于 NB-IoT 网络与 L800 协同建设，分场景覆盖解决方案如图 6-16 所示。

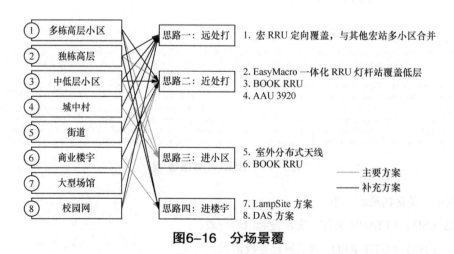

图6-16 分场景覆

### 2. NB-IoT 终端侧优化

NB-IoT 终端侧的优化主要集中在天线部分，具体有两个解决方案。

（1）**双天线解决方案**

NB 终端单天线与双天线对比，下行解调性能会差 3dB 以上，原理是 2R 终端在处理接收信号时，对有用信号会进行叠加处理，对于干扰和噪声相位相反信号相消，这样相当于有用信号合并增强，干扰噪声没有增强，从而有 3dB 以上增益。

（2）**外引天线解决方案**

以路灯杆为例，常规天线可能内置或者安装位置比较低，建议外引天线，提升至距离地面 1m 以上位置（对比 1m 处相对紧贴地面测试存在 10dB 电平差异），如图 6-17 所示。

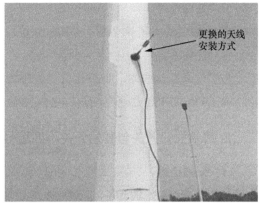

图6-17　外引天线

## 6.2.6　覆盖案例

### 1. NB-IoT 功率设置导致共 RRU LTE 小区无信号

（1）**问题描述**

某 NB 小区激活开通后，共 RRU 的 L800M 小区无法被激活。

（2）**问题分析**

该 RRU 未配置 NB 小区时，L800M 小区激活正常，现场测试也正常。但 NB 小区配置成功并正常激活后，L800M 小区无法被激活。此时网管上报告警"小区配置功率超出 RRU 的支持能力"。

核查该 L800M 小区参考信号功率配置为 122，RRU3 支持的最大功率为 80W，同时确定配置 NB 小区时并没有修改 L800M 小区的参考信号功率的设置。

降低 NB 和 800M 小区的参考信号功率，NB 小区正常被激活，800M 小区还是无法被激活。问题小区 RRU 支持的最大功率是 80W，完全有能力支持 NB 和 L800M 同时开通的，而且更换 RRU 后依然激活失败。

核查基带板型号，支持 3 个 L800M+3 个 NB 小区，现场配置未超出单板支持能力的范围。

通过激活失败时上报的提示"小区配置功率超出 RRU 支持能力"分析，同时已排除基带板及射频单元的硬件问题，可以初步确定问题点还是在功率配置问题上。功率配置不会是过大超出，就是功率可能配置过小，低于功率下限，但是该 RRU 的最大功率是 80W（即 49dBm），最小功率是 49-20=29dBm。Pa=0 时可以看出 RS=122 时，L800M 小区是可以被激活的。

对比 L800M 小区的配置参数，发现开通 NB 小区前 L800M 小区 Pa=0，但是开通 NB 后 Pa=−3，此时 122 低于 RRU 的支持功率下限，所以小区是无法被激活的。

（3）处理过程

将 L800M 的小区参考信号功率上调至 127，该小区可成功被激活。

（4）优化总结

为了节省建站成本，目前运营商在部署 NB-IoT 网络时，NB 小区一般和 GSM900 或 L800 或 L900 共用 RRU 硬件，所以在配置参数时需要确认该参数对共 RRU 其他小区的影响。

## 2. 终端扰码开关与基站开关不匹配导致无信号

（1）问题描述

某基于 900MHz 的 NB-IoT 站点入网后，现场测试发现无信号。测试软件可以观察到 PDSCH，但 RSRP、PCI、SINR 等信息无显示，如图 6-18 所示。

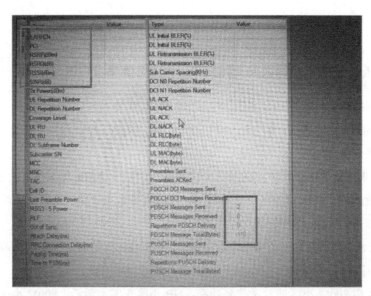

图6-18　测试结果

（2）问题分析

① 后台查询基站状态正常，无告警；

② 核查测试终端和站点间的匹配参数配置，发现站点小区 "DCI 子帧重复次数兼容开关" 为打开状态，而测试终端为关闭状态（使用串口工具执行 "AT+NCONFIG?" 命令，发现 CR_0354_0338_SCRAMBLING 为 false）。

（3）问题处理

将测试终端的终端扰码打开，具体的 AT 命令操作如下：

① AT+NRB；

② AT+CFUN=0；

③ AT+NCONFIG=CR_0354_0338_SCRAMBLING，TRUE；

④ AT+NRB；

⑤ AT+CFUN=1。

**注**：以上 AT 命令要按顺序执行。在调整过程中如果未按顺序执行，终端依旧会搜索不到信号。如果测试终端所在位置没有 NB 信号覆盖，执行 AT+CFUN=1 会出现失败。

在本案例中，执行以上操作后可以正常搜索到信号且测试业务正常。

**（4）优化总结**

和普通 LTE 网络不同，在 NB-IoT 中存在较多的终端匹配性参数，在进行参数配置时需要确保终端和站点侧数据配置的一致性，否则会出现终端入网异常或业务异常的情况。

## 6.3 话务统计分析

### 6.3.1 概述

话务统计是衡量 NB-IoT 无线网络质量的基本方法之一，简称为话统。通过监测话统数据，网络维护人员可以基本了解整网的运行状况。NB-IoT 系统的性能对网络质量的影响很大，网络运行维护人员要做好话统指标的定期分析统计工作。

在网络优化时，话统指标是分析网络性能的基本依据。常用的指标有建立成功率、拥塞率、掉话率等，这些指标是网络规划质量的外在表现。无线覆盖质量、信道容量、小区参数是影响网络质量的内在因素。话统分析就是从这些外在的现象分析出影响网络质量的内在因素。不过无线通信网是一个复杂的系统，如具体地理位置的覆盖、单用户的速率问题都是难以通过话统测量的。网络优化时必须还要结合路测、信令跟踪、告警处理等方法综合分析。

话务统计为我们提供一个分析网络问题的路标。

### 6.3.2 话统 KPI 指标简介

NB-IoT 话统指标种类繁多，不同厂商每个指标的详细概念和统计点建议查询对应厂商的话务指标说明文档。

#### 1. 接入类 KPI

NB-IoT 接入类 KPI 反映了用户接入到网络中的成功概率，用于评估 NB-IoT 网络的用户接入性能水平。目前，NB-IoT 相关业务主要是非频发的小数据包传送，所以 EPS 采用控制面功能优化方案，业务进行时无需建立数据无线承载，数据包直接在信令无线承载上发送。所以主要以 RRC 连接建立成功率、RRC 连接恢复成功率这两个指标来评估接入性能。如果 EPS 采用用户面功能优化方案，还需考虑 E-RAB 建立成功率。

**（1）RRC Setup Success Rate（RRC 连接建立成功率）**

如相关协议描述，RRC 连接建立流程有多个触发原因，分别为 mt-Access、mo-Signalling、mo-Data 以及 mo-ExceptionData。UE 发起 RRC 连接建立选用哪个原因值是由上层决定的。该 KPI 是为了评估在一个 NB-IoT 小区或者整个 NB-IoT 网络中 RRC 连接建立成功率。

该 KPI 由 eNodeB 在 UE 发起 RRC 连接建立流程时计算得到的。当 eNodeB 接收到 UE 发送的 RRC Connection Request 消息时，统计 RRC 连接建立尝试次数。在 eNodeB 接收到 UE 发送的 RRC Connection Setup Complete 消息时，则统计 RRC 连接建立成功次数。

此外，eNodeB 对于 UE 发起的 RRC 连接恢复流程失败时，也会按照协议要求转为 RRC 连接建立流程处理，当 eNodeB 接收到 UE 发送的 RRC Connection Resume Request 并发生恢复失败转为 RRC 建立流程时，统计 RRC 连接建立尝试次数。在 eNodeB 接收到 UE 发送的 RRC Connection Setup Complete 消息时，则统计 RRC 连接建立成功次数。

RRC 连接建立成功率的定义为：

（RRC连接建立成功次数/RRC连接建立尝试次数）×100%

**（2）RRC Resume Success Rate（RRC 连接恢复成功率）**

当 NB-IoT 网络中存在 UP 模式的终端用户时，需要采用该 KPI 来评估用户在 NB-IoT 网络中 RRC 连接恢复性能的表现，如相关协议描述，UE 发起 RRC 连接恢复请求有多种原因，如 emergency、highPriorityAccess、mt-Access、mo-Signalling、mo-Data、delayTolerantAccess 以及 mo-VoiceCall，选择哪种原因值是由上层决定的。

该 KPI 是由 eNodeB 在 UE 发起 RRC 连接恢复流程时计算得到的。当 eNodeB 接收到 UE 发送的 RRC Connection Resume Request 消息时，统计 RRC 连接恢复请求次数。当 eNodeB 接收到 UE 发送的 RR Connection Setup Complete 消息时，则统计 RRC 连接恢复完成次数。

RRC 连接恢复成功率的定义为：

（RRC连接恢复完成次数/RRC连接恢复请求次数）×100%

## 2. 保持类 KPI

保持类 KPI 用来评估网络中连接态用户保持业务持续性的能力，表征系统是否可以将服务质量维持在某个水平上。目前，NB-IoT 网络主要以业务掉话率 Service Drop Rate 这个指标来评估接入性能。该 KPI 用来评估 NB-IoT 网络所有业务的掉话率：当终端用户采用 CP 模式进行业务传输时，以 UE 上下文异常释放来衡量这部分业务的掉话；当终端用户采用 UP 模式进行业务传输时，以 eRAB 异常释放来衡量这部分业务的掉话。

NB-IoT 网络的业务掉话率定义为：

$$[异常释放次数/（正常释放次数+异常释放次数）] ×100\%$$

### 3. 服务完整性 KPI

服务完整性 KPI 用来评估 NB-IoT 网络中终端用户的服务质量情况，目前相关指标有 SRB 下行丢包率、SRB 上行丢包率、下行丢包率、下行残留误码率和上行残留误码率共五个。

（1）Downlink SRB Packet Loss Rate（ SRB 下行丢包率 ）

该 KPI 用来评估 NB-IoT 小区 SRB 下行丢包情况，本指标是由 NB-IoT 小区 SRB 下行丢包个数和 SRB 下行发送的总包数决定的。

NB-IoT 网络的 SRB 下行丢包率定义为：

$$（SRB下行丢包个数/SRB下行发送的总包数）×100\%$$

（2）Uplink DRB Packet Loss Rate（ SRB 上行丢包率 ）

当 NB-IoT 网络存在 UP 模式终端用户时，可以采用该 KPI 指标来评估 UP 模式用户在网络中上行丢包性能。本指标是由 NB-IoT 小区 DRB 业务 PDCP SDU 上行丢弃的总包数和 PDCP SDU 上行期望收到的总包数决定的。

NB-IoT 网络的 SRB 上行丢包率定义为：

$$（SRB上行丢包个数/SRB上行发送的总包数）×100\%$$

（3）Downlink Packet Loss Rate（ 下行丢包率 ）

当商用网络中存在 CP 和 UP 两种模式的终端用户时，商用网络需要采用该 KPI 指标来评估 NB-IoT 小区的下行丢包性能，该 KPI 指标综合考虑了 CP 模式的 SRB 下行丢包情况和 UP 模式的 DRB 下行丢包情况。

NB-IoT 小区下行丢包率定义为：

$$（SRB下行丢包数+DRB下行丢包数）/（SRB下行发送的包总数+$$
$$DRB下行发送的包总数）×100\%$$

（4）Downlink Residual Block Error Rate（ 下行残留误码率 ）

该 KPI 用来评估 NB-IoT 小区下行残留误码的情况，本指标是由 NB-IoT 小区 DL SCH 达到最大重传次数仍重传失败的 TB 块数和 NB-IoT 小区 DL SCH 信道初传 TB 块数决定的。

NB-IoT 小区下行残留误码率定义为：

$$（NB-IoT小区DL SCH达到最大重传次数仍重传失败的TB块数/$$
$$NB-IoT小区DL SCH信道初传TB块数）×100\%$$

（5）Uplink Residual Block Error Rate（ 上行残留误码率 ）

该 KPI 用来评估 NB-IoT 小区上行残留误码的情况，本指标是由 NB-IoT 小区 UL SCH

达到最大重传次数仍重传失败的 TB 块数和 NB-IoT 小区 UL SCH 信道初传 TB 块数决定的。

NB-IoT 小区上行残留误码率定义为:

$$（NB\text{-}IoT小区UL\ SCH达到最大重传次数仍重传失败的TB块数/$$
$$NB\text{-}IoT小区UL\ SCH信道初传TB块数决定）\times 100\%$$

### 4. 可用性 KPI

小区可用性指的是小区可以提供 EPS 承载服务,小区是否可用的测量也可以在小区出现各种软硬件错误时进行。目前主要用无线网络不可用比率（Radio Network Unavailability Rate）指标来进行衡量。

该 KPI 给出了无线网络不可用时长的百分比,以用来评估因为 NB-IoT 小区不可用导致无线网络性能下降的情况。

无线网络不可用比率的定义为:

$$［所有小区不可用时长/（统计的小区数\times统计周期\times 60）］\times 100\%$$

## 6.3.3　话统分析整体思路

根据话统数据的特性,话统分析是从整体性能测量到小区性能测量,从主要指标到次要相关指标分析的逐步细化过程。

首先汇总统计全网指标整体了解整个网络的大概性能。全网指标中首先了解全网的无线网络不用率的比率、RRC 建立请求次数、RRC 恢复请求次数、RRC 建立成功率、业务掉话率等。

根据网络特点一般将网络分为覆盖型网络和容量型网络:前者指覆盖范围大、用户终端少的网络;后者指用户终端密集的大容量网络。对不同的网络应有不同的考查标准,容量型网络其 RRC 建立成功率、RRC 恢复成功率、业务掉话率指标一般都好于覆盖型网络的指标。

首先,从 RRC 建立请求次数、RRC 恢复请求次数可以了解网络整体的负荷,负荷较重的网络各项性能都会下降;其次,观察 RRC 建立成功率,这个指标间接反映无线覆盖情况。从以上这几个指标可以了解网络的大概性能,这些指标都是能明显终端业务性能的。需要注意的是,在查看百分比这种相对性指标的时候,还要同时关注指标中的绝对次数。百分比指标有时会掩藏部分小区的问题。

了解整网的指标后,如果某些指标有异常,下面就要分别分析每个小区的指标。NB-IoT 指标一般以天数来汇总。

首先确认这些指标异常是普通现象还是个别现象:如果是普遍现象,就要从网络规划角度对覆盖、容量、频率计划、小区参数方面进行分析;如果是个别小区异常,应登记相应的话统子项来进行详细分析，并注意搜集告警消息、人为操作和外部事件信息来综合判断。对于话统分析无法判别的情况，结合路测和信令分析仪综合分析。

## ●●6.4 掉话问题分析

业务掉话是由于上下行链路恶化到无法保持业务而断开链路的现象。由于无线传播的不确定性，系统总是或多或少地存在掉话的现象。我们通过话统分析和优化来减少这种现象的发生。

当发现整网的业务掉话率有异常时，通过查找小区级指标先区分是普遍现象还是个别现象，分析具体是某几个小区的掉话率比较高还是所有的基站掉话率都比较高，而导致整体性能中掉话率的异常。对于普遍性的问题从规划的角度检查覆盖、小区参数、频率计划，分析链路预算是否满足要求，网络干扰是否过大。另外，还要对 eNodeB 的硬件设备进行检测，比如时钟。然后，还要对网络的无线覆盖情况进行路测。

如果是个别小区掉话特别严重而导致整体掉话率异常，先根据话统确认排除设备故障造成的掉话。设备问题常伴随告警消息，可以辅助参考。在实际工作中，传输和 RRU 器件引起的故障较多。

排除设备的故障原因后，下面分干扰、覆盖两个方面分析无线接口的掉话。

① 干扰分上行干扰和下行干扰。从话统指标"NB-IoT 小区 15kHz 粒度下上行每个子载波上检测到的干扰噪声的平均值"可以分析上行干扰的情况；下行干扰一般可用通过测试定位，当存在高 RSRP 低 SINR 值的情况时，存在下行干扰的可能性较大。

② 覆盖造成掉话主要有两方面原因：覆盖不足或上下行不平衡。话统指标"NB-IoT 小区覆盖等级 n RRC 连接建立尝试次数"可用以分析下行深度覆盖不足的情况。同时，NB-IoT 的"待传数据量和功率余量联合报告（DPR）"中包含有功率余量（PH）信息，可用以辅助分析上行覆盖不足的。

## ●●6.5 接入问题分析

### 6.5.1 定位思路

接入失败通常有无线侧参数配置问题、信道环境影响以及核心网侧配置问题三大类原因。因此，遇到无法接入的情况时，可以大致按以下步骤排查。

① 通过话统分析是否出现接入成功率低的问题，目前 NB-IoT 网络的 RRC 连接建立成功率目标值尚未被确定，实际优化过程中可根据各局点对接入成功率指标的特殊要求启动

问题定位。

② 确认是否全网指标恶化，如果是全网指标恶化，需要检查操作、告警，同时确认是否存在网络变动和升级行为。

③ 如果是部分站点指标恶化，拖累全网指标，需要寻找 TOP 站点。

④ 查询 RRC 连接建立率和 RRC 连接恢复成功率最低的 TOP 站点和 TOP 时间段。

⑤ 查看 TOP 站点告警，检查单板状态、RRU 状态、小区状态、OM 操作、配置是否异常。

⑥ 提取 CHR 日志，分析接入时的 msg3 的信道质量和 SRS 的 SINR 值是否较差（弱覆盖），是否存在 TOP 用户。

⑦ 针对 TOP 站点进行针对性的标准信令跟踪、干扰检测。

⑧ 如果标准信令和干扰检测无异常，建议联系设备厂商，检查是否存在产品缺陷。

### 6.5.2 典型案例

#### 1. 4G 共设备站点终端兼容性参数导致的终端接入失败

**（1）问题现象**

某 NB-IoT 站点开通后，现场测试发现业务不正常。测试用终端的 NB-IoT 网络状态指示灯正常，表示附着正常。但测试业务后，指示灯变为红，测试失败。

**（2）问题分析**

由于测试终端在非业务状态网络占用无异常，所以初步判断问题出现在业务建立前的交互过程中，重点核查小区如下参数的配置。

NB R13 兼容性开关：该参数用于控制 3GPP R13 协议对 NB-IoT 相关功能的错误修正功能。当打开开关时，可与遵循 2017 年 2 月 R13 协议实现的终端对接；当关闭开关时，只能与遵循 2017 年 2 月以前的 R13 协议实现的终端对接。

HashedId 兼容性开关：该开关用于控制是否启用 2017 年 2 月 3GPPTS36.304 协议中描述的方法，计算 eDRX 寻呼的 Hashed ID。当打开开关时，将按照协议描述的方法计算 eDRX 寻呼的 Hashed ID；当关闭开关时，将按照厂商私有方案计算 eDRX 寻呼的 HashedID。

DCI 子帧重复次数兼容开关：该开关表示搜索空间表中"DCI subframe repetition number"字段取值是否为 2016 年 9 月 3GPPTS36.213 中 16.6 节定义的内容。当打开开关时，表示按协议定义内容取值；当关闭开关时，表示按厂商自定义内容取值。

SI offset 自适应配置开关：该参数用于控制 NB-IoT SI 消息帧偏置自适应配置功能。当打开开关时，表示 NB-IoT SI 消息帧偏置自适应配置功能生效；当关闭开关时，表示 NB-IoT SI 消帧偏置自适应配置功能失效，SI 消息帧偏置固定无配置。

根据厂商参数配置建议：需打开"NB R13 兼容性开关""HashedId 兼容性开关"和

"DCI 子帧重复次数兼容开关",而 "SI Offset 自适应配置开关" 需根据站点类似进行配置,4G 共设备站点必须打开该参数,而对于完全新建的站点该参数无意义。

重点核查以上四个参数,问题站点为 4G 共设备站点,"DCI 子帧重复次数兼容开关""SI Offset 自适应配置开关"均被设置为关闭状态,配置不合理。

（3）**处理过程**

将问题站点的 "DCI 子帧重复次数兼容开关" 和 "SI Offset 自适应配置开关" 设置为打开状态。现场复测,业务正常。

### 2. 终端芯片版本过低导致无法接入

（1）**问题描述**

某 NB-IoT 站点开通后,后台话统指标显示小区 RRC 建立成功率低、上行误块率较高。

（2）**问题分析**

分析话统指标,发现 RRC 连接建立失败的主要原因是 NB-IoT 小区 UE 无应答,且大部分集中在覆盖等级为 0 的 UE 无应答。出现 UE 无应答而导致 RRC 连接建立失败一般是信号干扰、覆盖弱、终端异常等原因,定位思路如下:

① 核查话统指标 "NB-IoT 小区 15kHz 粒度下上行每个子载波上检测到的干扰噪声的平均值" 无异常,排除干扰原因;

② UE 无响应次数统计大多集中在覆盖等级为 0 的场景,排除弱覆盖原因;

③ 后台跟踪信令,发现该问题是同一终端问题引起的,该终端发起 RRC_CONN_REQ_NB 后,一直无 RRC_CONN_SETUP_CMP_NB 信令上报。

初步判断该小区 RRC 建立成功率是单一终端原因导致的。

（3）**处理过程**

① 核查该终端 IMSI,确认问题终端为水表厂设备。

② 和水表厂接口人联系,后台查询该问题终端的软件版本号和现网其他终端不一致。

③ 升级问题终端的版本后,小区 RRC 建立成功率恢复正常。

### 3. SIM 卡数据配置不匹配导致终端入网失败

（1）**问题描述**

某 NB-IoT 终端一直无法正常入网。

（2）**问题分析**

① 核查该终端所在位置的覆盖站点,无异常告警信息。

② 提取该终端的日志,流程回溯如下。

终端开机后执行小区选择流程,根据协议,终端首先在 EPLMN 中搜索可用小区,网

络标识号为 46000，如图 6-19 所示。

**图6-19 网络标识号为46000**

终端首先在 3686 频点上扫描，无可用小区；然后在 3738 频点上扫频，找到了正常覆盖小区，但这个小区的网络标识号为 46004，属于 HPLMN。

PLMN 不匹配，导致终端不能马上驻留在该小区上，而是继续进行频点扫描。在一般情况下，终端扫描完 EPLMN 上的所有频点后，如果还找不到可用的小区，就会在 HPLMN 上进行频点扫描，寻找合适的小区。所以理论上终端还是会驻留在覆盖小区上，但这个过程比较长。

我们也可以使用手动 PLMN 选择的方法（AT+COPS=1,2,"46004"），控制终端直接进行 HPLMN 下的小区选择。

在本案例中，我们在手动进行 HPLMN 选择后，终端成功完成 RRC 建立，但是在附着过程中鉴权失败，初步判断 HSS 中数据和 SIM 卡写入数据存在不匹配的现象。

**（3）问题处理**

重做 SIM 卡后，终端接入网络正常。

## ●● 6.6 重选问题分析

### 6.6.1 概述

NB-IoT 终端的主要应用场景皆属于低移动性，为了兼顾 NB-IoT 的低复杂度与低成本的需求，在 R13 版本中移除了切换（Handover）流程。目前，如果 NB-IoT UE 在不同基地涵盖范围间移动时，会先进行 RRC 释放（Release），再重新与新的基站点进行 RRC 建立。

对 NB-IoT 来说，目前的移动性管理只能通过小区重选来保证。但在 NB-IoT 中，小区重选的机制也做了适度的简化。由于 NB-IoT 终端不支持紧急拨号的功能，所以当 NB 终端无法找到 Suitable Cell 时，该 NB-IoT UE 不会暂时驻扎（Camp）在 Acceptable Cell，取而代之的是持续搜寻直到找到 Suitable Cell 为止（根据 3GPP TS 36.304 规格的定义，所谓的 Suitable Cell 为可以提供正常服务的 Cell，而 Acceptable Cell 为仅能提供紧急服务的 Cell）。

小区重选的主要执行者是终端，网络侧的设备并不参与整个重选过程，所以重选性能的评估及重选问题的发现只能通过路测进行。NB-IoT 的小区重选遵循 R 准则，具体计算公式如下：$Rs= Qmeas,s+ Qhyst - Qoffsettemp$ $Rn= Qmeas,n - Qoffset - Qoffsettemp$

各参数的含义见表 6-4。

表6-4 各参数的含义

| 参数 | 含义 |
| --- | --- |
| Qmeas，s | UE 测量的小区 RSRP 值 |
| Qhyst | 小区重选的迟滞值，防止小区乒乓重选 |
| Qoffset | 小区重选的频率偏置 |
| QoffsettempRn | UE 接入小区失败后的惩罚性偏置 |

NB-IoT 中 Qoffset 只针对异频重选的频点而言，同频重选不再有小区偏置。

UE 对满足 S 准则的所有测量到的小区按照如上 R 准则排序，如果排序为最好的小区不是当前的服务小区，且满足如下两个条件，则触发小区重选（重选到该排序最好的小区）。

① 新小区比原服务小区的质量好的时长超过 Treselection。

② UE 在原服务小区的驻留时长超过 1s。如果在重选过程中找不到合适的小区，则 UE 进入任何小区选择状态。

## 6.6.2 重选相关参数

目前，eNodeB 侧常用的控制小区重选的参数有以下三种。

① NB-IoT SIB3 周期：该参数表示当前小区 NB-IoT SIB-3 消息的传输周期。

② 小区重选迟滞值：该参数表示 UE 在小区重选时，服务小区 RSRP 测量量的迟滞值，该参数和小区所在环境的慢衰落特性有关，慢衰落方差越大，迟滞值应越大；迟滞值越大，服务小区的边界越大，则越难重选到邻区。

③ NB-IoT 同频重选时间：该参数表示 NB-IoT 小区重选时间，新小区信号质量在重选时间内始终优于服务小区且 UE 在当前服务小区驻留超过 1s 时，UE 才会向新小区发起重选。

### 6.6.3 典型案例

以下是终端和测试软件不兼容导致 NB 小区重选异常的典型案例。

**（1）问题描述**

某区域在进行性能测试时，发现重选异常导致整体 SINR 值偏低。

**（2）问题分析**

① 基站状态核查及覆盖核查：现网 NB 站点按照 800M 站点 1∶1 部署，城区道路已实现连片覆盖，并且基站状态正常。

② 基站版本核查：现网基站版本支持 NB 功能。

③ 参数核查：现网 NB 小区已按照总体组规范设置。

④ NB 终端对比验证：使用"终端 1+ 测试软件 1"和"终端 2+ 测试软件 2"对比验证，两套方案中 Ping、Attach、上传、下载等基本 CQT 业务无明显差异。但在移动性重选测试过程中，"终端 1+ 测试软件 1"较"终端 2+ 测试软件 2"RSRP 低 20dBm 左右、SINR 差 15dB 左右。

⑤ 分析信令，"终端 1+ 测试软件 1"方案中无线侧 Message3 信令只有 MasterInformation Block 主消息和 SystemIformation 系统消息下发，测试软件显示无终端信令上报，如图 6-20 所示。

**图6-20 测试终端显示情况**

初步判断终端 1 和测试软件 1 存在匹配性问题。

（3）问题处理

更新终端 1 软件版本后，现场测试正常。

## ●●6.7  高容量场景优化方法

在某些大容量场景情况下，可以采用大连接优化方案，从三个方面进行优化。

### 6.7.1  接入参数优化

重新规划接入参数，当前按照 SC36（204）、SC24（48）、SC12（48）三个值规划，重新按照 SC12（12 号子载波）、SC24（24 号子载波）、SC36（36 号子载波）、SC18（18 号子载波）、SC34（34 号子载波）五个值进行规划，避免 PRACH 信道相互干扰。

### 6.7.2  大连接保障参数优化

大连接保障参数旨在禁止边缘用户接入（覆盖等级 2 禁止接入）、降低重传、增强接入稳定性和优化调度，具体优化详见表 6-5。

表6-5　大连接保障参数优化

| 分类 | 参数 ID | 建议值 | 设置原则 |
|---|---|---|---|
| 接入 | PRACH 起始时间配置指示 | CFG | Paging 场景下，默认 PRACH 起始时间配置，存在 paging 和 RAR 资源冲突的情况，导致 RACH 成功率低 |
| 接入 | PRACH 起始时间 | CoverageLevel=0, PrachStartTime = SF256 | 先关闭小区覆盖等级 2 |
| | | CoverageLevel=1, PrachStartTime = SF8 | |
| | | CoverageLevel=2, PrachStartTime = SF8 | |
| 调度 | PDCCH 最大重复次数 | CoverageLevel=0, PdcchMaxRepetitionCnt=REP_8 | PDCCH 最大重复次数 *PDCCH 周期因子 =PDCCH 周期。每秒 NPDCCH 信道理论可用资源：PdcchMaxRepetitionCnt*1000/（PdcchMaxRepetitionCnt*PdcchPeriodFactor）。参数配置不合理会导致 PDCCH 容量下降，影响 RRC 建立成功率 |
| | | CoverageLevel=1, PdcchMaxRepetitionCnt=REP_16 | |
| | | CoverageLevel=2, PdcchMaxRepetitionCnt=REP_32 | |

| 分类 | 参数 ID | 建议值 | 设置原则 |
|---|---|---|---|
| 调度 | ACK/NACK 传输重复次数 | CoverageLevel=0, AckNackTransRptCount=REP_2 | 普通数传 UCI 的上行传输下行调度的 ACK/NACK 反馈的重复次数。协议规定上行重复次数大于 2 的时候，会以 23dBm 功率发射。NB-IoT 协议在上行功率控制存在缺陷，在下行同频干扰的情况下部分 UE 在 CC1/CC2 接入按照 23dBm 最大发射功率导致基站底噪抬升，CC1 建议修改为 2。但是现网有干扰情况下，CC1 修改为 2 次重复，会导致误码率抬升。需要根据实际情况修改 |
| | | CoverageLevel=1, AckNackTransRptCount=REP_2 | |
| 调度 | Msg4 的 ACK/NACK 传输重复次数 | CoverageLevel=0, AckNackTransRptCountMsg4=REP_2 | 该参数表示上行传输 MSG4 的 ACK/NACK 反馈的重复次数。协议规定上行重复次数大于 2 的时候，会以 23dBm 功率发射。对于覆盖等级 0 的近点用户，以 23dBm 发射会造成本小区和同覆盖邻区的干扰，因此 MSG4 UCI 和普通数传 UCI 重复次数拉齐，CC0 修改为 2 次 |
| | | CoverageLevel=1, AckNackTransRptCountMsg4=REP_2 | |
| 调度 | 下行初始 MCS | CoverageLevel=0, DlInitialMcs=MCS_4 | 现网验证提升下行初始 MCS，有助于降低误码率，提升业务 KPI。如果希望在现网测试下行峰值速率，需要改为 10 阶 |
| | | CoverageLevel=1, DlInitialMcs=MCS_1 | |
| | | CoverageLevel=2, DlInitialMcs=MCS_0 | |
| Cell | NB-IoT UE 不活动定时器 | 10（s） | UE 不活动定时器在发送完 DCI 调度就会启动，不会预估后面数据发送所需要时间，而且 HARQ 反馈要是 ACK 才会重启定时器。对于覆盖等级 2，若上行最大重复次数达到最大值 128 次，$128 \times 10 \times 8=10240ms$，上行接收最大延迟是 64ms，即需要 10304ms 数据包 MAC 层才会收到 TB 块并重启定时器，再考虑 HARQ 重传，UE 不活动定时器设置成 20 秒就不够。若上行最大重复次数不会突破 64 次，$64 \times 80=5120ms$，这个情况下设置成 20s 预估可以满足业务需要的，风险不大。目前外场深度覆盖时，pusch 重复次数多数在 16 和 32，故 UE 不活动定时器推荐设置 20s，若现网发现干扰较大，存在 64 和 128 重复次数的情况，则需要考虑调整该定时器 |

（续表）

| 分类 | 参数 ID | 建议值 | 设置原则 |
|---|---|---|---|
| Cell | 冲突解决定时器 | CoverageLevel=0, ContentionResolutionTimer=PP_64 | UE 在发送了 Msg3 后，启动竞争决议定时器。如果竞争决议定时器超时，UE 将认为此次竞争决议失败 |
| | | CoverageLevel=1, ContentionResolutionTimer=PP_64 | |
| | | CoverageLevel=2, ContentionResolutionTimer=PP_64 | |
| Cell | 覆盖等级类型 | COVERAGE_LEVEL_0: 开 | 大连接场景站点覆盖等级 2 关闭 |
| | | COVERAGE_LEVEL_1: 开 | |
| | | COVERAGE_LEVEL_2: 关 | |
| Cell | 随机接入控制算法开关 | BackOffSwitch-1 | 业务拥塞场景下需要打开，芯片 B656SP2 版本以前，由于芯片不支持 backoff 索引最大值 12，开关关闭。B656SP2 及以后，该开关推荐打开 |
| 流控 | 上行接入用户调度优化开关 | ON | 在 NB-IoT 下，该开关用于控制小区空口资源拥塞下是否流控 Preamble 接入 |
| 定时器 | 辑信道服务请求禁止定时器 | CoverageLevel=0, NbLogicChSrProhibitTimer=2PP | 本功能实现了 NB-IoT 预调度功能的优化，解决了 NB-IoT 网络深度覆盖场景下由于预调度成功率不高，使得 UE 过多发起由 SR 请求触发的接入流程，导致深度覆盖场景的 UE 数传时延变大，掉话率增加的问题。推荐 NB-IoT 在需要使用深度覆盖的场景下打开本功能 |
| | | CoverageLevel=1, NbLogicChSrProhibitTimer=2PP | |
| | | CoverageLevel=2, NbLogicChSrProhibitTimer=2PP | |
| | NB-IoT 定时器 T300 | MS25000_T300ForNb (25000ms) | UE 在发送 RRCConnectionRequest 时启动此定时器。定时器超时前，如果收到 RRCConnectionSetup 或者 RRCConnectionReject，则停止该定时器 |

## 6.7.3  双频点同覆盖组网，提升容量

NB-IoT 网络双频组网和 LTE 网络多频组网方案类似。以中国电信为例，NB-IoT 网络目前主要使用频点 2506。在实际组网过程中，可以考虑在有大连接需求的保障区域使用频点 2505（中心频率 879.5MHz）或 2508（中心频率 879.8MHz）。这 2 个频点和原频点间隔 100kHz，可以确保频段错开。具体如图 6-21 所示。

NB-IoT 网络双频组网方案可以有效降低保障区域的同频干扰，同时使得网络可以容纳更多的 NB 用户或设备，实现容量翻番。

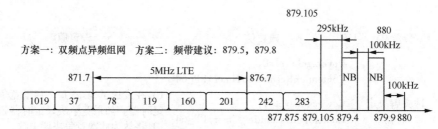

图6-21 采用双频点的NB-IoT同覆盖组网频点使用情况

## ●●6.8 NB-IoT 干扰分析

### 6.8.1 概述

NB-IoT 是在 LTE 协议上的简化及延伸，它本身是一个干扰受限的系统，网络的质量、容量和覆盖都与背景噪声相关。NB-IoT 系统遭受的干扰可以分为两部分：一部分是系统自身的干扰，包括终端之间的相互干扰、邻近小区对本小区的干扰等，这种干扰是不可完全避免的，但需要在网络规划和优化中尽量减少；另一部分是异常干扰，异常干扰包括上行异常干扰和下行异常干扰。其中，上行异常干扰的危害更严重，因为长时间高强度的上行干扰会影响基站的噪声水平，造成 NB-IoT 基站上行覆盖的收缩，在上行干扰严重的情况下，终端有用信号会被噪声淹没而无法解调，这样容易出现无法接入或出现掉线等现象。同时，由于 NB-IoT 系统的上行干扰影响了整个基站下的终端，相对于某个或某几个终端的下行干扰来说，危害程度要严重。

### 6.8.2 发现干扰

发现干扰的常用手段有路测扫频和网络运行指标监控。

利用扫频仪扫频能够检测一定带宽的频段，但是这种方法要求使用扫频仪器反反复复地扫频，由于扫频仪器非常重而且扫频工作也非常辛苦，如果漫无目的的扫频，经常会出现扫频一天而徒劳无功的结果。因此，应尽量利用现网运行指标的统计信息，分析和定位干扰情况。

观察网络运行指标中的"平均 RSSI""NB-IoT 小区 15kHz 粒度下上行每个子载波上检测到的干扰噪声的平均值"等指标是最佳地发现网络上行干扰的手段。

### 6.8.3 定位干扰

#### 1. 系统内定位干扰

系统内定位干扰的手段包括功放杂散测试、双工器隔离度测试及天馈系统测试，主要排除系统下行功率对系统上行接收产生的干扰，此干扰的一个明显特征是基站扇区主集上行 RSSI 功率值高于分集上行 RSSI 功率值，关闭功放后，主分集上行 RSSI 恢复正常；对于用户表现为有信号不能正常呼叫。因此，此类干扰的排查次序是，先检查功放杂散测试，然后检查双工器隔离度测试，最后测试天馈系统。

**2. 系统外定位干扰**

系统外定位干扰的手段包括频谱测试、干扰频谱分析等。

（1）**频谱测试**

频谱测试的具体步骤如下。

① 明确干扰频谱测试任务，即是 800MHz 或 900MHz 等频段中的哪一种干扰排查；明确运营商的频带范围，干扰测试的频带范围主要是运营商的频带范围。

② 分析后台干扰相关话统数据，分析干扰源是恒定存在还是分时段出现，便于选择干扰频谱的测试时间。

③ 选择测试点。一般测试点选择在广电、政府大院、有线电视、居民区、大型电器商场、十字路口等附近。乡村测试路线：乡村一般选择定点测试，测试点选在规划基站附近及可能存在干扰的区域。

④ 对于每一个测试点分别测试上下行数据，记录出现干扰的频谱图、卫星定位系统信息。对于窄带干扰，有些扫频仪有干扰分析模块，要充分利用这些模块。

⑤ 某些场景建议在 RRU 的 RX 测试口进行上行测试，由于双工器低噪放大器有 30dB 的增益，因此可以更好地发现上行干扰，同时保存干扰数据。

⑥ 整理干扰测试数据，输出频谱扫描报告。

（2）**干扰频谱分析**

干扰频谱分析建议按照以下步骤进行：

① 对于窄带干扰，通过频谱测试，能够区分此干扰是否为调频调幅波，如电台、广播、电话等，如果是调频调幅波，那么排查目标就很明确；

② 分析过程中需要通过现有的频点计算可能存在的三阶互调干扰；

③ 整理其他不属于上述的窄带干扰及可能的宽带干扰（譬如微波）。

## 6.8.4 处理干扰

**1. 处理内部干扰**

对于内部系统产生的干扰，常用的解决措施如下：

① 互调类的干扰，检查天馈器件。对于松动的连接头，把他们拧紧；对于坏掉或者老化了的器件，进行更换；对于破损的馈缆，进行更换；对于弯曲过大的馈线，减少它们的弯

曲弧度。对于性能指标低的器件，换用性能指标高的器件。

② MOD3 干扰，合理规划 PCI。

③ 频点干扰，修改频点。目前，运营商 NB 网络部署的频带和 GSM 或 CDMA 临近或重合。另外，在共天馈系统中，由于共天馈的 GSM 或 CDMA 可能采用多个频点，频点之间可能会互调产生干扰，当检查出确实是频点设置不合理产生了互调干扰，可以协商修改频点。

④ 如检查出是基站设备本身的问题，需更换相应基站设备的组件。

### 2. 处理外部干扰

对于外部干扰，要根据具体情况找出不同的解决方式，常用的解决措施如下：

① 通过调整 NB 站点的天线位置、方位角、下倾角、高度等，使天线主瓣背离干扰源，增加 NB 站点与干扰源的空间隔离度。

② 如果经过确认是周围一些金属物体导致了很强的互调产物时，就需要移开这些物体，如果不能移动这些物体，可以移动一下天线位置，看看能不能解决问题。

③ 改频点，避免三阶互调产物落在 NB 的接收频段内。

④ 增加滤波器。当干扰源是 GSM 或 CDMA 基站时，其对 NB 基站的干扰以杂散干扰为主，需协商为干扰源安装滤波器，以减轻对 NB 系统的干扰。

⑤ 修改干扰源设备参数。当干扰源是直放站或干放等放大设备时，可以修改其上下行增益，以改善自激，减轻对施主基站和周边基站的干扰。

⑥ 关闭干扰源。

## 6.8.5 典型案例

以下是 GSM 干扰导致共天馈 NB-IoT 站点下终端无法入网的典型案例。

（1）问题描述

某于 GSM 共天馈的 NB-IoT 站点开通后，其覆盖区域 NB-IoT 终端一直无法正常入网。

（2）问题分析

① 检查基站无异常告警。

② 核查基站侧和终端版本对应的参数，如 NB-IoT 小区 DRX 长周期的长度、DCI 子帧重复次数兼容开关、HashedId 兼容性开关等，设置值无异常。

③ 分析 NB-IoT 终端日志，发现测试终端仅仅能读取到小区的 SIB1 系统消息，不能附着到网络上。

同时，在分析终端日志中能否发现干扰比较大（-12.5）和超出芯片解调能力极限（-10dB）的情况，如图 6-22 所示。

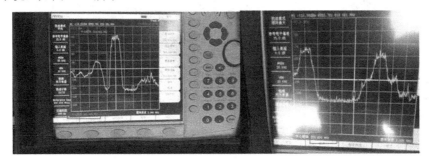

```
.L1 => LAYER_LL1: rsrq: 0xFF39 (-199), rsrp: 0xFD40 (-704), snr: 0xFFA9 (-87), rssi: 0xFDF1 (-527), filtered_rsrp: 0)
.L1 => LAYER_LL1: rsrq: 0xFF15 (-235), rsrp: 0xFC84 (-892), snr: 0xFF83 (-125), rssi: 0xFDE4 (-540), filtered_rsrp: (
.L1 => LAYER_LL1: rsrq: 0xFF15 (-235), rsrp: 0xFCCA (-822), snr: 0xFF83 (-125), rssi: 0xFE1F (-481), filtered_rsrp: (
.L1 => LAYER_LL1: rsrq: 0xFF15 (-235), rsrp: 0xFC72 (-910), snr: 0xFF83 (-125), rssi: 0xFE0E (-498), filtered_rsrp: (
.L1 => LAYER_LL1: rsrq: 0xFF15 (-235), rsrp: 0xFCC3 (-829), snr: 0xFF83 (-125), rssi: 0xFE2C (-468), filtered_rsrp: (
.L1 => LAYER_LL1: rsrq: 0xFF15 (-235), rsrp: 0xFC7C (-900), snr: 0xFF83 (-125), rssi: 0xFE2B (-469), filtered_rsrp: (
.L1 => LAYER_LL1: rsrq: 0xFF15 (-235), rsrp: 0xFC5D (-931), snr: 0xFF83 (-125), rssi: 0xFE21 (-479), filtered_rsrp: (
.L1 => LAYER_LL1: rsrq: 0xFF15 (-235), rsrp: 0xFC93 (-877), snr: 0xFF83 (-125), rssi: 0xFE14 (-492), filtered_rsrp: (
.L1 => LAYER_LL1: rsrq: 0xFF15 (-235), rsrp: 0xFCAB (-853), snr: 0xFF83 (-125), rssi: 0xFE19 (-487), filtered_rsrp: (
.L1 => LAYER_LL1: rsrq: 0xFF15 (-235), rsrp: 0xFCA5 (-859), snr: 0xFF83 (-125), rssi: 0xFE16 (-490), filtered_rsrp: (
.L1 => LAYER_LL1: rsrq: 0xFF15 (-235), rsrp: 0xFC69 (-919), snr: 0xFF83 (-125), rssi: 0xFE32 (-462), filtered_rsrp: (
.L1 => LAYER_LL1: rsrq: 0xFF15 (-235), rsrp: 0xFC65 (-923), snr: 0xFF83 (-125), rssi: 0xFE35 (-459), filtered_rsrp: (
.L1 => LAYER_LL1: rsrq: 0xFF39 (-199), rsrp: 0xFD95 (-619), snr: 0xFFA9 (-87), rssi: 0xFE49 (-439), filtered_rsrp: 0)
.L1 => LAYER_LL1: rsrq: 0xFF67 (-153), rsrp: 0xFDA6 (-602), snr: 0xFFE7 (25), rssi: 0xFE38 (-456), filtered_rsrp: 0)
```

**图6-22 分析终端日志**

④ 现场扫频，发现 NB 频段旁边存在强信号（左边为 953.4 右边为 953.8），对终端造成阻塞干扰，如图 6-23 所示。

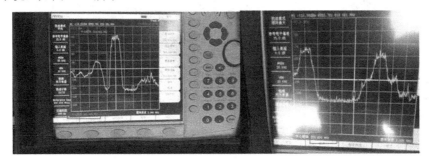

**图6-23 NB频段旁边存在强信号**

**（3）问题处理**

调整共天馈 GSM 基站的发射功率后，终端入网成功。

**（4）优化总结**

中国移动在 NB-IoT 和 GSM 上都采用了 900MHz 频段，如果 NB-IoT 和 GSM 频段保护带没有按照要求配置，会出现 GSM 干扰了 NB-IoT 终端，导致终端解调异常的问题。

## ●●6.9 优化分析类应用案例

### 6.9.1 居民区场景的深度覆盖优化

#### 1. 优化背景

某地市运营商联合用户拟选取某居民小区模拟推广智能家居、智能水表、智能电表、光伏监控等业务，需要摸底该居民小区的 NB-IoT 网络覆盖情况，并按需求进行优化调整。

本次选取的优化小区建筑较为密集，小区内楼宇数量为 56 栋，高层 11 栋（其中 32 层 6 栋，28 层 5 栋）占比 19.64%，小高层 12 栋（其中 24 层 3 栋，18 层 9 栋）占比 21.43%，低层 33 栋（全部为 6 层）占比 58.93%。该居民小区主要由周边的三个 NB 站点共同覆盖，如图 6-24 所示。

图6-24　居民小区NB站点位置示意

## 2. 测试优化流程

### （1）测试点的选择

根据该用户小区建筑分布特点，计划选取 13 栋楼宇测试评估，其中高层 4 栋占比 31%，小高层 3 栋占比 23%，低层 6 栋占比 46%。高层选取楼宇数量占高层总楼数量 36%，小高层选取楼宇数量占小高层总楼数量 25%，低层选取楼宇数量占高层总楼数量 18%，如图 6-25 所示。

图6-25　选择测试楼宇示意

每栋楼宇测试高、中、低三层，测试点共计 39 个，其中室内测试点 36 个、室外测试点 3 个。

**（2）优化思路**

① 针对弱覆盖区域进行功率调整优化，增强覆盖；

② 针对覆盖良好、SINR 较差区域进行站点射频优化，降低干扰。

**（3）实施流程**

按照以上思路，具体操作如下：

① 将该居民小区的 NB 主覆盖扇区功率进行归一化调整；

② 对选择的 39 个测试点进行业务测试（具体方法：每个测试点做 Ping 业务测试 10 次，软件记录每个测试点的 RSRP、SINR 值、Ping 时延）；

③ 针对 RSRP 差的区域，从功率、天馈调整角度进行覆盖优化；

④ 针对 SINR 差的区域，从参数、功率、天馈角度进行质量优化；

⑤ 研究不同功率配置下的具体覆盖效果；

⑥ 最终方案实施完毕后，对选取的 39 个点进行测试确认。

**3. 最终优化效果**

**（1）覆盖率（RSRP ≥ −107dBm 且 SINR ≥ −5dB 的采样点比例）**

优化前后覆盖率对比如图 6-26 所示。

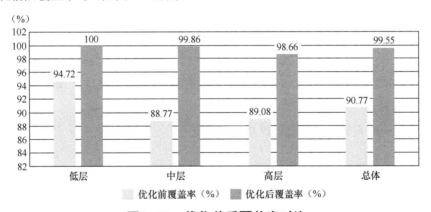

**图6-26 优化前后覆盖率对比**

优化后总体覆盖率提升 8.78 个百分点，其中中层提升幅度较为明显，达到 10 个百分点以上。

**（2）RSRP**

优化前后 RSRP 对比如图 6-27 所示。

优化后总体 RSRP 提升 8.95dB，其中低、中层提升幅度较为明显，均在 11dB 以上。

**（3）SINR 值**

优化前后 SINR 值对比如图 6-28 所示。

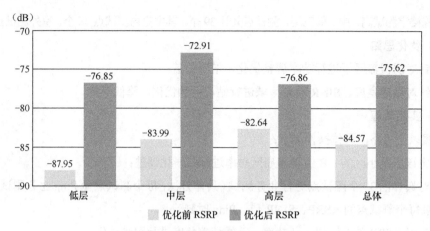

图6-27　优化前后RSRP对比

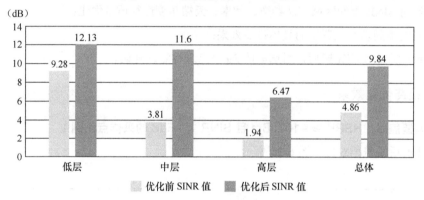

图6-28　优化前后质量对比

优化后 SINR 值总体提升 4.98dB，其中中层提升幅度较为明显，在 7dB 以上。

（4）Ping 时延

优化前后 Ping 时延对比如图 6-29 所示。

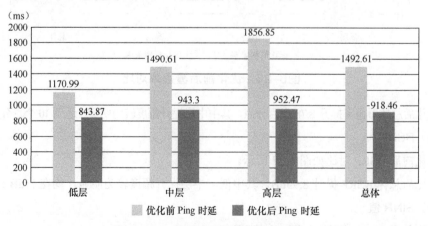

图6-29　优化前后Ping时延对比

优化前后总体 Ping 时延提升 574.15ms，其中高层提升幅度较为明显，在 900ms 以上。

### 4. 优化过程中的部分问题处理

#### （1）90# 楼中低层弱覆盖、整体 SINR 值差

1）问题现象及分析

测试结果统计，90# 楼中低层存在弱覆盖现象，且 SINR 值偏低见表 6-6，90# 楼位置示意如图 6-30 所示。

**表6-6　90#楼测试结果**

| 场景 | 测试点分类 | 楼体高度分类 | 业务类型 | 测试点位置 | 测试点具体位置 | RSRP均值 | SINR均值 | 覆盖小区PCI | 覆盖率 |
|---|---|---|---|---|---|---|---|---|---|
| 居民区 | 低层 | 中层 | 智能水表 | 室内 | 90#1 楼 | -105.41 | -0.09 | 197 | 56.03% |
| 居民区 | 中层 | 中层 | 智能水表 | 室内 | 90#9 楼 | -101.27 | -5.52 | 69 | 40.82% |
| 居民区 | 高层 | 中层 | 智能水表 | 室内 | 90#18 楼 | -86.18 | -2.72 | 23/69 | 89.25% |

**图6-30　90#楼位置示意**

现场测试终端主要占用站点 1 和其他越区信号，地理上距离最近的站点 2 覆盖信号较差。

2）优化方案

① 上抬站点 2 覆盖小区的信号功率 3dB；

② 越区覆盖的站点的功率下调 2dB，降低对站点 2 的影响。

3）优化效果

调整后，90# 楼由站点 2 进行覆盖，测试覆盖效果良好，详见表 6-7。

#### 2）85# 楼 RSRP 偏低

1）问题现象及分析

测试结果统计，85# 楼存在 RSRP 值偏低的现象，详见表 6-8。

表6-7　调整后90#楼测试效果

| 场景 | 测试点分类 | 楼体高度分类 | 业务类型 | 测试点位置 | 测试点具体位置 | RSRP均值 | SINR均值 | 覆盖小区PCI | 覆盖率 |
|---|---|---|---|---|---|---|---|---|---|
| 居民区 | 低层 | 中层 | 智能水表 | 室内 | 90#1 楼 | -90.18 | 7.06 | 32 | 100.00% |
| 居民区 | 中层 | 中层 | 智能水表 | 室内 | 90#9 楼 | -78.10 | 8.41 | 32 | 100.00% |
| 居民区 | 高层 | 中层 | 智能水表 | 室内 | 90#18 楼 | -76.45 | 2.91 | 197 | 99.26% |

表6-8　85#楼测试效果

| 场景 | 测试点分类 | 楼体高度分类 | 业务类型 | 测试点位置 | 测试点具体位置 | RSRP均值 | SINR均值 | 覆盖小区PCI | 覆盖率 |
|---|---|---|---|---|---|---|---|---|---|
| 居民区 | 低层 | 低层 | 智能水表 | 室内 | 85#1 楼 | -99.58 | 2.12 | 196/30 | 100.00% |
| 居民区 | 中层 | 低层 | 智能水表 | 室内 | 85#3 楼 | -97.15 | 3.29 | 30 | 100.00% |
| 居民区 | 高层 | 低层 | 智能水表 | 室内 | 85#6 楼 | -97.23 | 3.28 | 30 | 100.00% |

85# 楼于小区中部位置，主要由站点 1、站点 2 共同覆盖，但部分区域深度覆盖不足，导致出现占用距离其他站点越区信号的情况，该楼宇 RSRP 组偏低。85# 楼位置示意如图 6-31 所示。

图6-31　85#楼位置示意

2）优化方案

将站点 2 覆盖小区的功率抬升 3dB，增加覆盖电平强度。

3）优化效果

调整后，85# 楼的覆盖提升明显，详见表 6-8。

表6-9　调整后85#楼测试效果

| 场景 | 测试点分类 | 楼体高度分类 | 业务类型 | 测试点位置 | 测试点具体位置 | RSRP均值 | SINR均值 | 覆盖小区PCI | 覆盖率 |
|------|-----------|------------|---------|-----------|--------------|----------|----------|-----------|--------|
| 居民区 | 低层 | 低层 | 智能水表 | 室内 | 85#1 楼 | −90.20 | 6.55 | 30 | 100.00% |
| 居民区 | 中层 | 低层 | 智能水表 | 室内 | 85#3 楼 | −83.10 | 8.42 | 30 | 100.00% |
| 居民区 | 高层 | 低层 | 智能水表 | 室内 | 85#6 楼 | −82.84 | 7.14 | 30 | 100.00% |

（3）30# 楼中高层 SINR 值偏低

1）问题现象及分析

测试结果统计，30# 楼中高层 SINR 值偏低，详见表 6-10。

表6-10　30#楼测试结果

| 场景 | 测试点分类 | 楼体高度分类 | 业务类型 | 测试点位置 | 测试点具体位置 | RSRP均值 | SINR均值 | 覆盖小区PCI | 覆盖率 |
|------|-----------|------------|---------|-----------|--------------|----------|----------|-----------|--------|
| 居民区 | 低层 | 中层 | 智能水表 | 室内 | 30#1 楼 | −92.62 | 4.42 | 196/21 | 90.11% |
| 居民区 | 中层 | 中层 | 智能水表 | 室内 | 30#10 楼 | −92.39 | −1.25 | 196 | 93.42% |
| 居民区 | 高层 | 中层 | 光伏监控 | 室外 | 30#21 楼 | −74.83 | −5.13 | 168/21/23 | 47.86% |

在测试过程中，终端主要占用站点 1 和站点 3 的信号，由于该楼宇位于小区中部，深度覆盖不足，同时主覆盖小区不明确，该楼宇中高层干扰较大，SINR 值较差。30# 楼位置示意如图 6-32 所示。

图6-32　30#楼位置示意

2）优化方案

① 站点 1 覆盖小区功率上调 3dB；

② 站点 2 覆盖小区功率上调 3dB。

3）优化效果

优化后，占用站点 1、站点 2 的信号，覆盖电平改善，详见表 6-11。

表6-11　调整后30#楼测试效果

| 场景 | 测试点分类 | 楼体高度分类 | 业务类型 | 测试点位置 | 测试点具体位置 | RSRP均值 | SINR均值 | 覆盖小区PCI | 覆盖率 |
|---|---|---|---|---|---|---|---|---|---|
| 居民区 | 低层 | 中层 | 智能水表 | 室内 | 30#1 楼 | −85.63 | 6.74 | 21 | 100.00% |
| 居民区 | 中层 | 中层 | 智能水表 | 室内 | 30#10 楼 | −82.79 | 2.08 | 196/23 | 98.45% |
| 居民区 | 高层 | 中层 | 光伏监控 | 室外 | 30#21 楼 | −82.69 | 1.92 | 23 | 99.32% |

（4）109# 楼中层 SINR 值偏低

1）问题现象及分析

测试结果统计，109# 楼中层 SINR 值偏低，详见表 6-12。

表6-12　109#楼测试效果

| 场景 | 测试点分类 | 楼体高度分类 | 业务类型 | 测试点位置 | 测试点具体位置 | RSRP均值 | SINR均值 | 覆盖小区PCI | 覆盖率 |
|---|---|---|---|---|---|---|---|---|---|
| 居民区 | 低层 | 高层 | 智能水表 | 室内 | 109#1 楼 | −81.57 | 12.11 | 197 | 100.00% |
| 居民区 | 中层 | 高层 | 智能水表 | 室内 | 109#15 楼 | −70.00 | 5.10 | 100/197 | 93.62% |
| 居民区 | 高层 | 高层 | 智能水表 | 室内 | 109#32 楼 | −80.95 | −1.23 | 197 | 85.61% |

在测试过程中，终端主要占用站点 1 及另一站点越区信号，两个信号存在 MOD3 干扰，致使 SINR 值偏低。109# 楼位置示意如图 6-33 所示。

图6-33　109#楼位置示意

2）优化方案

① 站点 1 覆盖小区功率上调 3dB；

② 另一越区站点的天馈进行调整，下压倾角控制覆盖。

3）优化效果

优化后在 109# 楼稳定占用站点 1 的信号，SINR 值显著改善，详见表 6-13。

表6-13　调整后109#楼测试效果

| 场景 | 测试点分类 | 楼体高度分类 | 业务类型 | 测试点位置 | 测试点具体位置 | RSRP均值 | SINR均值 | 覆盖小区PCI | 覆盖率 |
|---|---|---|---|---|---|---|---|---|---|
| 居民区 | 低层 | 高层 | 智能水表 | 室内 | 109#1 楼 | -70.41 | 15.30 | 197 | 100.00% |
| 居民区 | 中层 | 高层 | 智能水表 | 室内 | 109#15 楼 | -65.56 | 10.24 | 197 | 100.00% |
| 居民区 | 高层 | 高层 | 智能水表 | 室内 | 109#32 楼 | -77.89 | -0.87 | 196 | 91.55% |

## 5. 优化总结

通过本次对居民区 NB-IoT 网络的深度覆盖优化，可以得出以下结论：

① 对于深度覆盖不足区域将主覆盖小区功率以 3dB 为步长进行上调，可以大幅改善覆盖性能；

② 对于干扰较大且 SINR 值较差的区域，通过调整干扰站台功率、天馈等优化方法，提升覆盖质量效果明显；

③ 中低层的覆盖问题，一般通过功率调整进行优化处理；

④ 中层的 SINR 值低的问题，一般在功率调整后会有显著改善，增加功率对中层 SINR 提升效果显著；

⑤ 对越区干扰站点进行覆盖优化，可以有效提升高层 Ping 时延长的问题。

## 6.9.2　道路场景的覆盖提升及移动性优化

### 1. 优化背景

某地市运营商拟调查城区中心地段 NB-IoT 网络路面覆盖情况，同时根据现场情况进行必要的优化调整。

选取的中心地段属于老城区，建筑密集、道路狭窄，区域及站点分布示意如图 6-34 所示。

### 2. 测试优化流程

#### （1）测试线路规划

根据站点分布及实际路况，测试线路规划示意如图 6-35 所示。

285

图6-34　区域及站点分布示意

图6-35　测试线路规划示意

（2）**优化思路**

① 针对覆盖良好、SINR 值较差的区域进行参数、功率和射频的优化，降低干扰。

② 针对移动性能，重选参数和功率优化，在加快重选速度的前提下，避免频繁重选。

（3）**实施流程**

按照以上思路，具体操作如下：

① 归一化调整该区域的 NB 主覆盖扇区功率、重选参数；

② 按规划的线路进行业务测试（关闭终端 eDRX 和 PSM 附着后进行空闲态测试，软件记录整体的 RSRP、SINR 等数据）；

③ 针对重选异常路段区域，从功率、参数、天馈角度优化调整；

④ 研究不同重选参数配置情况下的重选性能差异；

⑤ 最终方案实施后，测试确认规划路段。

## 3. 最终优化效果

优化前后的指标统计见表 6-14。

表6-14　优化前后指标统计

| | RSRP 均值 | SINR 均值 | 总采样点数 | 深度覆盖采样点数 | 覆盖率（RSRP ≥ -97dBm 且 SINR ≥ -5dB） | 覆盖率（RSRP ≥ -87dBm 且 SINR ≥ -5dB） |
|---|---|---|---|---|---|---|
| 优化前 | -63.78 | 8.57 | 892 | 783 | 87.78% | 87.78% |
| 优化后 | -58.33 | 11.97 | 1462 | 1401 | 95.82% | 95.82% |

通过功率和参数优化调整后，覆盖率明显上升，SINR 值也提升明显。

## 4. 优化过程中的部分问题处理

### （1）重选不及时导致的弱覆盖 SINR 值差

1）问题现象及分析

问题路段应该由 PCI：174 的小区覆盖，但由于 NB 不支持切换，在问题路段一直占用 PCI：255 的小区，直到电平下降到 RSRP 重选门限时才重选到 PCI：174，本路段 SINR 值偏低。

通过 OMC 平台查询后台参数配置，目前，NB-IoT 小区的重选时间 TReselForNb 均被设置为为 6s，重选 Qhyst 磁滞设置为 4dB，同频测量启动电平设置为 -64。意味着服务小区 RSRP 低于 -64(QRxlevMin)×2+29（SIntraSearch）×2= -70dBm 时才会启动同频测量。由于测试区域网络特型，路面整体覆盖电平较高，小于 -70dBm 的区域已经属于站点的覆盖远点，此时网内同频干扰较为严重，SINR 值都非常差。所以该路段主要考虑针对重选参数进行优化调整修改。同时，为了加快重选速度，考虑同步修改相应的 SIB 周期。涉及的具体参数如下：

①小区重选时间修改 TReselForNb；

②同频测量启动门限修改 QRxLevMin；

③重选早触发 Qhyst；

④SIB 周期修改 NbSib3Period、NbSib2Period；

⑤DRX 周期修改 DefaultPagingCycleForNb。

此外，在优化过程中发现，重选参数修改变灵敏后，服务小区如果功率设置不合理，容易出现频繁重选的情况，所以建议同步调整功率。

2）优化方案

①修改 PCI 为 174 小区的 NB 重选门限，加快重选，避免被拖死。

②逐步上调 PCI 为 174 小区的功率（最终测试确认指针 6dB 时效果较好）。

3）优化效果

重选参数及调整功率后，该路段覆盖好转，SINR 值有明显改善。

**（2）高重叠覆盖导致 SINR 差**

1）问题现象及分析

问题路段有 PCI：217、PCI：288、PCI：185 三个小区的信号，终端占用后 SINR 值较差。根据周边站点地理分布及实测电平的情况，计划用 PCI：185 的小区作为该路段的主覆盖小区。

2）优化方案

将 PCI：288 小区的功率下调，同时调整天馈控制覆盖，以减低对 PCI：185 小区的干扰。

3）优化效果

优化方案实施后，本路段 SINR 值抬升。

## 5. 优化总结

在本次针对路面场景的覆盖及移动性优化中，我们通过功率调整、重选参数调整、天馈优化等常规手段，探究了 NB-IoT 网络路面覆盖的特点，得出以下结论：

①NB-IoT 网络提供的业务以低移动性为主，目前默认功率、重选参数不能确保良好的移动性能，需要通过路面空闲态移动测试，对 NB-IoT 站点的功率、重选参数进行定制化优化。

②在配置默认重选参数的情况下，重选不灵敏，站点功率设为 26.2dBm 时，整体网络 SINR 值相对较好（不同场景的该功率值设置存在差异，需按实际网络的情况进行测试确认）。

③ 在将重选参数设置为较灵敏的情况后，需要对道路主覆盖扇区进行定制优化，确定主覆盖扇区，加强主覆盖，避免频繁重选。本案例场景中，站点功率设置为 32.2dBm，整体覆盖效果较好。

④ 在移动场景下，路测覆盖率同 SINR 值、重选速率明显相关，功率调整、天馈优化均需要配合重选参数调整。

⑤ 功率调整可以有效加强主覆盖扇区的覆盖，建议以 3dB 为步长进行调整。

## 6.9.3  NB-IoT 终端实际性能评估

### 1. 测试背景

某地市运营商应终端厂商的要求，拟对某款 NB-IoT 智能终端的实际网络应用性能进行测试评估。经沟通，计划首先对试点的小区进行覆盖测试优化，并在此基础上，根据智能终端的实际安装位置，评估该终端的业务性能。

### 2. 测试评估流程

#### （1）测试点的选择

根据试点小区建筑的分布情况，选取其中 6 栋楼宇，在其楼道终端安装位置进行 NB-IoT 信号的摸查测试。选择的住户尽量分别位于楼宇的高层、中层和低层。

#### （2）评估思路

① 根据测试终端的测试情况，对智能终端所在位置的 NB-IoT 网络进行优化调整；

② 在测试终端确认 NB-IoT 网络信号无异常的前提下，对比测试终端和智能终端的性能差异（评估测试按照智能终端实际使用场景开展，将测试终端与计算机一同放在智能终端所在位置进行）；

③ 根据以上对比情况，给出可能的优化解决方案。

### 3. 评估情况

#### （1）智能终端与测试终端覆盖差异性对比

由于该智能终端表未开放调试端口，且应用平台尚未开发下行 RSRP 采集功能，无法获取下行 RSRP 的情况，只能利用上行 RSRP 的情况来评智能终端与测试终端覆盖增益的差异性。

通过 OMC 平台信道质量的监控功能，在同一地点，该智能终端上行 RSRP 为 -118.3dBm，日常测试终上行 RSRP 为 -100.6dBm，因此智能终端与测试终端之间有 18dB 的覆盖差距。经过分析判断，差距主要还是来源于天线增益部分。

智能终端上行覆盖情况见表 6-15。

表6-15　智能终端上行覆盖情况

| 基站标识 | 小区标识 | 上行 SINR（dB） | 上行 RSRP（dBm） |
|---|---|---|---|
| 282695 | 15 | 12.2 | −118.3 |
| 282695 | 15 | 12.2 | −118.3 |

测试终端上行覆盖情况见表 6-16。

表6-16　测试终端上行覆盖情况

| 基站标识 | 小区标识 | 上行 SINR（dB） | 上行 RSRP（dBm） |
|---|---|---|---|
| 282695 | 16 | 22.5 | −100.6 |
| 282695 | 16 | 22.5 | −100.6 |
| 282695 | 16 | 22.5 | −100.6 |
| 282695 | 16 | 22.5 | −100.6 |
| 282695 | 16 | 22.5 | −100.6 |

已建议厂商考虑增加小型天线。

由于无法获取终端日志，未深入分析，已将此问题反馈给厂商。

（2）**智能终端覆盖灵敏度评估**

此项测试主要评估智能终端在不同覆盖的情况下，业务成功率的高低。从测试结果来看，智能终端在上行 RSRP 在 −98dBm 左右时，attach、RRC 连接、Ping 包业务均使用正常，成功率为 100%。当智能终端上行 RSRP 下降至 −113dBm 左右时，该智能终端经常出现无法连接上线的情况，10 次附着仅成功 1 次，但附着上之后 Ping 包业务成功率仍较高，具体情况见表 6-17。

表6-17　智能终端测试情况

| 测试终端 | SINR值 | 智能终端 | attach次数 | attach成功次数 | attach成功率 | RRC 连接建立次数 | RRC 连接建立成功次数 | RRC 连接建立成功率 | Ping包次数 | Ping包成功次数 | Ping包成功率 |
|---|---|---|---|---|---|---|---|---|---|---|---|
| −80 | −1.5 | −98 | 16 | 16 | 100% | 16 | 16 | 100% | 10 | 10 | 100% |
| −95 | 10 | −113 | 10 | 1 | 10% | 10 | 1 | 10% | 2 | 2 | 100% |

（3）**连接时延评估**

本项评估涉及的指标有两项。

① 根据信令 Attach Request 至 Attach Complete 之间的所用时间，评估智能终端 Attach 入网时延，详见表 6-18。

### 表6-18 连接时延

| 2 | 11/22/2017 06:58:04.847 | ->MME | Initial UE Message | 7.97.194.131:36412 | 7.96.1.104:36412 | 00 0C 40 4F 00 00 05 00 08 00 03 40 B1 A0 00 1A 0... |
|---|---|---|---|---|---|---|
| 3 | 11/22/2017 06:58:04.855 | MME->MME | Attach Request | 0.0.0.0:0 | 0.0.0.0:0 | 07 41 71 08 49 06 11 11 61 58 80 22 06 C0 C0 00 0... |
| 4 | 11/22/2017 06:58:04.855 | ->MME | Authentication Information Request | 115.169.119.88:3868 | 115.169.118.201:2011 | 01 00 01 C4 C0 00 01 3E 01 00 00 23 11 F0 01 C5 9... |
| 5 | 11/22/2017 06:58:04.896 | ->MME | Authentication Information Answer | 115.169.118.201:2011 | 115.169.119.88:3868 | 01 00 02 20 40 00 01 3E 01 00 00 23 11 F0 01 C5 9... |
| 6 | 11/22/2017 06:58:04.896 | MME->MME | Authentication Request | 0.0.0.0:0 | 0.0.0.0:0 | 07 52 02 AD E3 E6 45 13 FC 7F 9E 11 C5 AE 94 D2 ... |
| 7 | 11/22/2017 06:58:04.896 | MME-> | Downlink NAS Transport | 7.96.1.104:36412 | 7.97.194.131:36412 | 00 0B 40 3C 00 00 03 00 00 00 05 C0 11 80 56 08 0... |
| 8 | 11/22/2017 06:58:08.497 | ->MME | Uplink NAS Transport | 7.97.194.131:36412 | 7.96.1.104:36412 | 00 0D 40 39 00 00 05 00 00 00 05 C0 11 80 56 08 0... |
| 9 | 11/22/2017 06:58:08.513 | MME->MME | Authentication Response | 0.0.0.0:0 | 0.0.0.0:0 | 07 53 08 F1 89 68 FD 73 8C C0 76 00 00 00 00 00 0... |
| 10 | 11/22/2017 06:58:08.513 | MME->MME | Security Mode Command | 0.0.0.0:0 | 0.0.0.0:0 | 37 73 6D 33 28 00 07 5D 11 02 02 C0 C0 C1 00 00 ... |
| 11 | 11/22/2017 06:58:08.513 | MME-> | Downlink NAS Transport | 7.96.1.104:36412 | 7.97.194.131:36412 | 00 0B 40 25 00 00 03 00 00 00 05 C0 11 80 56 08 0... |
| 12 | 11/22/2017 06:58:08.825 | MME->MME | Security Mode Complete | 0.0.0.0:0 | 0.0.0.0:0 | 47 2D 22 9C 6D 00 07 5E 23 09 83 46 81 03 03 86 6... |
| 13 | 11/22/2017 06:58:08.825 | MME->MME | Delete Session Request | 115.169.119.90:2123 | 115.169.180.115:2123 | 48 24 00 38 14 3C 2C 90 29 6E A7 00 49 00 01 00 0... |
| 14 | 11/22/2017 06:58:08.825 | ->MME | Uplink NAS Transport | 7.97.194.131:36412 | 7.96.1.104:36412 | 00 0D 40 41 00 00 05 00 00 00 05 C0 11 80 56 08 0... |
| 15 | 11/22/2017 06:58:08.833 | ->MME | Delete Session Response | 115.169.180.115:2123 | 115.169.119.119:2123 | 48 25 00 13 18 6A 05 52 29 6E A7 00 02 00 02 00 10... |
| 16 | 11/22/2017 06:58:08.833 | MME->MME | Update Location Request | 115.169.119.89:3869 | 115.169.119.205:2012 | 01 00 01 90 40 00 01 3C 01 00 00 23 11 F0 01 D6 9... |
| 17 | 11/22/2017 06:58:08.871 | ->MME | Update Location Answer | 115.169.119.205:2012 | 115.169.119.89:3869 | 01 00 01 90 40 00 01 3C 01 00 00 23 11 F0 01 D6 9... |
| 18 | 11/22/2017 06:58:08.879 | MME-> | Create Session Request | 115.169.119.90:2123 | 115.169.119.158:2123 | 48 20 01 23 00 00 00 00 29 21 E8 00 01 00 08 00 64 ... |
| 19 | 11/22/2017 06:58:08.912 | -> | Create Session Response | 115.169.119.158:2123 | 115.169.119.90:2123 | 48 21 00 7E 22 E1 E5 52 29 21 E8 00 02 00 02 00 1... |
| 20 | 11/22/2017 06:58:08.912 | MME->MME | Attach Accept | 0.0.0.0:0 | 0.0.0.0:0 | 07 42 01 49 47 4D 64 F0 11 46 36 64 F0 11 46 37 64... |
| 21 | 11/22/2017 06:58:08.912 | MME-> | Downlink NAS Transport | 7.96.1.104:36412 | 7.97.194.131:36412 | 00 0B 40 80 BB 00 00 03 00 00 00 05 C0 11 80 56 0... |
| 22 | 11/22/2017 06:58:09.861 | MME->MME | Attach Complete | 0.0.0.0:0 | 0.0.0.0:0 | 27 0B 86 D9 FE 01 07 43 00 03 52 00 C2 00 00 00 0... |

② 根据信令 RRC_CONN_REQ 至 RRC_CONN_SETUP 之间的所用时间，评估智能终端 RRC 连接建立时延，详见表 6-19。

### 表6-19 RRC连接建立时延

| 11/22/2017 15:17:06 (587) | RRC_CONN_REQ_NB | 接受自UE | 16 | 1795 |
|---|---|---|---|---|
| 11/22/2017 15:17:06 (589) | RRC_CONN_SETUP_NB | | 16 | 1795 |
| 11/22/2017 15:17:06 (703) | RRC_CONN_SETUP_CMP_NB | 接受自UE | 16 | 1795 |
| 11/22/2017 15:17:06 (767) | RRC_DL_INFO_TRANSF_NB | 发送到UE | 16 | 1795 |
| 11/22/2017 15:17:10 (493) | RRC_UL_INFO_TRANSF_NB | 接受自UE | 16 | 1795 |
| 11/22/2017 15:17:10 (500) | RRC_DL_INFO_TRANSF_NB | 发送到UE | 16 | 1795 |
| 11/22/2017 15:17:10 (849) | RRC_UL_INFO_TRANSF_NB | 接受自UE | 16 | 1795 |
| 11/22/2017 15:17:10 (959) | RRC_DL_INFO_TRANSF_NB | 发送到UE | 16 | 1795 |
| 11/22/2017 15:17:11 (773) | RRC_UL_INFO_TRANSF_NB | 接受自UE | 16 | 1795 |
| 11/22/2017 15:17:11 (785) | RRC_DL_INFO_TRANSF_NB | 发送到UE | 16 | 1795 |
| 11/22/2017 15:17:14 (959) | RRC_UL_INFO_TRANSF_NB | 接受自UE | 16 | 1795 |
| 11/22/2017 15:17:35 (600) | RRC_CONN_REL_NB | 发送到UE | 16 | 1795 |

评估结果见表 6-20。

### 表6-20 连接时延和RRC连接建立时延的评估结果

| 序号 | Attach 时延（ms） | RRC 连接建立时延（不包含接入时延）（ms） |
|---|---|---|
| 1 | 5006 | 116 |
| 2 | 5658 | 116 |
| 3 | 5669 | 116 |
| 4 | 5651 | 114 |
| 5 | 5674 | 113 |
| 6 | 5640 | 112 |
| 7 | 5078 | 114 |
| 8 | 5129 | 114 |

（续表）

| 序号 | Attach 时延（ms） | RRC 连接建立时延（不包含接入时延）（ms） |
|------|------------------|----------------------------------------|
| 9 | 9479 | 438 |
| 10 | 5663 | 113 |
| 11 | 5034 | 114 |
| 12 | 5643 | 114 |
| 13 | 5072 | 80 |
| 14 | 5678 | 114 |
| 15 | 5509 | 114 |
| 16 | 5523 | 114 |
| 平均值 | 5694.125 | 132.25 |

在覆盖正常的情况下（RSRP 大于 -95dBm），改智能终端 RRC 连接建立时延（不包含接入时延）均值为 132.25ms，Attach 时延均值为 5694.13ms，均在正常的范围内。

（4）业务时延评估

业务时延是信令 Downlink NAS Transport 至 Uplink NAS Transport 之间的所用时间（即发送下行包至收到上行回包的时间），详见表 6-21。

表6-21　业务时延

| 463 | 11/22/2017 07:37:56.446 | MME->MME | Attach Complete | 0.0.0.0:0 | 0.0.0.0:0 |
|-----|--------------------------|----------|-----------------|-----------|-----------|
| 464 | 11/22/2017 07:37:56.446 | MME->MME | EMM Information | 0.0.0.0:0 | 0.0.0.0:0 |
| 465 | 11/22/2017 07:37:56.446 | ->MME | Uplink NAS Transport | 7.97.194.131:36412 | 7.96.1.104:36412 |
| 466 | 11/22/2017 07:37:56.454 | MME-> | Downlink NAS Transport | 7.96.1.104:36412 | 7.97.194.131:36412 |
| 467 | 11/22/2017 07:37:59.34 | MME->MME | ESM Data Transport | 0.0.0.0:0 | 0.0.0.0:0 |
| 468 | 11/22/2017 07:37:59.34 | ->MME | Uplink NAS Transport | 7.97.194.131:36412 | 7.96.1.104:36412 |
| 469 | 11/22/2017 07:38:02.207 | MME->MME | ESM Data Transport | 0.0.0.0:0 | 0.0.0.0:0 |
| 470 | 11/22/2017 07:38:02.207 | MME-> | Downlink NAS Transport | 7.96.1.104:36412 | 7.97.194.131:36412 |
| 471 | 11/22/2017 07:38:03.391 | MME->MME | ESM Data Transport | 0.0.0.0:0 | 0.0.0.0:0 |
| 472 | 11/22/2017 07:38:03.391 | ->MME | Uplink NAS Transport | 7.97.194.131:36412 | 7.96.1.104:36412 |
| 473 | 11/22/2017 07:38:04.671 | MME->MME | ESM Data Transport | 0.0.0.0:0 | 0.0.0.0:0 |
| 474 | 11/22/2017 07:38:04.671 | MME-> | Downlink NAS Transport | 7.96.1.104:36412 | 7.97.194.131:36412 |
| 475 | 11/22/2017 07:38:06.113 | MME->MME | ESM Data Transport | 0.0.0.0:0 | 0.0.0.0:0 |
| 476 | 11/22/2017 07:38:06.113 | ->MME | Uplink NAS Transport | 7.97.194.131:36412 | 7.96.1.104:36412 |
| 477 | 11/22/2017 07:38:07.396 | MME->MME | ESM Data Transport | 0.0.0.0:0 | 0.0.0.0:0 |
| 478 | 11/22/2017 07:38:07.396 | MME-> | Downlink NAS Transport | 7.96.1.104:36412 | 7.97.194.131:36412 |
| 479 | 11/22/2017 07:38:08.659 | MME->MME | ESM Data Transport | 0.0.0.0:0 | 0.0.0.0:0 |
| 480 | 11/22/2017 07:38:08.659 | ->MME | Uplink NAS Transport | 7.97.194.131:36412 | 7.96.1.104:36412 |
| 481 | 11/22/2017 07:38:28.641 | ->MME | UE Context Release Request | 7.97.194.131:36412 | 7.96.1.104:36412 |

评估结果见表 6-22。

在覆盖正常的情况下（RSRP 大于 -95dBm），该终端业务时延均值为 868.8ms。评估阶段为从 MME 下发抄表请求的消息至收到终端反馈消息为止，该业务时延也在正常的范围内。

表6-22 业务时延的评估结果

| 序号 | 业务时延（核心网以下）（ms） |
|---|---|
| 1 | 938 |
| 2 | 722 |
| 3 | 787 |
| 4 | 1290 |
| 5 | 1067 |
| 6 | 786 |
| 7 | 741 |
| 8 | 783 |
| 9 | 748 |
| 10 | 826 |
| 平均值 | 868.8 |

## 4. 评估总结

根据以上测试的结果，初步可能得出以下几点结论。

① 该智能终端的发射电平明显低于测试终端，判断差距源于天线增益，建议厂商考虑增加小型天线。

② 在上行 RSRP 低于 -110dBm 的环境下，智能终端整体接入成功率偏低，但连接后业务无异常。

③ 在覆盖正常的情况下（RSRP 大于 -95dBm），智能终端的接入、业务时延无异常。

# 5G 时代 NB-IoT 的发展

第7章

导读

　　2019 年 6 月 6 日，中国工业和信息化部正式向中国电信、中国移动、中国联通、中国广电发放 5G 商用牌照，标志着我国正式进入 5G 商用元年。NB-IoT 在 5G 时代如何发展？5G 时代将产生海量数据，结合大数据技术来进行 NB-IoT 和 5G 网络的优化工作更是大势所趋，应怎样应用大数据技术？这一章给出了答案。本章首先简要介绍了最新的 5G 技术，通过对几个通俗易懂问题的回答，为大家答疑解惑 5G 的基本概念。本章主要从什么是 5G、技术标准化、5G 如何工作、5G 的技术影响、5G 误区、5G 关键技术、5G 应用展望等方面进行了阐述。让大家深刻了解 5G 的技术实现方式，与传统通信网络的区别。同时重点阐述了 NB-IoT 在 5G 时代的发展，展望了 5G 时代 NB-IoT 的发展和应用，对大数据技术在 NB-IoT 和 5G 网络优化中的应用进行了详细的举例和介绍。

# •• 7.1  5G 技术简介和应用

## 7.1.1  什么是 5G

从电子邮件、社交媒体到音乐、视频流，再到家用电器的控制，移动宽带带来了巨大的利益，并通过提供的服务从根本上改变了许多人的生活。

1980 年左右出现的第一代移动通信系统仅限于语言服务。

第二代移动通信出现在 20 世纪 90 年代，在无线电链路上引入了数字传输，虽然目标服务仍然是语音，使用数字传输允许第二代移动通信系统也提供有限的数据服务。

第三代移动通信在 2000 年初推出，3G 迈向高品质移动的真正步骤是采用宽带，实现快速无线互联网接入，这是通过 HSPA（High-Speed Packet Access，高速分组接入）完成的。

此外，中国开发的 TD-SCDMA 技术是用于在不成对频谱中基于时分双工的系统。

我们现在已经享受第四代移动通信几年，以 LTE 技术为代表，提供更高的频谱效率和更快的用户数据速率。

我们现在已经享受第四代移动通信，以 LTE 技术为代表，提供更高的效率和进用户数据速率。这是通过基于 OFDM 的传输提供的，从而实现更宽的传输带宽和更先进的多天线技术。此外，虽然 3G 通过特定的无线接入技术（TD-SCDMA）允许在不成对频谱中进行移动通信，但 LTE 支持 FDD 和 TDD 操作，即在一对一无线电接入中配对和不成对频谱的同步技术。通过 LTE，世界已经融合到用于移动通信的单一全球技术中，基本上所有移动网络运营商都使用该技术并且适用于成对和不成对的频谱。

随着经济的发展和生活水平提高，人们对生活质量的要求进一步提升，移动通信技术在人们日常生活和社会发展中的地位进一步突出。此前，4G 的普及改变了生活，满足了人们对视频通话、高清视频播放等基本要求，但是面向未来，每个人平均将拥有数十台智能终端，每平方千米将有百万数量级智能设备的接入，加之人们对超高速传输速率的渴望，4G 技术也有些力不从心。因此，5G 的研发成为各大国家和组织、各电信运营商及设备制造商的重要工作任务，那么什么是 5G 呢？

第五代移动通信系统承诺更快的数据下载和上传速率，更广泛的覆盖范围和更稳定的连接。这一切都是为了更好地利用无线电频谱，并使更多的设备能够同时访问移动互联网。用户会将 5G 视为世界上最快、最强大的技术之一。

与 4G 相比，5G 将作为一种全新的网络架构，提供 10Gbit/s 以上的峰值速率、更佳的移动性能、毫秒级时延和超高密度连接。5G 的速率有多快呢？把世界上最快的 4G 网速（挪威 63.13Mbit/s）和最快的宽带网速（新加坡 189Mbit/s）加在一起，也没有 5G 的速率快。2019 年 1 月 24 日，华为发布业界标杆 5G 多模终端芯片巴龙 5000，巴龙 5000 芯片在 5G 峰值下载速率是 4G LTE 可体验速率的 10 倍。

这意味着更快的下载速率和出色的网络可靠性将对我们生活、工作和娱乐方式产生巨大的影响。5G 的连接优势将使企业更高效，并使消费者能够以前所未有的速率访问更多的信息。超级自动驾驶汽车、智能社区、工业物联网、身临其境的教育等，都将依赖 5G。

国际电信联盟无线电通信局（ITU-R）定义了 5G 的三大典型应用场景：增强型移动宽带（eMBB）、超可靠低时延通信（uRLLC）和海量大规模连接物联网（mMTC）。其中，eMBB 主要面向虚拟现实（VR）/增强现实（AR）、在线 4K 视频等高带宽需求业务；mMTC 主要面向智慧城市、智能交通等高连接密度需求的业务；uRLLC 主要面向车联网、无人驾驶、无人机等时延敏感的业务。5G 通信网络需要在网络边缘部署小规模或者便携式数据中心，进行终端请求的本地化处理，以满足 uRLLC 和 mMTC 的超低延时需求，因此边缘计算是 5G 的核心技术之一。

（1）5G 与 4G 有很大不同吗

网络运营商最初可能会使用 5G 作为提高现有 4G 网络容量的方法，确保为用户提供更加一致的服务。您获得的速率取决于运营商运行 5G 技术的频段以及您的运营商在基础建设上投入的资金。

（2）5G 有多快

目前最快的 4G 移动通信网络的速率约 45Mbit/s，尽管业界仍然希望达到 1Gbit/s。芯片制造商高通认为，5G 可以在实际场景下实现快 10 到 20 倍的浏览和下载速率。

想象一下一分钟左右能下载一部高清电影，这是一种什么感觉。

这适用于与现有 4G LTE 网络一起构建的 5G 网络。另一方面，独立的 5G 网络在非常高的频率（30GHz）下运行，可以轻松实现千兆以上的浏览速率。

（3）我们为什么需要 5G

世界正在流动，我们每年都在消耗更多数据，特别是随着视频和音乐流媒体的普及而增加。现有的频段正在变得拥挤，特别是当同一地区的许多人试图同时访问在线移动通信服务时，有时甚至会导致服务中断。5G 在处理数千台设备方面要好得多，从手机到设备传感器，从摄像机再到智能路灯。

5G 旨在提高速率，减少时延并提高无线服务的灵活性。5G 的理论峰值速度为 20 Gbit/s，而 4G 的峰值速度仅为 1Gbit/s。

5G 还承诺降低时延，这可以提高业务应用程序的性能以及其他数字体验（例如在线游戏、视频会议和自动驾驶汽车）。

**（4）什么是 5G 技术**

虽然早期的蜂窝技术（如 4G LTE）专注于确保连接，但 5G 通过从云端向用户提供连接体验，将连接性提升到新的水平。5G 网络是虚拟化和软件驱动的，它们利用的是云技术。

5G 网络还将简化移动性，在蜂窝和 Wi-Fi 接入之间实现无缝的漫游功能。移动用户可以在室外无线连接建筑物内的无线网络，无需用户干预或重新进行身份验证。

新的 Wi-Fi 6 无线标准（也称为 802.11ax）与 5G 共享特性，包括改进的性能。Wi-Fi 6 无线可放置在用户需要的地方，以提供更好的地理覆盖范围和更低的成本。这些 Wi-Fi 6 无线的基础是基于软件的网络，具有先进的自动化功能。

5G 技术应改善服务欠缺的农村地区和城市的连通性，这些城市的需求可能超过当今 4G 技术的容量。新的 5G 网络还将具有密集的分布式访问架构，并使数据处理更靠近边缘和用户，以实现更快的数据处理。

**（5）5G 技术是如何工作的**

5G 技术将引入整个网络架构的进步。5G New Radio 是功能更强大的 5G 无线空中接口的全球标准，将涵盖 4G 中未使用的频谱。新天线将采用称为大规模 MIMO（多输入多输出）的技术，使多个发射器和接收器能够同时传输更多数据。但 5G 技术并不局限于新的无线频谱，它旨在支持融合许可和未许可无线技术的融合异构网络。这将为用户增加可用带宽。

5G 架构将是软件定义的平台，其中网络功能是通过软件而不是硬件进行管理的。虚拟化，基于云的技术以及 IT 和业务流程自动化的进步使 5G 架构具有灵活性，并可随时随地提供用户访问。5G 网络可以创建称为网络片的软件定义子网构造。这些片使网络管理员能够根据用户和设备指定网络功能。

5G 还通过启用机器学习（Machine Learning，ML）的自动化增强了数字体验。对响应时间在几分之一秒内的需求（例如自动驾驶汽车的响应时间）需要 5G 网络来实现 ML 的自动化，最终需要深度学习和人工智能（AI）。自动配置和主动管理流量和服务将降低基础设施成本并增强连接的体验。

## 7.1.2　技术标准化

如前所述，第一代 NMT 技术已经在多国基础上创建，允许设备在北欧国家之间的国界运行。移动通信技术的多国规范 / 标准化的下一步发生在 GSM，是由 CEPT 内的许多欧洲国家联合开发的，CEPT 后来改名为 ETSI（European Telecommunications Standards Institure，欧洲电信标准协会）。

因此，GSM 设备从一开始就能够在许多国家运营，覆盖了大量潜在用户。这个庞大的共同市场对设备可用性产生了深远的影响，并大幅降低了设备成本。

然而，真正的全球移动通信标准化的最后一步来自 3G 技术的规范，特别是 WCDMA。

关于 3G 技术的工作最初也是在区域基础上进行的，即分别在欧洲（ETSI）、北美（TIA，T1P1）、日本（ARIB）等地区进行。

然而，GSM 的成功表明了大量技术足迹的重要性，特别是在设备可用性和成本方面。同样清楚的是，虽然工作是在不同的区域标准组织内单独进行的，但所追求的基础技术有许多相似之处。对于欧洲和日本来说尤其如此，它们正在开发不同但非常相似的宽带CDMA（WCDMA）技术。

因此，1998 年，不同的区域标准化组织聚集在一起，共同创建了第三代合作伙伴计划（3GPP），其任务是最终完成基于 WCDMA 的 3G 技术的发展。并行组织（3GPP2）稍后创建，其任务是开发替代 3G 技术 cdma2000，作为第二代 IS-95 的演进。

多年来，两个组织（3GPP 和 3GPP2）及其各自的 3G 技术（WCDMA 和 cdma2000）并行存在。然而，随着时间的推移，3GPP 完全占据主导地位，尽管有其名称，但仍继续开发 4G（LTE 和 5G）技术。

如今，3GPP 是开发移动通信技术规范的唯一重要组织。

## 7.1.3　5G 是如何工作的

5G 服务已在多个国家 / 地区的某些地方提供，这些早期的 5G 服务称为 5G 非独立网络（5G NSA），该技术是基于现有 4G LTE 网络基础设施构建的 5G NR，比 4G LTE 更快。但业界关注的高速、低时延 5G 技术是 5G 独立网络（5G SA），应该在 2020 年开始提供，并在 2022 年前被普遍推出。

5G 技术不仅将迎来一个改善网络性能和速度的新时代，还将为用户带来全新的连接体验。

在医疗保健方面，5G 技术和 Wi-Fi 6 连接将使患者能够通过连接设备监控，这些设备不断提供关键健康指标的数据，如心率和血压。在汽车行业，5G 结合 ML 驱动算法将提供有关交通、事故等的信息；车辆将能够与道路上的其他车辆和实体共享信息，例如交通信号灯。这些只是 5G 技术的两个行业应用，可以为用户提供更好、更安全的体验。

AR 和 VR 应用程序可以无缝工作，工业机械和机器人可以被远程控制，下载高清电影的时间比您阅读这句话的时间还短。

到 2035 年，5G 将实现 12.3 万亿美元的全球经济产出，并支持全球 2200 万个就业岗位。大部分增长将来自运输、农业、制造业和其他实体产业的数字化。

凭借其千兆位速率和前所未有的响应时间，5G 可被视为"秘密武器"，将无人驾驶汽车、云连接交通控制和其他依赖于瞬时响应和数据分析的应用程序发挥到极致。从医疗保健到应急响应，从智能能源解决方案再到下一代游戏，5G 的可能性是无限的。

当然，Verizon 不仅仅是等着看 5G 带我们去哪里，正在引导将 5G 梦想变为现实。在 Verizon 的 5G 实验室，与初创公司、大学和企业团队的创新者合作，探索网络技术的边界，发展 5G 生态系统，并创建新的应用领域，如 3D 医疗成像、高级云映射、虚拟物理治疗和应急准备等。

### 7.1.4　5G 技术的影响

远程手术成为可能。使用 5G，人类外科医生可以远距离控制手术机器人，即时实时交互，不仅包括视觉和声音，还包括触觉反馈。

远程车辆驾驶将感知减速带和风压。当然，汽车将能够自动驾驶，这将触发城市环境的永久性和持续的重新设计，已经非常复杂的无人机将变得比以往更加精细可控。

5G 可提高物联网复杂程度，改善自然灾害的检测系统，医疗保健将实施 7×24 小时远程患者监测，学生将能够在世界任何地方虚拟上课。

连接的可靠性将会飙升，掉线将成为过去，移动设备的电池寿命将被提升。

4G 网络带来了巨大的蜂窝塔，广泛分布在整个景观中，相比之下，5G 将增加许多更小的天线，以提高数据容量并支持使用它的设备提高性能。

5G 网络还需要支持多种标准（Wi-Fi、LTE、LAA 等），特别支持物联网标准。

5G 技术的另一个影响是物联网传感器和数据同样会被扩大：据 Gartner 称，物联网设备的全面部署将在全球部署 5G 时达到约 380 亿台设备。

边缘计算将保持同步，在 2020 年，IDC 预测边缘基础设施将占物联网支出的 18%。因此，5G、物联网和边缘计算正在融合，在生成大量数据的同时带来新功能。

带宽更大，覆盖范围更小。带宽增加的结果是更多的小区，并且更多小区意味着每个小区更紧密的覆盖半径。随着 5G 网络的扩展，这个问题将会被自我纠正，但在早期，无法实现无掉话的承诺。

另一个挑战是 5G 频率扩展的一部分在 6GHz 范围内，已经拥挤。这可能会降低实际净传输速率，并且可能需要随着时间的推移进行整理。

更复杂的数字生态系统也意味着更大的安全挑战。更高的速率对用户来说是一个加分，但它也是恶意攻击者的工具。分布式拒绝服务（DDoS）攻击可能会增加，因为 5G 将推动物联网参与实时企业系统。IoT 建立在旧的客户机 / 服务器模型之上，具有旧的安全机制，这需要时间来自适应地纠正。

5G 网络基础设施在很大程度上通过集装箱化将工作负载虚拟化，这也会扩大攻击面，安全修补变得至关重要。同样，软件定义的网络将扩散以适应新的物联网设备：车辆，工业硬件，媒体小部件。这同样会增加风险，并要求 OEM 保护其固件。

为应对 5G 技术的影响，我们要做好以下准备工作。

边缘计算已经到了合适的时机，如果 5G 在物联网中引入新的威胁，边缘计算可以提供解决方案。

**边缘网关**：边缘节点的部分目的是流量控制，以组织物联网流量。通过创建进入物理网络的入口点，可以将额外的安全性分层到物联网设备上。即使设备遭到黑客入侵，恶意行为者也会停在它的轨道上，只能进入网关。

**边缘分析**：如今，许多网络攻击都是自动化的，并且与 AI 结合的分析可以检测并随后预测其活动。基础架构性能异常可以产生机器可学习的模式，然后可以将其视为可能的攻击点，从而更容易支持网络边界的安全性。

**保护 DNS**：域名系统（DNS）从物联网中得到了锻炼，边缘的 DNS 是另一个漏洞。网络攻击中使用的恶意软件中有超过 90% 利用 DNS 作为入侵协议，这也成为机器学习过程，可以通过安装 DNS 安全服务来监视和分析可疑请求模式的 DNS 请求，阻止恶意域和网站。

**基于 AI 的端点管理**：供应商已开始通过基于 AI 的监控和管理解决物联网扩散的挑战。这些系统考虑了连接到网络的新物联网设备，分析其连接和数据流量模式，并提供风险暴露和漏洞通知。

数字生态系统即将经历一些深刻的变化。边缘和物联网将成为这些变化的受益者，但代价是增加风险。

## 7.1.5　5G 几大误区

对 5G 的认识要持客观态度，下面是普通用户认识 5G 的常见误区。

① 5G 就是为用户提供更高的速率。虽然 5G 的主要目标之一是为用户提供极高带宽（高速数据），但低时延和大容量也是 5G 的其他关键目标。所以，5G 不只是关注速率！

② 5G 需要不到一毫秒的时延。虽然不到 1 毫秒的时延是 5G 的目标，但在实际实现该目标之前需要部署完整的 5G 网络（SA 独立部署），目前由于投资的关系，先部署的将会是 NSA（非独立组网）的网络。

③ iPhone 和 Android 诞生于 3G 时代，5G 不仅能够带来更快、更好的智能手机，还将带来 VR 和 AR 设备、智能家居和汽车的传感器及应用、工业机器人以及数十亿其他物联网（IoT）设备。

④ 5G 仅适用于短距离视距通信。除了其他频段，5G 使用毫米波（mmWave）频段，是非常适合短距离通信的频段。然而，大量正在进行的实验证明了诸如波束赋型之类的技术如何在超出视距的挑战环境中为用户提供更大的覆盖范围。

⑤ 5G 仅用于非常高的频段。虽然 5G 将部署在非常高的毫米波频段，但它也将重新使用较低频段的频谱，包括许可频谱和未许可频谱。

⑥ 5G 将取代 4G。5G 将在未来很长一段时间内与 4G 共存。4G 可以为语音、数据甚至物联网等许多当前应用提供足够的服务。

⑦ 5G 将是一场革命，而不是一场演进。虽然 5G 带来了新的物理层，但是有很多演进来自 LTE-A Pro 技术，例如载波聚合（CA）、大规模多输入 / 多输出（MIMO）、正交幅度调制（QAM）、未许可频谱（未许可频谱中的 LTE 或 LTE-U，许可协助接入或 LAA，以及 MulteFire 等）、物联网和虚拟化。

⑧ 5G 将由物联网驱动。IoT 最初将由 LTE-A Pro 驱动，其中指定了 NB-IoT。此外，还为物联网定义了其他低功耗技术，如远程广域网（LoRaWAN）和 Sigfox。

⑨ 5G 受益者将是运营商和供应商。移动网络运营商（MNO）、网络设备制造商（NEM）和智能手机制造商是 4G LTE 的主要业务受益者。然而，5G 将改变许多行业，包括汽车制造、农业、医疗和医药、运输和物流等。

## 7.1.6　5G 关键技术

要理解 5G，了解它之前的通信制式是有帮助的。从广义上讲，1G 是关于语音的，在汽车或其他任何地方都能使用手机；2G 引入了一个短消息层，今天仍然存在短信功能；3G 为智能手机提供了必要的网络速率；4G 凭借其炽热的数据传输速率，可以为人们依赖和享受的许多连接设备提供服务。

关于 5G 技术的讨论实际上是围绕下一代网络提供改变生活的技术的讨论。这完全取决于我们多年前开始的工作，即在高流量区域（如购物中心和大学校园以及市区）中的小型蜂窝站点"加密"我们的 4G LTE 网络。这种技术将为行业带来革命，并为用户提供更快、更高效的即时影响。

随着对新的 5G 移动通信标准的苛刻要求，已经开发出全新的无线电接口和无线电接入网络。新的无线电接口称为 5G NR（New Radio，新无线电），可满足不断增长的移动连接需求。

5G NR 的发展是 5G 移动通信系统工作的关键，与 4G 相比，它提供了许多显著的优势。

5G NR 从头开始开发，可满足用户的需求，并着眼于 5G 开始部署时可用的最佳技术和方案。

5G NR 利用调制、波形和接入技术，使系统能够满足高数据速率服务的需求，需要低时延的服务以及需要小数据速率和长电池寿命的服务。

5G NR 的第一次迭代出现在 3GPP Release 15 中。第 15 版的规范草案于 2017 年 12 月获得批准，于 2019 年中期完成。第 15 版构成了 5G 移动通信标准的第一阶段。第 16 版将提供第二阶段的规范，于 2019 年 12 月完成。

## 1. 5G 新空口技术

尽管 LTE 是一项非常强大的技术，但仍有一些要求无法满足 LTE 或其演进。此外，自启动 LTE 工作以来，经过 10 多年的技术开发需要更先进的技术解决方案。为了满足这些要求并利用新技术的潜力，3GPP 开始开发称为 NR 的新无线电接入技术。

NR 重用了 LTE 的许多结构和特征，然而，作为一种新的无线电接入技术意味着与 LTE 演进不同，NR 不受保持向后兼容性的限制。对 NR 的要求也比对 LTE 的要求更广泛，激发了一组不同的技术解决方案。

5G NR 的开发旨是显著增强灵活性、可扩展性和效率，无论是在功耗方面，还是在频谱方面。5G NR 都能够为极高频段提供通信，例如流视频传输以及用于远程控制车辆通信的低时延通信以及用于机器类型通信的低数据速率低带宽通信。

5G NR 有几个基础：

**新的空口频谱**：移动通信的使用正在迅速增加，5G 的推出将加速这一趋势，同时该技术可以容纳更多的应用。虽然将提高频谱效率，但这些将无法适应使用量的大幅增加，因此需要更多的频谱。

R15 还概述了几组专门用于 NR 部署的新频谱。这些频率的范围为 2.5 GHz 至 40 GHz。针对更直接部署的两个频段是 3.3 GHz 至 3.8 GHz 和 4.4 GHz 至 5.0 GHz。

3.3 GHz 至 3.8 GHz 频谱已在美国、欧洲和某些亚洲国家 / 地区等国家发布，其他更高频段但低于 40 GHz 的频段也预留给 5G，但这只是一开始就谈到使用高达 86 GHz 的频率。

更高频带的优点是它们更宽，并且它们将能够允许更高的信号带宽，因此支持更高的数据吞吐率。在某些方面的缺点是它们具有更小的范围，但这也是一个优点，因为它还允许更大的频率重复使用。

**优化的 OFDM**：早期决定使用一种形式的 OFDM 作为 5G 新空口的第一阶段的波形。它已经非常成功地与 4G、更新的 Wi-Fi 标准和许多其他系统一起被使用，并成为 5G 各种不同应用的最佳波形类型。利用 5G 的额外处理能力，可以应用各种形式的优化。

在 5G NR 下行链路中使用的 OFDM 的特定版本是循环前缀 OFDM 或 CP-OFDM，并且它是 LTE 已经为下行链路信号采用的相同波形。

**波束成形**：近年来已成为现实，它为 5G 提供了一些显著的优势。波束成形使得来自基站的波束能够被引导向移动台。通过这种方式，最佳信号可以传输到移动设备并从移动设备接收，同时还可以减少对其他移动设备的干扰。

在天线较小的 24 GHz 以上的频率，有可能具有高性能的波束控制天线，能够准确地将功率引导到所讨论的移动设备，并且还在该方向上提供接收器增益。

**MIMO**：多输入多输出已被用于从 Wi-Fi 到当前 4G 蜂窝移动通信系统的许多无线系统中，并且提供了一些显著的改进。在 5G 内，MIMO 将成为主流技术之一。

5G 将充分利用多用户 MIMO、MU-MIMO，通过利用各种用户的分布式和不相关的空间位置，为 MIMO 提供多种接入能力。

在实现这一点时，5G 基站将 CSI-RS（信道状态信息参考信号）发送到不同的用户设备，然后根据响应，5G 基站计算每个用户的空间信息。它使用该信息来计算预编码矩阵（W-Matrix）所需的信息，其中数据符号被构造成 5G 基站天线阵列的每个元件的信号。

多个数据流具有其自己的权重，包括到每个流的相位偏移，最大化了用户的信号强度，同时还最小化了信号并因此最小化了对其他用户的干扰。

以这种方式，5G 基站能够通过使用空间信息同时且独立地与多个设备通信。这意味着 5G MU-MIMO 使得 UE 能够在不需要知道信道的情况下操作或者获得数据流的附加处理。

下行链路上的 MU-MIMO 显著改善了 5G 基站天线的容量。它以 5G 基站天线数量的最小值和用户设备数量之和乘以每个 UE 设备的天线数量进行扩展。这意味着使用 5G MU-MIMO，系统可以使用 5G 基站天线阵列和更简单的 UE 设备实现容量增益。

**频谱共享技术**：尽管分配了大部分频谱，但并未以有效的方式使用。提出的技术之一是用于频谱共享。

**跨频率的统一设计**：5G 新空口利用各种频率，可能在 6GHz 以下的 3.4 至 3.6 GHz，然后是 24.25 GHz 至 27.5 GHz、27.5 至 29.5 GHz、37 GHz、39 GHz 和 57 GHz 至 71 GHz 的毫米波频率。在这些频率上有一个共同的接口是很重要的。

**小小区**：由于需要网络密集来提供所需的数据能力，因此提出了使用更多小小区和小小区网络。小型蜂窝网络是一组低功率发射基站，其使用毫米波来增强整体网络容量。5G 小型蜂窝网络通过协调一组小型蜂窝来共享负载并减少物理障碍的困难，这些障碍在毫米波中变得更加重要。

通过利用这些技术和许多其他技术，5G NR 将能够显著提高当前移动网络的性能、灵活性、可扩展性和效率。通过这种方式，5G 将能够确保可用频谱的最佳使用，无论是许可，共享还是未许可，都可以各种频谱范围内实现这一目标。

5G NR 第一阶段的标准已经发布，并且在此范围内定义了要使用的波形。

针对 5G 研究了许多候选波形，经过大量讨论后，确定基于 $n$ OFDM 的波形将提供最佳结果。

因此，选择循环前缀 OFDM 或 CP-OFDM 作为具有 DFT-SOFDM 的主要候选者，在一些区域中使用离散傅里叶变换扩展正交频分复用。

正交频分复用一直是 4G 的优秀波形选择。它提供了出色的频谱效率，可以使用当前手机中可实现的处理级别进行处理，并且在高数据速率流的情况下可以很好地运行，占用宽带宽。它在有选择性衰落的情况下运行良好。

然而，随着处理能力的提高，5G 还可以考虑其他波形。

使用 5G 的新波形有几个优点。OFDM 需要使用循环前缀，这占用了数据流中的空间。通过使用 5G 的各种新波形之一，还可以引入其他优点。

其中一个关键要求是处理能力的可用性。虽然摩尔定律的基本形式正在达到器件特征尺寸的极限，但正在开发其他技术，这意味着摩尔定律的精神能够继续并且处理能力将会提高。由于这种新的 5G 波形需要额外的处理能力，但能够提供额外的优势仍然是可行的。

5G 的潜在应用包括高速视频下载、游戏、汽车到汽车和汽车到基础设施的通信、通用蜂窝通信、物联网 /M2M 通信等，所有这些都需要 5G 波形方案的形式，可以提供所需的性能。

调制方案和整体波形需要支持的一些关键要求包括：能够处理高数据速率的宽带宽信号；能够为长短数据突发提供低时延传输，即需要非常短的传输时间间隔（TTI）；能够在可能使用的 TDD 系统的上行链路和下行链路之间快速切换；通过最小化低数据速率设备的接通时间，实现节能通信的可能性。

这些是 5G 波形支持所需设施的一些要求。

在 5G NR 下行链路中使用的 OFDM 的特定版本是循环前缀 OFDM 或 CP-OFDM，并且它是 LTE 已经为下行链路信号采用的相同波形。

5G NR 上行链路使用与 4G LTE 不同的格式。在上行链路中使用基于 CP-OFDM 和 DFT-S-OFDM 的波形。另外，5G NR 提供灵活的子载波间隔。LTE 子载波通常具有 15kHz 的间隔，但是 5G NR 允许子载波以 15kHz×2s 间隔，最大间隔为 240kHz。需要整体载波间隔而不是分数载波间隔来保持载波的正交性。

灵活的载波间隔用于正确支持 5G NR 需要适应的各种频谱 / 类型和部署模型。例如，5G NR 必须能够在毫米波段工作，波段宽度最高可达 400 MHz。3GPP 5G NR Rel-15 规范详述了可扩展的 OFDM，其子载波间隔的 2s 缩放可以与信道宽度成比例，因此 FFT 大小可以缩放，从而不会对更宽的带宽不必要地增加处理复杂度。灵活的载波间隔还为系统内的相位噪声的影响提供了额外的弹性。

与考虑用于 5G 的一些其他波形已经实现的情况相比，OFDM 波形提供了更低的实现复杂度。除此之外，OFDM 已被充分理解，因为它已被用于 4G 和许多其他无线系统。

### 2. 5G NG 核心网基础知识

5G 网络的要求将特别多样化，需要非常高带宽的通信，并且在其他应用中需要极低的时延，然后还存在对于机器到机器和 IoT 应用的低数据速率通信的要求。

其中包括正常的语音通信、上网和我们习惯使用的所有其他应用程序。

因此，5G NG 网络将需要适应各种类型的流量，并且需要能够以高效率来容纳每个流量。通常认为类型适合所有方法并不能在任何应用中提供最佳性能，但这是 5G 网络所需要的。

为了实现 5G 网络的要求，正在采用许多技术。这些将使 5G 网络更具可扩展性、灵活性和高效性。

**软件定义网络（SDN）**：利用软件定义的网络可以使用软件而不是硬件来运行网络。这在灵活性和效率方面提供了显著的改进。

**网络功能虚拟化（NFV）**：当使用软件定义网络时，可以纯粹使用软件运行不同的网络功能。这意味着可以重新配置通用硬件以提供不同的功能，并且可以根据需要在网络上部署。

**网络切片**：由于 5G 将针对不同的应用需要非常不同类型的网络，因此称为网络切片的方案已成为设备。使用 SDN 和 NFV，可以配置单个用户为其应用程序所需的网络类型。以这种方式，使用不同软件的相同硬件可以为一个用户提供低时延，同时使用不同软件为另一个用户提供语音通信，而其他用户可能想要其他类型的网络性能，并且每个用户可以拥有一个网络片段。

5G NG 网络所需的性能已由 NGMN（下一代移动网络联盟）定义。NGMN 是移动运营商、供应商、设备制造商和研究机构，通过利用各方的经验，能够为下一代移动网络（如5G）制定战略。

因此，5G NG 核心网络将能够利用更高级别的灵活性，使其能够满足无线接入网络对其增加的和多样化的要求以及增加的连接和流量。

与 NR 并行，3GPP 也正在开发一种新的 5G 核心网络，称为 5GCN。新的 5G 无线接入技术将连接到 5GCN，5GCN 也将能够为 LTE 的发展提供连接。同时，当所谓的非独立模式一起运行时，NR 也可以通过传统核心网络 EPC 连接。

## 7.1.7　5G 应用展望

5G 技术将为从零售到教育、运输到娱乐、智能家居到医疗保健等众多未来行业提供动力，使移动设备比现在更重要。研究人员预测 5G 将有利于整个经济和社会，预计未来几年将产生数万亿美元的收入。

### 1.高速移动网络

5G 将通过无线网络彻底改变移动体验,可支持高达 10 Gbit/s 到 20 Gbit/s 的数据下载速率。它相当于无线访问的光纤互联网连接。与传统的移动传输技术相比,语音和高速数据可以在 5G 中同时高效传输。

低时延是 5G 技术最重要的特性之一,对自动驾驶和关键任务应用非常重要。5G 网络的时延小于一毫秒。

5G 将使用新的无线电毫米波进行传输。与较低的 LTE 频段相比,它具有更高的带宽,并且具有较高的数据速率。

移动下载将更快,始终开启,始终连接,响应迅速的移动互联网提供强大的移动体验。5G 网络将实现对云存储的安全访问;访问企业应用程序,虚拟地运行具有更强处理能力的强大任务。

5G 无线技术将为新设备制造商和应用开发商带来更多机会。新的 VoIP 设备和智能设备将在市场上被推出,因此也有更多的就业机会。

建议使用 Wi-Fi 卸载和设备到设备的通信技术,以便在有限访问或不存在移动网络期间进一步增强网络的性能和支持。5G 中使用的小小区概念将具有更好的小区覆盖,最大的数据传输速率,低功耗和云接入网络等多种优势。

5G 将使大量新产品能够利用低时延迟、高容量的网络,包括 VR 和 AR 的应用,其中许多应用于固定的家庭或办公地点。

### 2.娱乐和多媒体

分析发现,2015 年全球 55%的移动互联网流量用于视频下载,未来这一趋势将会增加,未来高清视频流将会很普遍。

5G 将在手机上提供高清虚拟世界,4K 视频的高速流只需几秒。直播活动可以通过高清无线网络进行流式传输,可以在移动设备上访问高清电视频道而不会中断,娱乐业将从 5G 无线网络中获益匪浅。

尽管一些预想的移动宽带体验始于 LTE 网络,但 5G 将其与 4K(以及随后的 8K)电视、高动态范围视频流、3D 视频等区分开来。所有这些应用都需要非常高的带宽,并且许多应用需要始终在线的连接以将实时信息推送给用户。

AR 和 VR 需要低时延的高清视频,5G 网络功能强大,可以为 AR 和 VR 提供惊人的虚拟体验。高清虚拟现实游戏越来越受欢迎,许多公司正在投资基于 VR 的游戏,高速 5G 网络可以提供更好的高速互联网游戏体验。

从固定无线到无线的转变需要解决几个特定于移动性的因素,例如快速和非全速、无线连接以及非常高的速率和低时延、移动时的高可靠性等。

云存储也推动了上行数据传输速率的增长。过去，内容主要是下载的，因此只需要一个方向的"胖"管道：从基站到移动设备的下行链路。但是，内容越来越多地被上传到不同的云存储平台，在下行链路和上行链路方向都需要健壮的数据管道，云游戏是另一种需要快速响应和高宽带容量的 5G 驱动程序。

VR 技术可创建完全沉浸式的计算机生成体验，模拟或重新创建 reallife 情境和环境。与 VR 相比，AR 将计算机生成的图像和增强分层到现实世界的情况或环境中。

虽然目前的 4G 网络足以满足一些早期的 VR 和 AR 体验，但 5G 的推出将带来更多新颖的 VR 和 AR 体验，包括：通过活动场所分享社交媒体上的直播流媒体内容以及体育场内的其他 50 000 人，使用 4K 360°视频变得更具挑战性，因为每个用户同时上传 25 Mbit/s；下一代 VR 和 AR 体验将具有"六自由度"（6DoF），允许用户移动并直观地与环境交互。

与当前的"三自由度"（3DoF）视频相比，6DoF 内容在自然性和交互性方面更加丰富。3DoF 体验，允许用户从固定位置旋转地环顾四周；今天的视频游戏中提供的 6DoF 体验，允许用户仅通过步行或向前倾斜就能在空间中移动。

需要 6DoF 头部运动跟踪才能以直观的方式享受 6DoF 的内容。随着 6DoF 技术的发展，许多行业，如旅游、教育和其他形式的沉浸式视频将蓬勃发展。视频传输管道的大多数组件目前不适合 6DoF 视频，包括捕获设备、生产软件、编解码器、压缩算法、网络和播放器。

6DoF 视频还要求比特率在 200 Mbit/s 到 1Gbit/s，具体取决于端到端的时延。

### 3. 万物互联

物联网（IoT）是使用 5G 无线网络进行开发的另一个广阔领域，物联网将每个对象、设备、传感器和应用程序连接到 Internet。物联网应用程序将从数百万台设备和传感器中收集大量数据，它需要一个高效的网络来收集、处理、传输、控制和实时分析数据。

物联网可以从许多领域的 5G 网络中受益。

（1）**智能家居**

智能家居将利用 5G 网络实现设备连接和应用监控。5G 无线网络将被智能设备使用，人可以从远程位置进行配置和访问，闭路摄像机将提供高质量的实时视频用于安全目的。

（2）**物流和运输**

物流和航运业可以利用智能 5G 技术进行货物跟踪、车队管理、集中数据库管理、员工调度和实时交付跟踪和报告。

（3）**智慧城市**

5G 推动了其他关键技术架构的发展，包括物联网连接和边缘计算架构：IoT 连接的传感器正在收集并生成 5G 可容纳的大量数据；边缘计算将有助于支持更高的速率和更低的时延，无需数据传输来回集中数据中心或云。利用边缘计算架构，数据处理可以发生在边缘，更靠近需要它的用户、数据和设备。

智能城市应用，如交通管理、即时天气更新、局域广播、能源管理、智能电网、街道智能照明、水资源管理、人群管理和应急响应等，都可以使用可靠的 5G 无线网络来运行。

**（4）工业物联网**

未来的行业将依赖于 5G 和 LTE 等智能无线技术，实现设备的高效自动化、预测性维护、安全性、流程跟踪、智能包装、运输、物流和能源管理。智能传感器技术为工业物联网提供无限的解决方案，实现更智能、安全、经济、节能的工业运营。

5G 将成为工厂的关键推动因素，未来，5G 不仅被视为当前移动宽带的演变网络，也将作为"生态系统"能够提供统一的通信平台通信技术。我们可以期待 5G 技术能实现新的多媒体服务和应用到工厂的场景中，同时为广大的工业界、中小企业和学术机构制造更多的商机。

**（5）智能农业**

5G 技术可用于农业和智能农业。使用智能 RFID 传感器和卫星定位系统技术，农民可以跟踪牲畜的位置并轻松管理。智能传感器可用于灌溉控制、访问控制和能源管理。

**（6）车队管理**

许多公司正在使用智能跟踪设备管理车队，5G 技术将为位置跟踪和车队管理提供更好的解决方案。

**（7）医疗保健和关键任务的应用**

5G 技术支持医疗从业者执行先进的医疗程序，并将可靠的无线网络连接到全球另一侧，连通教室将帮助学生参加研讨会并重要讲师沟通。

患有慢性疾病的人将受益于智能设备和实时监控，医生可以随时随地与患者联系，并在必要时提供建议。科学家正致力于开发可以进行远程手术的智能医疗设备。

医疗行业必须将所有操作与强大的网络结合使用，5G 将通过智能医疗设备、医疗物联网、智能分析和高清医学成像技术为医疗行业提供动力。

像可穿戴设备这样的智能医疗设备将持续监控患者的状况并在紧急情况下激活警报，医院和救护车服务收到警报后，可以采取必要措施加快诊断和治疗。

可以使用特殊标签和精确位置跟踪设备跟踪有特殊需求的患者，可以从任何位置访问医疗数据库，收集的数据分析可用于研究和改进治疗。

**（8）自动驾驶**

5G 将为智能互联汽车提供的其他应用列举如下。

**交通安全**：包括检测危险道路状况（如恶劣天气或附近事故）的能力，并为适当的行动方案提供实时指导，以实现更安全的驾驶并降低事故风险。例如，假设您的无人驾驶汽车获得实时消息（卡车正在快速接近您即将穿越的交叉路口），您的无人驾驶车会自动减速让卡车先通过交叉路口，避免可能发生的事故。

**娱乐（适用于乘客）**：可提供实时视频和音乐流媒体（包括 4K 超高清电影）、互动视频游戏、云连接和数据交换，满足了对高容量和高移动性移动宽带的需求。

**AR**：为驾驶员近乎实时地、低时延地显示关键信息。在早期的卡车示例中，所涉及的物联网设备和基础设施正在跟踪现场情况，并实时向用户、车辆和人员转发相关信息。

**自动驾驶，自动驾驶汽车**：这些将需要不同的无人驾驶汽车之间以及汽车和基础设施之间的超可靠、高速通信。

使用 5G 无线网络，自动驾驶汽车与现实并不遥远。具有低时延的高性能无线网络连接对于自动驾驶是非常重要的。将来，汽车可以与智能交通标志，周围物体和道路上的其他车辆进行通信。每毫秒对于自动驾驶车辆是非常重要的，必须在瞬间做出决定以避免碰撞并确保乘客的安全。

在 5G 的关键创新中，网络切片、多址边缘计算（MEC）、eV2X 通信和毫米波通信将为专业汽车服务。

网络切片可以用虚拟功能图和所需的相应资源实现，易于配置，可重用于一个或多个网络服务，具有灵活的生命周期管理，并且可能与其他切片隔离以确保安全性。

网络切片可能涉及网络边缘的资源，导致网络切片实施 MEC 概念。MEC 确实是一种有效的方法，能够保证低端到端时延、低带宽消耗、低能耗和高弹性，这对汽车服务是至关重要的。

在网络边缘，利用资源的想法可以推送到行人和车辆用户设备提供资源的极端情况。因此，实现有效的 V2X 通信以便实现重要的用户设备共享计算、网络和存储资源。而 3GPP 第 14 版已开始定义蜂窝 V2X 通信的一些指导原则，仍然缺失有关无线电信道接入和同步的详细规范，以及如何增强这种技术并朝着所谓的 5G eV2X 发展。

（9）**无人机操作**

无人机在娱乐、视频捕获、医疗和紧急访问、智能交付解决方案、安全和监控等多种业务中越来越受欢迎。5G 网络将为无人机在各种应用中提供高速无线互联网连接的强大支持。在像自然灾害这样的紧急情况下，人类可以进入无人机收集有用信息的区域。

（10）**安全和监视**

由于更高的带宽和未经许可的频谱，5G 无线技术是安全和监控的最佳解决方案之一。

5G 是迄今为止我们开发的最先进的无线技术之一，将彻底改变无线网络可用于高效安全通信的整个区域，它将对无线传输的每个领域产生重大影响。

## ••7.2 5G 时代 NB-IoT 网络的发展

5G 技术带来的绝不仅仅是更快的网速，而是将万物智能互联成为可能。其实，NB-IoT 是 5G 商用的前奏和基础，因此，NB-IoT 的演进更加重要，例如支持组播、连续移动性、新的功率等级等，只有建设完整 NB-IoT 等基础，5G 才有可能真正实现。NB-IoT 技术为物联网领域的创新应用带来勃勃生机，给远程抄表、安防报警、智慧井盖、智慧路灯等诸多领域带来创新突破。即使现在 5G 实现了商用，NB-IoT/eMTC 也将是接下来几年内蜂窝物联网主要的通信方式，NB-IoT/eMTC 已成为 5G 物联网的组成部分。

2018 年 6 月，首个 5G 独立部署标准出炉。近日，GSMA 发布报告《5G 未来中的移动物联网》，指出以 NB-IoT/eMTC 为代表的移动物联网（M-IoT）是未来 5G 物联网战略的组成部分，澄清现在已开始商用的 NB-IoT/eMTC 和未来 5G 的关系，接下来几年中，基于蜂窝网络的低功耗大连接仍然主要依靠 NB-IoT 和 eMTC。

**（1）满足 ITU 低功耗大连接要求的 5G 标准计划还未定**

众所周知，5G 主要涵盖了三大场景：增强移动宽带（eMBB）、高可靠超低时延（uRLLC）和大规模机器通信（mMTC）。其中 uRLLC 和 mMTC 是面向物联网的应用需求，而 mMTC 就是针对未来海量低功耗、低带宽、低成本和时延要求不高的场景所设计的。不过，从目前 5G 的标准进展来看，mMTC 的标准是争议最大的一个领域。

但是，2019 年 3 月 19 ～ 22 日在印度金奈召开的 3GPP 无线接入网第 79 次全会上，明确了 R16 版本 5G 新空口中不会对低功耗广域物联网的用例进行研究和标准化，低功耗广域物联网用例会继续依靠 NB-IoT 和 eMTC 的演进。也就是说，严格按照 ITU 愿景和需求中针对低功耗大连接场景的标准化在 2019 年年底的 R16 版本中并不会被完成，这一场景的标准计划暂时还没有定论，因此完整的 5G 标准出炉时间还未定。

**（2）吸纳 NB-IoT 和 eMTC 进入 5G 物联网家族中**

既然在 R16 中未定 mMTC 的场景标准化计划，但面对已经产生的低功耗大连接的物联网需求，总要有相关的技术支持，而同为 3GPP 主导的蜂窝通信标准且已经有一定的商用验证的 NB-IoT 和 eMTC 及其未来的演进就被吸纳进 5G 物联网标准家族中。5G 革命性不仅仅在于它涵盖更多应用场景和更复杂的技术，还在于其有更强的包容性，因此 5G 的核心之一是能够支持、兼容多种接入技术，如卫星、Wi-Fi、固网和 3GPP 其他技术实现互操作，达到服务于大量不同用例的目的，这也为同是 3GPP 的技术标准的 NB-IoT、eMTC 成为 5G 组成部分创造了条件。当然，将 NB-IoT 和 eMTC 纳入 5G 物联网家庭中并非是由 3GPP 单方面来决定的。一般来说，ITU 提出 5G 的愿景和需求，由 3GPP 组织全球主要厂商推进标准规范的工作，来满足 ITU 提出的 KPI，最后由 ITU 采纳为国际标准。在过去一段时间里，3GPP 向 ITU 提议 NB-IoT 和 eMTC 满足 ITU 对 5G 物联网的需求，进行了大量的评估研究，并在第 79 次全会上提议低功耗广域物联网用例会继续依靠 NB-IoT 和 eMTC 的演进。

2019 年 3 月，Sierra Wireless、爱立信、Altair 等 20 家知名厂商联合发布了 LTE-M（eMTC）满足 5G 要求的评估报告，报告从单位容量带宽需求、数据速率、消息时延、电池寿命等多方面进行评估，结果显示 eMTC 的性能完全符合 ITU 提出的 5G 物联网的需求。

由于除了低功耗大连接场景外，5G 还有很多组成部分会更快实现标准化并商用，因此 NB-IoT 和 eMTC 需要与 5G 的其他部分技术长期共存。3GPP 对此所做的工作之一就是支持 NB-IoT 和 eMTC 在 5G NR 带内部署。

另外，为了实现 5G 系统侧对 NB-IoT 和 eMTC 的支持，3GPP 在 2019 年 4 月报告中开始调研 5G 核心网支持 NB-IoT 和 eMTC 的无线接入网，这样就能保证运营商在保留 NB-IoT 和 eMTC 网络部署情况下向 5G NR 平滑升级。

经过大量的评估和在标准化方面的努力，NB-IoT 和 eMTC 及其演进已作为 5G 物联网的组成部分，且在接下来很长一段时间内，基于蜂窝网络的低功耗广域物联网应用主要依靠 NB-IoT 和 eMTC 来承载，直到未来 5G mMTC 标准冻结并大规模商用。

**（3）5G 物联网的发展还是需要规模化需求**

舆论对 5G 的热情高涨，5G 的首个标准被冻结后也给快速商用提供了条件。不过，试商用可以由标准和技术驱动，但大规模的商用最终还是需要规模化需求驱动。同样，支持三大场景的 5G 标准化顺序也是在很大程度上依赖需求的驱动。

1）增强移动宽带有规模化商用基础，但发展速度仍不会太快

非独立组网标准和独立组网标准，其面对的场景主要是增强移动宽带（eMBB），这部分标准的率先完成在很大程度上是因为增强移动宽带的需求相对于低时延、高可靠和低功耗的大连接有更明显、更早规模化的可能性。

在过去数年中，4G 网络商用带来移动宽带（MBB）的规模化需求和用户，实现流量爆炸式增长，推动芯片、终端等产业链各环节的繁荣。基于 MBB 的长期积累和用户对大带宽的需求，eMBB 对带宽和速率的需求进一步升级，为实现更好的用户体验，满足超高清视频、AR/VR 等应用，eMBB 场景既有原来积累的基础，又有新的需求，因此，推动快速标准化和商用是很有意义的。

不过，即使是这一拥有商用基础的场景，5G eMBB 预计并不会呈现爆发式增长。GSMA 专家曾经指出：“虽然 5G 备受欢迎，但截至 2025 年，预计增长范围最大的仍然是 4G”。GSMA 和中国信通院联合发布的《中国 5G 报告》也显示，预计 5G 的部署速度和普及过程比 4G 慢一些，5G 在网络初期主要作为热点技术来部署，以补充现网的容量，运营商表示将根据需求来进行网络部署。

2）先做好 NB-IoT/eMTC 实现低功耗大连接的物联网需求工作

既然 4G 的移动宽带已有多年规模化积累和需求验证，5G 时代的增强移动宽带发展预期仍然慢于 4G，那么作为新兴的低功耗大连接物联网需求，在过去多年中根本没有规模化商用的积累，对未来的需求仍然停留在各种预测的数据上，那么对其标准化和商用推进的工作显得并不是那么迫切。这方面的因素是 3GPP 推迟在 R16 中进行 mMTC 标准化，并将现有的 NB-IoT/eMTC 标准纳入 5G 物联网中的一个重要原因。

从 3GPP 标准化组织和 ITU 所做的努力来看，即使 5G 实现了商用，NB-IoT/eMTC 也将是接下来几年内蜂窝物联网主要的通信方式，NB-IoT/eMTC 已成为 5G 物联网的组成部分。

## 7.3　NB-IoT 和 5G 时代的展望

随着 5G 网络成为现实，它们将实现数据密集型流程，但 5G 技术的影响对安全和网络管理也很重要。

每隔 10 年左右，无线宽带和数字蜂窝网络标准和性能就会有一个重大飞跃；每 10 年，科技界的期望值就会进一步提高。

在 2019 年和 2020 年，5G 将跟随（但不能取代）当前的 4G 网络，其容量大大增加，时延更低，速率更快。5G 标准还通过网络切片提供网络管理功能，可在单个物理 5G 网络中实现多个虚拟网络。通过这些多个虚拟网络，IT 部门和提供商可以支持业务需求和数据密集型流程。

从理论上讲，5G 是超越 4G 的一次飞跃，数据传输速率高达 20 Gbit/s（超过 10 倍的提升），具有亚毫秒的时延。这样的速率将助力许多长期技术的雄心，包括 IoT 中的实时 AR 和分布式机器学习。虽然全球部署仍至少需要一年的时间，但已有多家运营商进行了测试部署。

重要的是，在优化所基于假设的扩展或改变之后，最初的最优配置已不再是最优的。从这个意义上讲，优化是一种"动态"，具有不断变化的特征。

### 7.3.1　4G 和 5G 规划有什么区别

事实上，差异非常大。在应用程序和性能关键用例中，5G 网络旨在针对比传统使用更广泛的参数进行需求量化和设计。这些参数包括可用性、弹性、可恢复性和安全性。

同时，SDN 和 NFV 将资源分配的原则从静态变为动态。这导致设计原则和网络管理的深刻变化，需要考虑依赖于时间或负载的资源分配。

### 7.3.2   哪些是 5G 中最关键的三个设计目标

可以说，网络改进的三个最重要的目标是弹性、服务质量和成本。

规划抵御能力的优先级低于规划能力。但是，随着带宽需求的增加和数据应用的主导地位，网络和用户更容易受到中断的影响。在光网络中，连接失败会导致大量数据的丢失。因此，在 5G 网络中，弹性和可用性是至关重要的。

服务质量可能由比传统呼叫服务更大的参数集来描述。结合基于 SDN/NFV 的架构，可以优化服务质量以符合 SLA，这种合规性最终反映了成功的网络运营。

投资和运营成本是一个非常复杂的优化目标，但始终具有高优先级。许多运营商拥有成熟的网络和庞大的用户群，并且在满足需求和 SLA 的同时规划高资源利用率对于成本效率是至关重要的。增加网络规模和复杂性使这非常具有挑战性。因此，优化模型应包含技术和经济因素。

### 7.3.3   通常可以优化哪些网络方面

由于网络非常复杂，我们需要分别查看不同的子系统。看起来很难，原则上任何事情都可以被优化。这不仅涉及拓扑，例如节点放置和分配它们之间的链接，还涉及控制策略，包括路由、资源分配、调度和故障恢复。节能解决方案也越来越受到关注，能源越来越成为设计目标。值得注意的是，在大多数情况下，能量合理化是由于相对于其他标准的优化而产生的。

### 7.3.4   网络管理如何受到这些架构变化的影响

必须快速执行高速网络中的控制和恢复，因为任何故障都可能导致大量数据的丢失，切换决策必须快速且行动准确，这就要求对测量和网络状态估计过程提出要求。

引入 SDN/NFV 会严重影响网络管理。这种新架构在管理网络资源方面提供了极大的灵活性，但控制逻辑还需要从整个网络进行持续测量，以确定每个网络状态的最佳操作。在宽带光网络中，需要以非常高的频率收集分组数据并快速处理以获得资源控制的可靠基础。要收集和处理如此庞大的数据量，需要专门设计的大数据算法。在"5G 网络"中描述了高速网络中的许多典型估计问题。

### 7.3.5   可以采取哪些措施来降低 5G 的能耗

优化资源意味着减少浪费，因此也会降低能耗。特别地，集中式（或云）无线电接入网络（C-RAN）架构由于空闲基带设备的汇集而节省了大量能量。

光纤通过同轴电缆消除电子模拟信号中的能量损失。在通常情况下，硬件演进导致越来越节能的组件。

或许更有趣的是如何使用计算能力这样的资源。在这种情况下，我们依赖于设计的另一个方面——算法。正如"5G 网络"中所讨论的，大多数设计任务都是难度较高，原则上，资源需求（包括能源）随着任务的大小呈指数增长。因此，开发和使用高效算法势在必行。提升算法效率的三个维度是自组织、自相似性和大数据。

### 7.3.6  在 5G 设计和优化中使用了哪些模型和方法

网络可以通过图表来表示，图形是网络设计中非常通用的一类模型。图形可以提供对网络拓扑的大多数方面的洞察，特别是在弹性和流动方面。它们已经被成功地用于研究非常大的网络，例如互联网和社交网络。

在优化中，我们通常试图以高概率找到"好"的解决方案。元启发式优化已经在各种问题上显示出非常好的结果。这类方法包括模拟生物系统行为的算法。搜索由许多允许在他们之间传递信息的"个人"并行执行。这些方法可能通过相对适度的建模工作产生合理的结果。

### 7.3.7  NB-IoT 和 5G 如何并存发展

从市场状况来看，NB-IoT/eMTC 标准从 2016 年被冻结后至今，我们并未看到采用该技术的物联网应用呈现爆发式增长，低功耗大连接的场景没有实现规模化需求的积累。试想一下，当 NB-IoT/eMTC 面对的物联网场景还没有形成规模化的时候，NB-IoT/eMTC 升级版的 5G mMTC 会有规模化的场景吗？当在实际商用中，NB-IoT/eMTC 仅实现平均每个基站接入了数百个终端，距离其数万个终端的容量还有天壤之别时，每平方千米实现 100 万终端大容量的 5G mMTC 标准又有什么意义？

从产业链的成熟度角度来看，未来 5G mMTC 需要通过新型多址接入等新的技术来实现低功耗大连接的目标，这势必对产业链提出新的要求，芯片、模块、基站、终端等各环节需要实现全新的升级，初期的成本可能居高不下；而 NB-IoT/eMTC 则可复用 LTE 产业链的各种资源，相对成本更低。因此，为满足物联网低成本的需求，采用渐进式的方式更可取，先以 NB-IoT/eMTC 促进产业链成熟、降低成本，再通过 NB-IoT/eMTC 的演进逐渐平滑过渡到 5G mMTC。

从 3GPP 标准化组织和 ITU 所做的努力来看，即使是 5G 实现了商用，NB-IoT/eMTC 也将是接下来几年内蜂窝物联网主要的通信方式，NB-IoT/eMTC 已成为 5G 物联网的重要组成部分，两者将进一步融合发展。

## 7.3.8　大数据在 NB-IoT 和 5G 网络优化中的应用

### 1. 大数据在 NB-IoT 网络优化上的应用

NB-IoT 将是接下来几年内蜂窝物联网主要的通信方式，NB-IoT 已成为 5G 物联网的组成部分，是未来物联网的主要呈现形式，大数据分析在物联网优化工作中也将发挥重要作用。

NB-IoT 的端到端系统架构如图 7-1 所示。

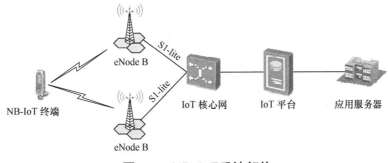

**图7-1　NB-IoT系统架构**

NB-IoT 终端通过空口连接到基站。

eNodeB 主要承担空口接入处理、小区管理等相关功能，并通过 S1 接口与 IoT 核心网连接，将非接入层数据转发给高层网元处理。

IoT 核心网承担与终端非接入层交互的功能，并将 IoT 业务相关数据转发到 IoT 平台处理。

IoT 平台汇聚从各种接入网得到的 IoT 数据，并根据不同类型转发至相应的业务应用处理。

应用服务器是 IoT 数据的最终汇聚点，根据用户的需求进行数据处理等操作。

NB-IoT 网络端到端产业链条长，涉及产品多，整个业务过程与模组终端、无线网络、核心网、IoT 平台、应用服务器等多网元相关，且物联网终端数量多，上报周期普遍长，发生问题后，不会像传统的网络一样有手机用户反馈。基于传统的问题分析方法和优化模式很难快速定位 NB-IoT 的网络问题。因此，采用大数据平台，采集和综合分析各个节点的数据，才能完整地定位整个问题，数据处理流程如图 7-2 所示。

物联网系统的数据分析应该在核心网大数据平台进行。在核心网大数据平台应进行数据清洗、解析、格式化、统计分析、可视化等数据分析，按照内容预测算法执行计算并推断策略内容，分析具体问题并定位相关原因。

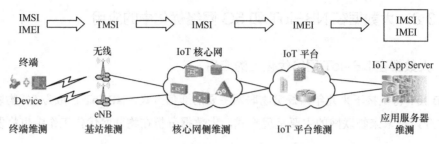

图7-2　NB-IoT数据处理流程

## 2. 大数据在 5G 网络优化的应用

与 4G 网络相比，5G 网络在各个方面都有很大提升，不仅传输速率更高，而且在传输中还呈现出增强移动宽带、超可靠低时延、广覆盖大连接的特点。如果说 1G ~ 4G 主要面向个人通信，那么 5G 则扩展到工业互联网和智慧城市应用。根据《Cisco VNI:global mobile data traffic forecast update，2016—2021》的数据显示，2016—2021 年全球移动数据流量增长 7 倍，平均年增 47%，增长速度非常快。3G 时代全球每个用户每月的连接流量只有 3 GB，4G 时代这个数值已经达到了 6 GB，5G 时代将达到 30 GB（是 4G 网络平均连接流量的 4.7 倍）。2017 年，我国每个用户每月产生的移动数据流量为 1.775 GB，是 2016 年的 2.3 倍，与全球平均水平相当。而且 2018 年上半年的数据已经远远超过了 2017 年的全年数据，也就是说，5G 时代的到来将进一步加速移动数据的发展。

移动大数据包括用户产生的数据和运营商产生的数据，其中用户产生的数据包括自媒体数据和富媒体数据，运营商产生的数据包括日志数据和基础网络数据。在运营商的网络上有很多环节可以采集数据，在终端可以采集路测（DT）/ 最小化路测（MDT）、测试报告（MR）、传输分组大小、使用习惯、终端类型等数据；在基站端可以获得用户的位置信息、用户通话记录（CDR）、链路状态信息（CSI）、接收信号强度（RSSI）等数据；通过后台的运维系统可以采集测量、信令、话务统计等数据；通过互联网可以采集新闻、资讯、地图、视频、聊天、应用等数据。也就是说，在运营商的网络中不但可以获得业务类型、上下行流量、访问网站等业务数据，还能掌握整个信道的状况。如图 7-3 所示，5G 网络应是以用户为中心、上下文感知与先应式的网络，且 5G 无线网可实现通信、缓存与计算能力的汇聚，因此在运营管理设计网络时，需要利用大数据技术进行优化，在设计网络体系架构时要适应大数据的传送，以实现 5G 网络的运营智能化和网络智能化。

## 3. 大数据分析应用——TMT 大数据预警平台

5G 时代随着移动互联网应用的爆发式增长，人们在日常生活中对各类应用的依赖不断增强，移动互联网消费模式发生了巨大改变。移动通信运营商作为基础通信服务的提供者，却面临着应用提供商由于设备、软件等不稳定因素给用户带来的感知问题。

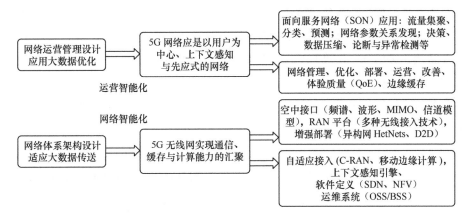

**图7-3 大数据分析在5G网络优化中的应用**

传统网络优化手段已无法全面及时地帮助移动通信运营商快速解决类似微信转圈、视频卡顿、支付失败、游戏体验差等用户感知问题。

大数据业务感知分析在移动网络维护和优化中的地位越来越重要,主要有两个原因:OTT 业务的爆发性增长,业务的复杂性增加;市场形势的变化,竞争加剧。原有的 KPI 指标是从评估"设备自身性能"和"网络运行质量"的角度出发。随着 OTT 业务的增加,原有指标体系不足以区分具体业务的质量情况。

中国电信股份有限公司江苏分公司与江苏省通信服务有限公司强强联合,由中邮建技术有限公司牵头,江苏省电信技术专家张志华博士带队,成立专门的创新工作室,基于张博士多年独创的信令分析算法,研究新时代的感知优化方法,并推出对应的分析系统产品——TMT 大数据预警平台。

**(1)平台要解决的问题**

KQI 体系是通过关联用户面和信令面的内容,基于"每个用户、每次业务"的大数据挖掘,多维度地评估业务质量和用户感知。为了更准确评估评估用户感知,运营商搭建了基于 DPI(Deep Packet Inspection)技术的系统来评估用户的上网感知,DPI 是一种基于数据包的深度检测技术,针对不同的网络应用层载荷(例如 HTTP、DNS 等)进行深度检测,通过对报文的有效载荷检测决定其合法性。

DPI 系统应支持对以下业务数据流量的识别:即时通信、新闻、阅读、微博、导航、地图、视频、音乐、应用商店、游戏、支付、动漫、邮箱、P2P 业务、VoIP 业务、财经、安全杀毒等。

平台可分析具体业务的感知,譬如微信支付、支付宝支付、网络游戏、视频直播、抖音、共享单车等。

1)热门业务分析

运营商利用 DPI 系统已经实现主要网站访问感知的评估,譬如百度、新浪、人民网、凤凰网等。当前已经进入移动互联网时代，用户访问网站的流量明显减少，手机 App 流量突增，譬如微信、微博、头条、抖音、支付宝等热门应用。DPI 可以识别各类即时通信业务的数据流，但是无法细分业务，也即无法识别哪些是支付业务。热门 App 等都采用私有加密协议传输关键信息，导致 DPI 无法准确识别用户的行为，DPI 系统在评估移动支付感知方面并不擅长，也就无法评估移动支付的感知，只能做到眉毛胡子一把抓。本平台可分析具体业务的感知，譬如微信支付、支付宝支付、网络游戏、视频直播、抖音、共享单车等。

2）网络预警功能

通过分析和监控用户业务行为（如微信支付、支付宝支付成功率、共享单车开锁成功率、微信发送原图、微博短视频下载时延、淘宝、京东付款成功率、12306 车票抢票、滴滴打车抢单、微信抢红包成功率），利用数据规模的优势，大量增加用户样本，提前预警网络问题，在用户投诉之前发现问题，提升用户感知，提升运营商的品牌质量。大数据分析可以准确快速地发现网络问题，实施精准定位式优化，摒弃传统低效的工作方式。借助技术优势，占领高端市场，与厂商在同一高度竞争。低端网络优化与代维融合的趋势日益明显，利润的下降也是必然趋势。

3）业务模拟测试功能

针对高铁、高速、地铁等场景，能自动化、大面积模拟浏览网页、微信抢红包、微博刷图片、手机支付等，实现后台自动测试、自动优化。系统可以识别高铁用户，并监测用户的行为，从而实现高铁模拟测试的功能。

● 依据用户的移动速度，可以排除掉占用高铁沿线小区的低速移动用户，如并行行驶和静止状态的其他高铁附近用户；

● 在准确性基础上力求完整性，主算法与个别场景下的补充算法相结合，增加高铁用户的识别数量；

● 通过高铁专网站型分类，去除用户站台时间耽搁，使用户速率更接近与高铁高速运行的速率，增加高铁用户识别的完整性。

4）用户行为分析

分析用户行为可以为市场营销提供支撑，创造新的商机，如京东在"6·18"促销时，电信可提供更有力的网络支撑（更小的网络时延，更好的支付体验）。它具有以下创新点：

● 通过独创的物理帧和 IP 对应算法，实现组合分析；

● 整合协议专家张志华博士的独特协议分析算法，如微信重要信令丢失判别算法、门户服务器感知判断算法，大大提升分析解决问题的效率；

● 融合大数据分析技术，挖掘数据，提升数据的价值。

总之，本系统综合了大数据分析和张志华博士的独特协议分析算法，是数据业务优化的有力工具。利用该工具可以高效定位问题，解决运营商的痛点，提升用户感知。

（2）平台功能

本平台系统实现了有效评估移动支付感知，可准确统计出用户的支付行为，包括：卡顿和失败，并做到感知差用户行为的信令保存，方便详细分析感知差的整体行为。同时还可以结合运营商已有的问题派单系统，做到智慧优化、智慧运维。

数据采集软件，开发手机侧抓包软件，实现在手机侧抓取支付信令；支付行为识别，通过建立支付服务器地址库，同时参考数据流端口，准确识别出支付行为；有效数据流清洗，定义有效数据流，丢弃无效数据流，提高算法效率；感知评估算法，开发基于 TCP 数据流的感知评估算法；数据库关联，分析结果与 XDR、CDR 等数据关联，获取更多的网络信息，多维度分析定位问题。

本产品的核心是根据通信过程中各类应用在 TCP 层的信令特征，结合相关算法，识别业务类型并评估业务的用户感知。其主要功能如下：精确识别用户使用的具体业务（用户具体使用的哪种 App，从事何种业务），特别是各 BAT 厂商纷纷由 Http 转到 Https 后的具体业务识别；对不同热门业务的用户感知劣化提供预警；标靶式定界移动通信网络在何时、何地、何种业务触发感知差，指导优化方向，做到有的放矢的精准优化；帮助运营商界定问题界面，即该用户问题是运营商网络问题还是 App 厂商问题；为问题的回溯提供有效的数据支持。

分光采集从核心网获取微信支付业务的相关 PCAP 数据包，使用程序对数据进行处理，输出分析结果：微信支付卡顿类表、微信支付失败类表等。分析结果接入优网平台，关联小区库、终端库、XDR 等信息，从多维度展示微信支付业务的感知情况。

- 通过微信支付感知评估算法，实现微信支付过程中卡顿 / 失败次数的输出；
- 通过微信支付感知误判算法，实现终端提示支付失败但实际已经支付成功次数的输出；
- 支持从"IP 地址"与"时间"等多个维度的输出结果；
- 支持信令回溯，针对每个异常数据流，系统将保存信令 log，方便回顾感知差时刻的用户具体行为；
- 支持从"感知差次数""感知优良率"与"支付次数"三个维度统计 TOP 服务器；
- 支持分析结果批量导出；
- 提供规范化接口，将分析的用户感知差结果接入网优平台，为呈现提供结果数据支撑。

（3）系统架构

1）整体架构

TMT 大数据预警平台的整体架构如图 7-4 所示，我们的数据源主要来自核心网机房的 S1-U 口及运营商的数据文件，经由 ETL 工具，FTP 等手段传输至服务器进行数据的预处理，在数据存储层结合了 Hadoop 及关系型数据库，使用 HDFS 分布式存储文件，HBase 为分布式数据库，再结合传统的关系型数据库以做到更大的兼容性，以应对多种复杂数据的存储场景。使用 Yarn 统一资源管理与调度，在数据计算层，依靠 Storm 进行流式计算，

Spark 来进行内存计算，Hive 进行离线计算并再逐渐融入机器学习（Tensorflow）。数据加工层对分析计算后的数据进行各类加工，包括数据集成、数据开发、自助分析、数据管理等，最后在数据应用层对数据结果进行呈现，包括各类 BI 应用、GIS 地理化呈现、信令回溯、用户行为分析等功能。

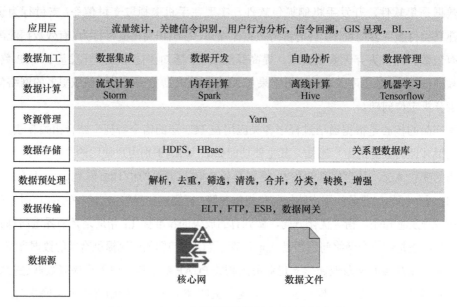

图7-4　TMT大数据预警平台的整体架构

2）关键技术

TMT 大数据预警平台包括以下 7 种关键技术。

● HDFS。Hadoop 分布式文件系统（HDFS）被设计成适合运行在通用硬件（commodity hardware）上的分布式文件系统。HDFS 是一个高度容错性的系统，适合部署在廉价的机器上。HDFS 能提供高吞吐量的数据访问，非常适合大规模数据集上的应用。HDFS 放宽了一部分 POSIX 约束，实现流式读取文件系统数据的目的。

● HBase。HBase（Hadoop Database）是一个高可靠性、高性能、面向列、可伸缩的分布式存储系统，利用 HBase 技术可在廉价的 PC Server 上搭建起大规模结构化存储集群。HBase 位于结构化存储层，Hadoop HDFS 为 HBase 提供了高可靠性的底层存储支持，Hadoop MapReduce 为 HBase 提供了高性能的计算能力，Zookeeper 为 HBase 提供了稳定服务和 failover 机制。

● Yarn。Apache Hadoop YARN（Yet Another Resource Negotiator，另一种资源协调者）是一种新的 Hadoop 资源管理器，它是一个通用资源管理系统，可为上层应用提供统一的资源管理和调度，它的引入为集群在利用率、资源统一管理和数据共享等方面带来了巨大好处。

● Storm。Storm 为分布式实时计算提供了一组通用原语，可被用于"流处理"之中，实时处理消息并更新数据库。这是管理队列及工作者集群的另一种方式。Storm 也可被用于"连续计算"（continuous computation），对数据流做连续查询，在计算时就将结果以流的形式输出给用户。它还可被用于"分布式 RPC"，以并行的方式运行昂贵的运算。Storm 可以方便地在一个计算机集群中编写与扩展复杂的实时计算，Storm 用于实时处理，就好比 Hadoop 用于批处理。Storm 保证每个消息都会得到处理，而且它很快——在一个小集群中，每秒可以处理数以百万计的消息。更棒的是用户可以使用任意编程语言来做开发。

- Spark。Apache Spark 是专为大规模数据处理而设计的快速通用的计算引擎，拥有 Hadoop MapReduce 所具有的优点；但不同于 MapReduce 的是——Job 中间输出结果可以保存在内存中，从而不再需要读写 HDFS，因此 Spark 能更好地适用于数据挖掘与机器学习等需要迭代的 MapReduce 的算法。

- Hive。Hive 是基于 Hadoop 的一个数据仓库工具，可以将结构化的数据文件映射为一张数据库表，并提供简单的 SQL 查询功能，可以将 SQL 语句转换为 MapReduce 任务运行。其优点是学习成本低，可以通过类 SQL 语句快速实现简单的 MapReduce 统计，不必开发专门的 MapReduce 应用，十分适合数据仓库的统计分析。

- TensorFlow。TensorFlow 是一个基于数据流编程（dataflow programming）的符号数学系统，被广泛应用于各类机器学习（machine learning）算法的编程实现，其前身是谷歌的神经网络算法库 DistBelief。Tensorflow 拥有多层级结构，可部署于各类服务器、PC 终端和网页并支持 GPU 和 TPU 高性能数值计算，被广泛应用于产品开发和各领域的科学研究。

（4）平台应用案例

本平台目前在 4G 和 5G 的专项感知网络优化工作中得到了较大范围的推广和应用。

1）创新手段和工具介绍

本平台由大数据存储层—大数据处理与分析层—应用层的三层架构组成，能够主动预警网络异常，也能初步地定位分析已产生的故障，如图 7-5 所示。

软件平台主页面如图 7-6 所示。

平台的一个创新功能就是通过大数据分析实现网络预警功能。通过分析用户业务行为，利用数据规模的优势，大量增加用户样本，提前预警网络问题，在用户投诉之前发现问题，提升用户感知，提升运营商的品牌质量。

2）平台实施效果案例一

a. 问题描述

某地市用户投诉在工作地点使用微信接收图片的过程中，不固定时间出现图片卡顿，直接表现为点击微信图片后，一直转圈而无法很快显示出图片。投诉组在处理投诉的过程中很快抓到了用户所反映的问题现象，但从现场的 RSRP 以及 SINR 值分析：无线参数指标均正常；除微信外的爱奇艺视频、网页新闻浏览等均正常。

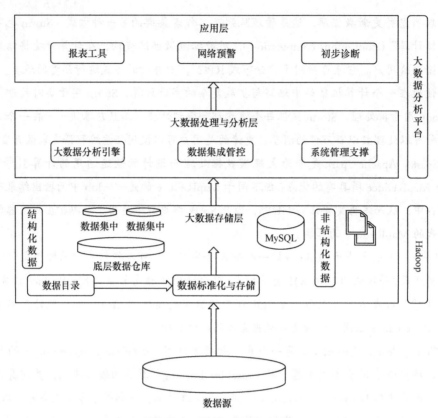

**图7-5　软件系统框架图**

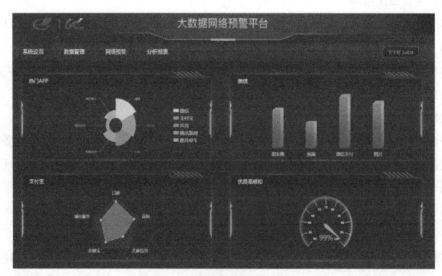

**图7-6　软件平台主页面**

通过对该地市其他几个区域测试也发现同类问题。为了尽快定位问题，同时验证网络预警平台的实战效果，在无法获取核心网大量数据样本的情况下，抓包基站侧数据导入平台，共分析出 20357 条微信图片卡顿问题，如图 7-7 所示。

| 第16次数据分析 | | | | | |
|---|---|---|---|---|---|

本次共分析数据1314658条
故障数为：20357条
花费：306秒

| 导入批次 | 帧号 | 服务器IP | | 服务器端口 | 故障类型 |
|---|---|---|---|---|---|
| 16 | 593404 | 120.204.17.101 | | 80 | RST 2秒 |
| 16 | 617514 | 121.51.24.105 | | 443 | FIN 5秒 |
| 16 | 593408 | 120.204.17.101 | | 8080 | RST 2秒 |
| 16 | 252300 | 183.192.194.109 | | 80 | RST 2秒 |
| 16 | 298316 | 183.192.194.109 | | 443 | RST 2秒 |
| 16 | 90763 | 183.192.201.76 | | 443 | DUPACK 2秒 |
| 16 | 90766 | 183.192.201.76 | | 443 | DUPACK 2秒 |
| 16 | 90767 | 183.192.201.76 | | 443 | DUPACK 2秒 |
| 16 | 97843 | 183.192.201.76 | | 443 | DUPACK 2秒 |
| 16 | 230018 | 183.192.194.109 | | 443 | DUPACK 2秒 |
| 16 | 257379 | 183.192.194.109 | | 443 | DUPACK 2秒 |
| 16 | 298022 | 183.192.194.109 | | 443 | DUPACK 2秒 |
| 16 | 610185 | 121.51.24.105 | | 443 | DUPACK 2秒 |
| 16 | 613927 | 183.192.201.122 | | 443 | DUPACK 2秒 |
| 16 | 613952 | 183.192.201.122 | | 443 | DUPACK 2秒 |
| 16 | 613953 | 183.192.201.122 | | 443 | DUPACK 2秒 |

**图7-7 软件平台主页面**

b. 问题分析

通过平台吐出的结果，说明该问题不属于个别问题，应为该地市的普遍性问题。中邮建网络预警平台针对微信用户感知融合了多种算法，通过算法可以定位出微信使用过程中的问题类型。定位问题后从终端侧开始抓包和信令跟踪，联合基站侧、核心网侧逐段向上排查。

c. 抓包分析

通过团队现场抓包过滤 IP 地址可以看出手机在 11:30:34—11:30:44 未收到数据包，同时未发现乱序、重传等现象，虽然有 dupack 包，但是在毫秒级迅速重传完，数据包在时间上是连续的，因此可以判断是由于在 11:30:34—11:30:44 这 10s 时间未收到数据包，微信接收图片时产生卡顿。手机侧抓包如图 7-8 所示。

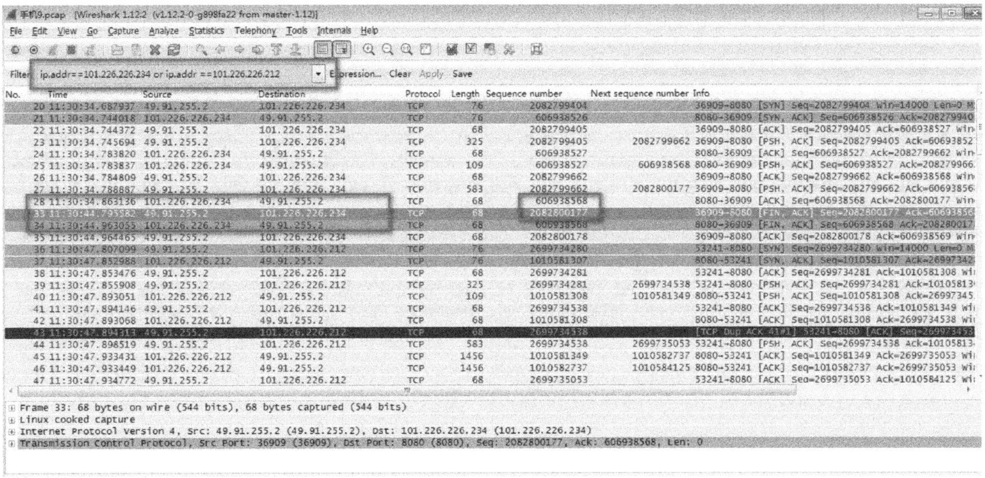

**图7-8 手机侧抓包**

S1 口同样出现 10s 时间未收到数据包，通过过滤 IP 地址可以看出 S1 口在 11:30:20—11:30:30 未收到数据包，且手机和 S1 口在这两个时间节点上的 SN 序列号是相同的，因此我们可以看出手机 10s 时间未收到的数据包，基站也没有收到。基站侧抓包如图 7-9 所示。

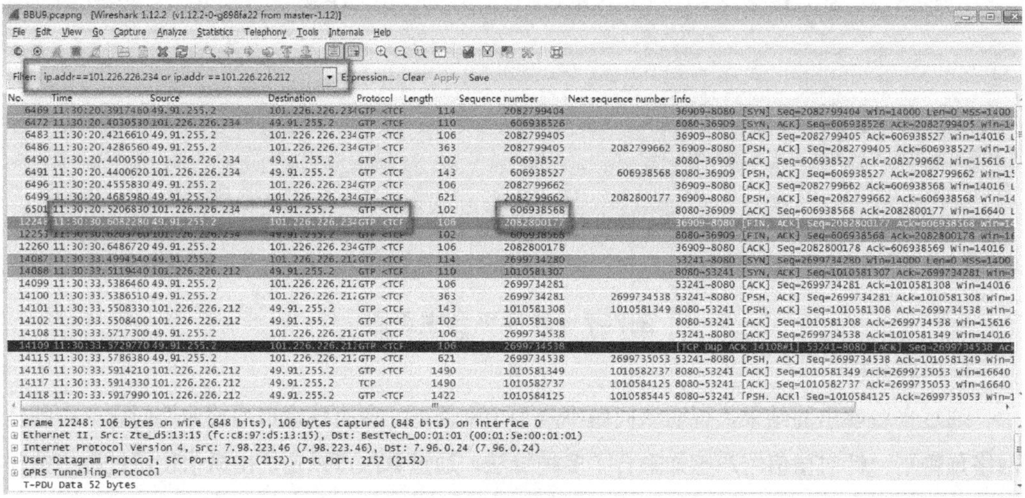

图7-9　基站侧抓包

在 PGW 侧，跟踪数据发现同样是有 10s 时间未收到数据包，通过过滤 IP 地址可以看出 PGW 在 11:30:52—11:31:02 未收到数据包，且 PGW 与手机、S1 口在这两个时间节点上的 SN 序列号是相同的，因此，我们可以看出手机在这 10s 时间未收到的数据包，基站和核心网都没有收到。核心侧抓包如图 7-10 所示。

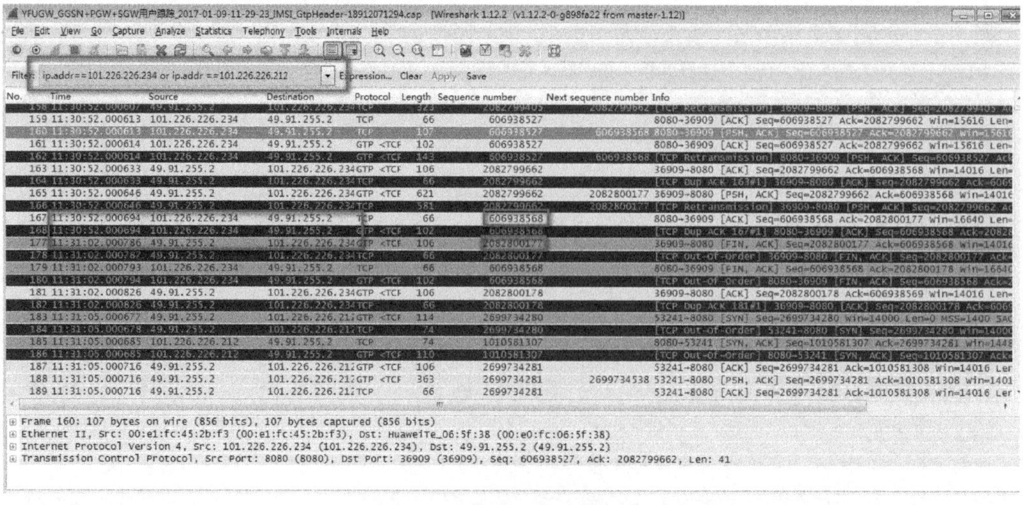

图7-10　核心侧抓包

注：上图中的重传是由于在 PGW 侧抓包时为进出口同时抓包，因此相同的数据包会有 GTP 封装，并非异常的重传包。

d. 抓包结论

从手机、基站、核心侧联合抓包分析来看，微信收图片卡顿时，数据流传输正常，并没有发现影响数据传输的重传、丢包和乱序的现象，且经过对终端、基站、核心网侧抓包数据对比，3 个节点的数据包是完全一致的，并不存在丢包和乱序的情况。因此可以判断手机—基站—核心网这段路由并不存在问题。

为了证明终端到核心网路由不存在问题，我们直接在终端侧 Ping 腾讯服务器的 IP 地址，Ping 包大小为 1456Bytes（因为微信传图片分片大小最大为 1456Bytes），时延为 40 ～ 50ms，基本没有丢包。

e. 问题处理

通过平台结合抓包分析判定非运营商网络的问题后，联系到腾讯深圳研发公司，双方共同抓包，再次判定该问题，最终腾讯判定该问题是由新建机房的服务器异常引起的。经腾讯公司处理后，问题得到最终确认并被解决。

f. 问题结论

从正常和异常现象的对比分析发现，唯有一次鉴权和多次鉴权存在明显的差异，且多次鉴权存在着明显数据卡顿的现象（终端、BBU 和核心侧抓包均是如此）。结合上述过程中抓包、Ping 包的测试，可以断定问题出现在微信服务器上。

由于微信的数据包经过加密，我们无法得知分析报文时鉴权失败的原因。经过和腾讯公司的排查，最终确认是调度到新建服务器机房会产生丢包的情况，经过腾讯公司剔除该机房，问题得到了完美解决。

g. 经验推广

本案例主要通过预警平台算法定位普遍问题（预警平台一旦能从核心网进行分光采集，就可以提前预警热门 App 用户感知），再结合抓包分析法最终定位问题。通过该案例可以看出，目前移动通信运营商作为基础通信服务的提供者，面临着应用提供商由于设备、软件等不稳定因素给用户带来的感知问题。传统网络优化手段已无法全面及时地帮助移动通信运营商快速解决类似微信转圈、支付失败、游戏体验差、开锁失败等用户感知问题。网络预警平台的开发可以帮助运营商快速预警某类 App 的用户感知，快速协助运营商定位问题，解决问题。该平台未来的推广除了可以面向通信运营商，还可为 BAT 等应用服务商提供服务。

3）平台实施效果案例二

a. 问题描述

2019 年 5 月 15 日，用户感知平台发出预警，某地某区域 VoLTE 语音业务接通率很低，

1 小时投诉量达到 158 次，投诉量巨大。

b. 问题分析

通过分析预警平台的数据，TCP 层数据包丢包率正常，在正常范围内波动。经过 IP 数据包分段统计，发现鼓楼区 IP 数据包大于 1500Bytes 的丢包率达到 21.83%，也即大于 1500Bytes 的 IP 数据包大概率被丢弃了。该区域大部分属于鼓楼区，小部分属于建邺区，与投诉现象契合度较高。

IP 数据包一般设置都是小于 1500Bytes 的，与 MTU（Maximum Transmission Unit，最大传输单元）的设置密切相关。MTU 是指一种通信协议的某一层上面所能通过的最大数据包大小。MTU 也不是越大越好，因为 MTU 越大，传送一个数据包的时延也越大；并且 MTU 越大，数据包中 bit 位发生错误的概率也越大。

某地运营商网络结构如图 7-11 所示。

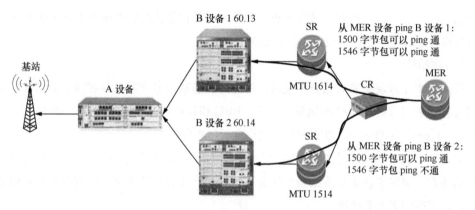

图7-11　某地某运营商网络结构

以其中一次异常呼叫为例：

在主叫侧：

14:53:01.836：主叫侧发送 invite 消息，核心网侧瞬回 100trying，表示 IMS 侧已经收到了 invite。14:53:29.29：主叫侧终端一直没有收到 180Ringing，发起呼叫取消。

| 2018-04-20 14:53:01(836) | SIP_REQ_INVITE | From UE to IMS | IPVersion:IPV6 IPPktLength:1260 Offset:0... | -1 | 460011 | 6835 |
|---|---|---|---|---|---|---|
| 2018-04-20 14:53:01(837) | SIP_RSP_100 | From IMS to UE | IPVersion:IPV6 IPPktLength:500 Offset:0 I... | -1 | 460011 | 6835 |
| 2018-04-20 14:53:12(427) | SIP_RSP_183 | From IMS to UE | IPVersion:IPV6 IPPktLength:1236 Offset:0... | -1 | 460011 | 6835 |
| 2018-04-20 14:53:12(427) | SIP_RSP_183 | From IMS to UE | IPVersion:IPV6 IPPktLength:1284 Offset:0... | -1 | 460011 | 6835 |
| 2018-04-20 14:53:12(427) | SIP_REQ_PRACK | From UE to IMS | IPVersion:IPV6 IPPktLength:1196 Offset:0... | -1 | 460011 | 6835 |
| 2018-04-20 14:53:14(160) | SIP_RSP_200 | From IMS to UE | IPVersion:IPV6 IPPktLength:484 Offset:0 I... | -1 | 460011 | 6835 |
| 2018-04-20 14:53:29(685) | SIP_REQ_CANCEL | From UE to IMS | IPVersion:IPV6 IPPktLength:1020 Offset:0... | -1 | 460011 | 6835 |
| 2018-04-20 14:53:29(708) | SIP_RSP_200 | From IMS to UE | IPVersion:IPV6 IPPktLength:508 Offset:0 I... | -1 | 460011 | 6835 |
| 2018-04-20 14:53:29(709) | SIP_RSP_487 | From IMS to UE | IPVersion:IPV6 IPPktLength:644 Offset:0 I... | -1 | 460011 | 6835 |
| 2018-04-20 14:53:30(166) | SIP_REQ_ACK | From UE to IMS | IPVersion:IPV6 IPPktLength:656 Offset:0 I... | -1 | 460011 | 6835 |

在被叫侧：

14:53:02.256 被叫终端被 EPC 寻呼起来，说明这时候应该 EPC 有数据需要发给终端。

| Time | Type | Message Direction | Detailed Info |
| --- | --- | --- | --- |
| 2018-04-20 14:53:02(256) | RRC_CONN_REQ | UE-eNB | mmec=01; tmsi=f6 88 34 7c; RRCCause=mt-access; |
| 2018-04-20 14:53:02(257) | RRC_CONN_SETUP | eNB-UE | transmissionMode=tm3; CQI-Aperiodic=rm30; |
| 2018-04-20 14:53:02(275) | RRC_CONN_SETUP_CMP | UE-eNB | |
| 2018-04-20 14:53:02(275) | S1AP_INITIAL_UE_MSG | eNB-MME | service request;enbs1apid=3527871;RRCCause=mt-access;tai-PLMN=64 f0 11;tai-tac=01 a2;CGI-PL |
| 2018-04-20 14:53:02(289) | S1AP_TRACE_START | MME-eNB | |
| 2018-04-20 14:53:02(290) | S1AP_INITIAL_CONTEXT_SETUP_REQ | MME-eNB | eRABID=5,6;qci=9,5;release=rel10;MBRDL=300.00Mbps;MBRUL=838.86Mbps;UERelease=2;UECat |
| 2018-04-20 14:53:02(297) | RRC_SECUR_MODE_CMD | eNB-UE | |
| 2018-04-20 14:53:02(297) | RRC_CONN_RECFG | eNB-UE | |
| 2018-04-20 14:53:02(312) | RRC_SECUR_MODE_CMP | UE-eNB | |
| 2018-04-20 14:53:02(318) | RRC_CONN_RECFG_CMP | UE-eNB | |
| 2018-04-20 14:53:02(318) | S1AP_INITIAL_CONTEXT_SETUP_RSP | eNB-MME | |
| 2018-04-20 14:53:02(318) | S1AP_CELL_TRAFFIC_TRACE | eNB-MME | |
| 2018-04-20 14:53:02(319) | S1AP_CELL_TRAFFIC_TRACE | eNB-MME | |
| 2018-04-20 14:53:02(321) | RRC_CONN_RECFG | eNB-UE | AddMearID=1,2,3,4; AddMearObjID=1,1,1,1; AddRptID=1,2,3,4; MeasObjID=1; freq=100; pci=302; |

但是呼起来期间就没有任何 SIP 消息到达基站。

| | | | | | |
| --- | --- | --- | --- | --- | --- |
| 2018-04-20 14:51:38(688) | SIP_REQ_ACK | From IMS to UE | IPVersion:IPV6 IPPktLength:540 Offset:0 Identification:429... | -1 | 460011 |
| 2018-04-20 14:51:49(836) | SIP_REQ_BYE | From IMS to UE | IPVersion:IPV6 IPPktLength:716 Offset:0 Identification:429... | -1 | 460011 |
| 2018-04-20 14:51:49(836) | SIP_RSP_200 | From UE to IMS | IPVersion:IPV6 IPPktLength:724 Offset:0 Identification:429... | -1 | 460011 |
| 2018-04-20 14:53:54(797) | SIP_REQ_INVITE | From IMS to UE | IPVersion:IPV6 IPPktLength:1456 Offset:0 Identification:24... | -1 | 460011 |
| 2018-04-20 14:53:54(797) | SIP_REQ_INVITE | From IMS to UE | IPVersion:IPV6 IPPktLength:1456 Offset:0 Identification:24... | -1 | 460011 |
| 2018-04-20 14:53:54(943) | SIP_REQ_INVITE | From IMS to UE | IPVersion:IPV6 IPPktLength:1052 Offset:181 Identification:... | -1 | 460011 |
| 2018-04-20 14:53:55(483) | SIP_RSP_100 | From UE to IMS | IPVersion:IPV6 IPPktLength:396 Offset:0 Identification:429... | -1 | 460011 |

综上分析，呼叫失败是被叫侧没有收到 invite 消息；而从被叫流程来看，EPC 触发了寻呼流程，说明 EPC 收到有消息需要发送给被叫用户，被叫侧基站没有收到核心网侧发送的 invite 消息，导致呼叫失败。

排查现网 IPRAN 侧的 MTU 配置，现网统一配置成 1614。

VoLTE 的终端的注册消息、呼叫、183 等（SIP）消息一般都是大于常规端口的 MTU1500 的默认值，传输过程中再加上 TCP/IP/GTP/UDP/IP 等一系列包头，一定会分片。分片有以下好处：一是可合理利用网络资源，若报文大于 MTU，分片后各片可从各个路径独立转发；二是将大报文分片后可顺利转发，否则报文可能会被丢弃。但分片也有缺陷：一是增加了网络接收端处理报文的复杂程度，接收端需将分片报文重组；二是分片后，任何一片丢失，均须重新发送；三是增加了网络开销，分片后每片都含有一个 IP 头，导致传输效率降低。

通过核心网、传输、无线共同抓包分析，最终定位是城域网中一台 SR 的 MTU 配置错误（正常 1614，配成 1514），导致 invite 大包被分片后字节较多的包（1546 超过配置的 1514）被丢弃，基站侧收不到完整的 invite 消息，无法转发给 UE，虽然 UE 收到寻呼但没有 invite 消息，无法建立承载，最终起呼失败。

c. 解决方案

IPRAN 侧传输节点上修改相应的 MTU 值，由 1514 改为 1614。

更改 SR 的 MTU 配置后，复测正常，感知预警平台统计各项指标也恢复正常。

d. 案例总结

及时把某地 100 多个站 VoLTE 不能被叫的地雷排除，避免了 VoLTE 规模试商用后，某地核心区域用户体验差的被动局面。通过 TCP 感知平台分析，发现超过 1514 的包丢包率 100%，马上就可以判别出 MTU 出了问题。该案例背后的逻辑是在全 IP 的时代，TCP 是 SP 平台、终端 App、传输、核心网、无线共同的语言，类似于人类社会的英语，只有掌握了 TCP 的状态，才能建立 5G 智能运营的大厦。

# 附录

## ●●1 缩略语

| 缩写 | 全称 | 中文解释 |
|---|---|---|
| ACK | Acknowledgement | 确认 |
| ACLR | Adjacent Channel Leakage Ratio | 邻道泄露比 |
| AM | Acknowledge Mode | 确认模式 |
| AMBR | Aggregate Maximum Bit Rate | 合并最大比特率 |
| ARQ | Automatic Repeat Request | 自动重传 |
| AS | Access Stratum | 访问层 |
| BCCH | Broadcast Control Channel | 广播控制信道 |
| BCH | Broadcast Channel | 广播信道 |
| BSR | Buffer Status Reports | 缓存状态报告 |
| CDMA | Code Division Multiple Access | 码分多址接入 |
| CMAS | Commercial Mobile Alert Service | 商业移动警报服务 |
| CP | Cyclic Prefix | 循环前缀 |
| CQI | Channel Quality Indicator | 信道质量指示 |
| CRC | Cyclic Redundancy Check | 循环冗余校验 |
| C-RNTI | Cell Radio Network Temporary Identifier | 小区无线网络临时标识 |
| CRS | Cell-specific Reference Signal | 小区公共参考信号 |
| CSFB | Circuit Switch Fall Back | 电路交换域回落 |
| CSG | Closed Subscriber Group | 封闭用户组 |
| DCCH | Dedicated Control Channel | 专用控制信道 |
| DL | Downlink | 下行 |
| DMRS | Demodulations Reference Signal | 解调参考信号 |
| DRB | Data Radio Bearer | 数据无线承载 |
| DRX | Discontinuous Reception | 不连续接收 |

（续表）

| 缩写 | 全称 | 中文解释 |
|------|------|----------|
| DTCH | Dedicated Traffic Channel | 专用业务信道 |
| DTX | Discontinuous Transmission | 不连续发射 |
| ECGI | E-UTRAN Cell Global Identifier | E-UTRAN 全球小区标识 |
| ECM | EPS Connection Management | EPS 连接管理 |
| EMM | EPS Mobility Management | EPS 移动管理 |
| EPC | Evolved Packet Core | 演进分组域核心网 |
| EPS | Evolved Packet System | 演进分组域系统 |
| E-RAB | E-UTRAN Radio Access Bearer | E-UTRAN 无线接入承载 |
| ETWS | Earthquake and Tsunami Warning System | 地震和海啸预警系统 |
| E-UTRA | Evolved UTRA | 演进的 UTRA |
| E-UTRAN | Evolved UTRAN | 演进的 UTRAN |
| FDD | Frequency Division Duplex | 频分双工 |
| FDM | Frequency Division Multiplexing | 频分复用 |
| GBR | Guaranteed Bit Rate | 保证比特率 |
| GERAN | GSM EDGE Radio Access Network | GSM EDGE 无线接入网 |
| GNSS | Global Navigation Satellite System | 全球导航卫星系统 |
| GP | Guard Period | 保护带 |
| GPS | Global Positioning System | 全球定位系统 |
| GSM | Global System for Mobile communication | 全球移动通信系统 |
| HARQ | Hybrid ARQ | 混合 ARQ |
| HLR | Home Location Register | 归属位置寄存器 |
| HO | Handover | 切换 |
| HRPD | High Rate Packet Data | 高速分组数据 |
| HSPA | High-Speed Packet Aecess | 高速分组接入 |
| HSS | Home Subscriber Server | 用户签约服务器 |
| ICIC | Inter-Cell Interference Coordination | 小区间干扰协调 |
| IMS | IP Multi-media Subsystem | IP 多媒体系统 |
| IP | Internet Protocol | 互联网协议 |

（续表）

| 缩写 | 全称 | 中文解释 |
|---|---|---|
| LTE | Long Term Evolution | 长期演进 |
| MAC | Medium Access Control | 媒体接入控制 |
| MBMS | Multimedia Broadcast Multicast Service | 多媒体广播多播服务 |
| MBR | Maximum Bit Rate | 最大比特率 |
| MBSFN | Multimedia Broadcast multicast service Single Frequency Network | 多媒体广播多播业务单频网络 |
| MCCH | Multicast Control Channel | 多播控制信道 |
| MCE | Multi-cell/multicast Coordination Entity | 多小区/多播协调实体 |
| MCH | Multicast Channel | 多播信道 |
| MCS | Modulation and Coding Scheme | 调制和编码方案 |
| MIB | Master Information Block | 主系统消息块 |
| MIMO | Multiple Input Multiple Output | 多输入多输出 |
| MLB | Mobilitu Load Balance | 移动负载均衡 |
| MME | Mobility Management Entity | 移动性管理实体 |
| MSAP | MCH Subframe Allocation Pattern | MCH 子帧分配模式 |
| MTCH | Multicast Traffic Channel | 多播业务信道 |
| NACK | Negative Acknowledgement | 非确认 |
| NAS | Non-Access Stratum | 非接入层 |
| NB-IoT | Narrow Band Internet of Things | 窄带物联网 |
| NCC | Next Hop Chaining Counter | 下一跳链接计数器 |
| NCCE | Narrowband Control Channel Element | 窄带控制信道单元 |
| NH | Next Hop key | 下一跳密钥 |
| NNSF | NAS Node Selection Function | NAS 节点选择功能 |
| NPBCH | Narrowband Physical Broadcast Channel | 窄带物理广播信道 |
| NPDCCH | Narrowband Physical Downlink Control Channel | 窄带物理下行控制信道 |
| NPDSCH | Narrowband Physical Downlink Shared Channel | 窄带物理下行共享信道 |
| NPSS | Narrowband Primary Synchronization Signal | 宽带主同步信号 |
| NR | Neighbour cell Relation | 邻区关系 |

| 缩写 | 全称 | 中文解释 |
| --- | --- | --- |
| NRS | Narrowband Reference Signal | 窄带参考信号 |
| NRT | Neighbour Relation Table | 邻区关系表 |
| NSSS | Narrowband Secondary Synchronization Signal | 宽带辅同步信号 |
| OFDM | Orthogonal Frequency Division Multiplexing | 正交频分复用 |
| OFDMA | Orthogonal Frequency Division Multiple Access | 正交频分多址 |
| PA | Power Amplifier | 功率放大器 |
| PAPR | Peak-to-Average Power Ratio | 峰均比 |
| PBCH | Physical Broadcast Channel | 物理广播频道 |
| PCCH | Paging Control Channel | 寻呼控制信道 |
| PCFICH | Physical Control Format Indicator Channel | 物理控制格式指示信道 |
| PCH | Paging Channel | 寻呼信道 |
| PCI | Physical Cell Identifier | 物理小区标识 |
| PCRF | Policy and Charging Rales Fanction | 策略与计费规则功能 |
| PDCCH | Physical Downlink Control Channel | 物理下行控制信道 |
| PDCP | Packet Data Convergence Protocol | 分组数据汇聚协议 |
| PDSCH | Physical Downlink Shared Channel | 物理下行共享信道 |
| PDU | Protocol Data Unit | 协议数据单元 |
| PF | Paging Frame | 在寻呼帧 |
| P-GW | PDN Gateway | PDN 网关 |
| PHICH | Physical Hybrid ARQ Indicator Channel | 物理 HARQ 指示信道 |
| PHY | Physical layer | 物理层 |
| PLMN | Public Land Mobile Network | 公共陆地移动网络 |
| PMCH | Physical Multicast Channel | 物理多播信道 |
| PO | Paging Occasion | 寻呼子帧 |
| PRACH | Physical Random Access Channel | 物理随机存取信道 |
| PRB | Physical Resource Block | 物理资源块 |
| P-RNTI | Paging RNTI | 寻呼 RNTI |
| PSC | Packet Scheduling | 分组调度 |

（续表）

| 缩写 | 全称 | 中文解释 |
|---|---|---|
| PUCCH | Physical Uplink Control Channel | 物理上行控制信道 |
| PUSCH | Physical Uplink Shared Channel | 物理上行共享信道 |
| PWS | Public Warning System | 公共预警系统 |
| QAM | Quadrature Amplitude Modulation | 正交幅度调制 |
| QCI | QoS Class Identifier | QoS 类别标识 |
| QoS | Quality of Service | 服务质量 |
| RAC | Radio Admission Control | 无线准入控制 |
| RACH | Random Access Channel | 随机接入信道 |
| RA–RNTI | Random Access RNTI | 随机接入 RNTI |
| RAT | Radio Access Technology | 无线接入技术 |
| RB | Radio Bearer | 无线承载 |
| RBC | Radio Bearer Control | 无线承载控制 |
| RBG | Radio Bearer Group | 无线承载组 |
| RF | Radio Frequency | 无线频率 |
| RLC | Radio Link Control | 无线链路控制 |
| RNC | Radio Network Controller | 无线网络控制器 |
| RNL | Radio Network Layer | 无线网络层 |
| ROHC | Robust Header Compression | 增强头压缩 |
| RRC | Radio Resource Control | 无线资源控制 |
| RRM | Radio Resource Management | 无线资源管理 |
| RU | Resource Unit | 资源单元 |
| S1–MME | S1 for the control plane | S1 控制平面 |
| S1–U | S1 for the User plane | S1 用户平面 |
| SAE | System Architecture Evolution | 系统架构演进 |
| SAP | Service Access Point | 服务接入点 |
| SC–FDMA | Single Carrier – Frequency Division Multiple Access | 单载波频分多址接入 |
| SCH | Synchronization Channel | 同步信道 |
| SDMA | Spatial Division Multiple Access | 空分多址接入 |

（续表）

| 缩写 | 全称 | 中文解释 |
|---|---|---|
| SDU | Service Data Unit | 服务数据单元 |
| SeGW | Security Gateway | 安全网关 |
| SFN | System Frame Number | 系统帧号 |
| S-GW | Serving Gateway | 服务网关 |
| SI | System Information | 系统消息 |
| SIB | System Information Block | 系统消息块 |
| SI-RNTI | System Information RNTI | 系统消息 RNTI |
| SR | Scheduling Request | 调度请求 |
| SRB | Signalling Radio Bearer | 信令无线承载 |
| SU | Scheduling Unit | 调度单元 |
| TA | Tracking Area | 跟踪区域 |
| TB | Transport Block | 运输块 |
| TCP | Transmission Control Protocol | 传输控制协议 |
| TDD | Time Division Duplex | 时分双工 |
| TM | Transparent Mode | 透明模式 |
| TNL | Transport Network Layer | 传输网络层 |
| TTI | Transmission Time Interval | 传输时间间隔 |
| UE | User Equipment | 用户设备 |
| UL | Uplink | 上行 |
| UM | Un-acknowledge Mode | 非确认模式 |
| UMTS | Universal Mobile Telecommunication System | 通用移动通信系统 |
| U-plane | User plane | 用户面 |
| X2-C | X2-Control plane | X2 接口控制面 |
| X2-U | X2-User plane | X2 接口用户面 |

## ●●2 参考文献

[1] 3GPP TS 36.101 R13.3.0 Category NB1 CR for 36.101

[2] 3GPP TS 36.104 R13.3.0 CR to TS36.104 for NB-IoT feature introduction

[3] 3GPP TS 36.211 R13.1.0 Introduction of NB-IoT

[4] 3GPP TS 36.213 R13.1.0 Introduction of NB-IoT

[5] 3GPP TS 36.300 R13.3.0 Introduction of NB-IoT

[6] 3GPP TS 36.300 R13.3.0 Introdution Control Plane CIoT EPS Optimizatiion

[7] 3GPP TS 36.300 R13.3.0 Introduction of the UE context resume function

[8] 3GPP TS 36.304 R13.1.0 ntroduction of NB-IoT in 36.304 including correction of Paging UE_ID for NB-IOT

[9] 3GPP TS 36.306 R13.1.0 Introduction of NB-IoT UE capabilities

[10] 3GPP TS 36.331 R13.1.0 Introduction of NB-IoT in 36.331

[11] 3GPP TS 36.413 R13.2.0 Introduction of the UE Context Resume function

[12] 3GPP TS 36.413 R13.2.0 Introduction of common impacts of NB-IoT solutions

[13] 3GPP TS 36.413 R13.2.0 Introduction Control Plane CIoT EPS Optimization

[14] 3GPP TS 36.413 R13.2.0 Indication of RAT Type

[15] 戴博，袁戈非，余媛芳 . 窄带物联网（NB-IoT）标准与关键技术 [M]. 人民邮电出版社，2016.